高等职业教育"十三五"规划教材
高职高专智慧建造系列教材

建 筑 材 料

主 编 吴潮玮 郭红兵

副主编 杨建宁 谢淑琴

主 审 吴 涛

北京理工大学出版社
BEIJING INSTITUTE OF TECHNOLOGY PRESS

内 容 提 要

　　本书按照高职高专院校人才培养目标以及专业教学改革的需要，依据最新标准规范进行编写。全书除绪论外共分为十三章，主要内容包括建筑材料的基本性质，建筑石材，气硬性胶凝材料，水泥，混凝土，建筑砂浆，墙体和屋面材料，建筑钢材，建筑木材，沥青及防水材料，建筑塑料、涂料和胶粘剂合成高分子材料，绝热材料和吸声材料，建筑装饰材料等。

　　本书可作为高职高专院校建筑工程技术等相关专业的教材，也可作为函授和自考辅导用书，还可供工程项目施工现场相关技术和管理人员工作时参考使用。

图书在版编目(CIP)数据

建筑材料 / 吴潮玮，郭红兵主编.—北京：北京理工大学出版社，2018.1(2018.2重印)
ISBN 978-7-5682-5035-1

Ⅰ.①建⋯　Ⅱ.①吴⋯ ②郭⋯　Ⅲ.①建筑材料－高等学校－教材　Ⅳ.①TU5

中国版本图书馆CIP数据核字(2017)第309535号

出版发行 / 北京理工大学出版社有限责任公司
社　　　址 / 北京市海淀区中关村南大街5号
邮　　　编 / 100081
电　　　话 / （010）68914775（总编室）
　　　　　　（010）82562903（教材售后服务热线）
　　　　　　（010）68948351（其他图书服务热线）
网　　　址 / http://www.bitpress.com.cn
经　　　销 / 全国各地新华书店
印　　　刷 / 北京紫瑞利印刷有限公司
开　　　本 / 787毫米×1092毫米　1/16
印　　　张 / 16.5　　　　　　　　　　　　　　　　责任编辑 / 杜春英
字　　　数 / 401千字　　　　　　　　　　　　　　文案编辑 / 杜春英
版　　　次 / 2018年1月第1版　2018年2月第3次印刷　　责任校对 / 周瑞红
定　　　价 / 48.00元　　　　　　　　　　　　　　责任印制 / 边心超

总序言

　　高等职业教育以培养生产、建设、管理、服务第一线的高素质技术技能人才为根本任务，在建设人力资源强国和高等教育强国的伟大进程中发挥着不可替代的作用。近年来，我国高职教育蓬勃发展，积极推进校企合作、工学结合人才培养模式改革，办学水平不断提高，为现代化建设培养了一大批高素质技术技能人才，对高等教育大众化作出了重要贡献。要加快高职教育改革和发展的步伐，全面提高人才培养质量，就必须对课程体系建设进行深入探索。在此过程中，教材无疑起着至关重要的基础性作用，高质量的教材是培养高素质技术技能人才的重要保证。

　　高等职业院校专业综合改革和高职院校"一流专业"培育是教育部、陕西省教育厅为促进高职院校内涵建设、提高人才培养质量、深化教育教学改革、优化专业体系结构、加强师资队伍建设、完善质量保障体系，增强高等职业院校服务区域经济社会发展能力而启动的陕西省高等职业院校专业综合改革试点项目和陕西高职院校"一流专业"培育项目。在此背景下，为了更好的贯彻《国家中长期教育改革和发展规划纲要（2010—2020年）》及《高等职业教育创新发展行动计划（2015—2018年）》相关精神，更好地推动高等职业教育创新发展，自"十三五"以来，陕西交通职业技术学院建筑工程技术专业先后被立项为"陕西省高等职业院校专业综合改革试点项目"、"陕西高职院校'一流专业'培育项目"及"高等职业教育创新发展行动计划（2015—2018年）骨干专业建设项目"，教学成果"契合行业需求，服务智慧建造，建筑工程技术专业人才培养模式创新与实践"荣获"陕西省2015年高等教育教学成果特等奖"。依托以上项目建设，陕西交通职业技术学院组织了一批具有丰富理论知识和实践经验的专家、一线教师，校企合作成立了智慧建造系列教材编审委员会，着手编写了本套重点支持建筑工程专业群的智慧建造系列教材。

　　本套公开出版的智慧建造系列教材编审委员会对接陕西省建筑产业岗位要求，结合专业实际和课程改革成果，遵循"项目载体、任务驱动"的原则，组织开发了以项目为主体的工学结合教材；在项目选取、内容设计、结构优化、资源建设等方面形成了自己的特色，具体表现在以下方面：一是教材内容的选取凸显了职业性和前沿性特色；二是教材结构的安排凸显了情境化和项目化特色；三是教材实施的设计凸显了实践性和过程性特色；四是教材资源的建设凸显了完备性和交互性特色。总之，智慧建造系列教材的体例结构打破了传统的学科体系，以工作任务为载体进行项目化设计，教学方法融"教、学、做"于一体、实施以真实工作任务为载体的项目化教学方法，突出了以学生自主学习为中心、以问题为导向的理念，考核评价体现过程性考核，充分体现现代高等职业教育特色。因此，本套智慧建造系列教材的出版，既适合高职院校建筑工程类专业教学使用，也可作为成人教育及其他社会人员岗位培训用书，对促进当前我国高职院校开展建筑工程技术"一流专业"建设具有指导借鉴意义。

2017年10月

前 言

建筑材料是决定工程质量好坏的关键因素之一，不同的建筑材料将会导致建筑工程出现不同的施工质量。恰当、合理地选用建筑材料不仅能降低工程成本，而且能够提高建筑物的寿命和质量。熟悉建筑材料的基本知识，掌握各种新材料的特性，是进行工程结构设计与研究和工程管理的必要条件。

本书以材料的性能和应用为主线，注意理论与实际的结合，突出实用性，在内容安排上注意深度和广度之间的适当关系，使学生具有建筑材料的基础知识和试验技能，能在实践中正确选用与合理使用建筑材料，并为有关专业课打下基础。通过本课程学习，学生能够掌握工程中常用建筑材料的品种、规格、性质及使用方法，了解材料在储用、保管和验收中的有关问题。

为方便教师的教学和学生的学习，本书各章前面都设置有"学习目标"和"能力目标"等，对教学内容和要求做出了引导，并列出了重点内容和关键知识点；每章后面设置有"本章小结"，对重点内容进行了概括性总结与回顾。此外，每章最后还设置了"思考与练习"，便于学生对所学的知识进行检测，构建了一个"引导—学习—总结—练习"的教学全过程，符合学生的认知和学习规律，注重循序渐进，体现了职业岗位核心技能要求和工学结合、校企合作的特点。

本书由陕西交通职业技术学院吴潮玮、郭红兵担任主编，由陕西交通职业技术学院杨建宁、谢淑琴担任副主编，具体编写分工为：绪论、第九章～第十一章由郭红兵编写，第一章～第五章、第七章、第八章由杨建宁编写，第十二章和第十三章由吴潮玮编写，第六章及各章的试验内容部分、课后思考与练习由谢淑琴编写。全书由吴涛主审。在本书编写过程中陕西建筑科学研究院杨利民提出宝贵意见，并给予了大力支持，特在此表示感谢。

本书在编写过程中参阅了大量的文献，在此向这些文献的作者致以诚挚的谢意！由于编写时间仓促，编者的经验和水平有限，书中难免有不妥和错误之处，恳请读者和专家批评指正。

编 者

目　录

绪　　论

建筑材料是指建筑物或构筑物所使用的各种材料及制品的总称。建筑物是由各种材料建成的，用于建筑工程中的材料的性能对建筑物的各种性能具有重要影响。因此，建筑材料不仅是建筑物的物质基础，也是决定建筑工程质量和使用性能的关键因素。为使建筑物具有安全、可靠、耐久、美观、经济适用的综合性能，必须合理选择且正确使用建筑材料。

一、建筑材料的定义与分类

(一)建筑材料的定义

本课程讨论的建筑材料是构成建筑物本身的材料，包括地基基础、地面、墙、柱、梁、板、楼梯、屋盖、门窗和建筑装饰所需的材料，即狭义的建筑材料；广义的建筑材料，除用于建筑物本身的各种材料之外，还包括给水排水、供热、供电、供燃气、电信以及楼宇控制等配套工程所需的设备与器材。另外，施工过程中的暂设工程，如围墙、脚手架、板桩和模板等所涉及的器具与材料，也应囊括其中。

(二)建筑材料的分类

建筑材料的种类繁多，性能用途各异，为了便于区分和应用，工程中通常从不同的角度对建筑材料进行分类。

1. 按化学成分分类

建筑材料按化学成分不同可分为无机材料、有机材料和复合材料三大类，见表 0-1。

表 0-1　建筑材料的分类

类型	种类	举例
无机材料	金属材料	有色金属(铝、铜、锌、铅等及其合金)
		黑色金属(铁、锰、铬等及其合金)
	非金属材料	天然材料(砂、石及石材制品等)
		烧土制品(砖、瓦、陶瓷和玻璃等)
		胶凝材料(石灰、石膏、水泥和水玻璃等)
		混凝土及硅酸盐制品(混凝土、砂浆和硅酸盐制品等)
有机材料	植物材料	木材、竹材等
	沥青材料	石油沥青、煤沥青和沥青制品等
	合成高分子材料	塑料、涂料和胶粘剂等
复合材料	无机非金属材料与有机材料复合	聚合物混凝土、玻璃纤维增强塑料、沥青混凝土等
	金属材料与无机非金属材料复合	钢筋混凝土
	金属材料与有机材料复合	轻质金属夹芯板

2. 按使用功能分类

建筑材料按使用功能不同可分为结构材料、围护材料和功能材料三大类。

（1）结构材料。结构材料是指在建筑物中主要起承受荷载作用的材料，是建筑物中最重要的材料，常用于工程的主体部位，如结构的梁、板、柱、基础等。结构材料的性能决定了工程结构的安全性和使用的可靠性。常用的结构材料有混凝土和钢材等。

（2）围护材料。围护材料是指用于建筑物围护结构的材料，如墙体、门窗和屋面等部位使用的材料。围护材料不仅要求具有一定的强度和耐久性，还要求具有良好的保温隔热性、防水性、隔声性等。常用的围护材料有砖、砌块、各种墙板和屋面板等。

（3）功能材料。功能材料是指担负建筑物使用过程中所必需的建筑功能的非承重用材料，如防水材料、装饰材料、保温隔热材料、吸声隔声材料和密封材料等。这些功能材料的选择与使用决定了工程的适用性及美观性。

二、建筑材料在建筑工程中的作用

任何一种建筑物或构筑物都是按照设计要求，使用恰当的建筑材料，按一定的施工工艺方法建造而成的。因此，建筑材料是建筑业发展的物质基础。正确地选择、合理地使用建筑材料，不仅直接决定着建筑物的质量和使用性能，也直接影响着工程的成本。

1. 建筑材料对建筑工程质量的影响

建筑材料是建筑业发展的物质基础，建筑材料的品种、组成、质量、规格及使用方法等对建筑工程的结构安全性、坚固性、耐久性及适用性等工程质量指标有直接的影响。工程实践表明，在材料的选择、生产、储运、保管、使用和检验评定等各个环节中，任何一个环节的失误都有可能造成工程的质量缺陷，甚至是重大质量事故。事实表明，国内外建筑工程的重大质量事故都与材料的质量不良或使用不当有关。因此，只有准确、熟练掌握建筑材料的知识，才能正确选择和合理使用建筑材料，从而确保建筑物的质量。

2. 建筑材料对建筑工程造价的影响

在一般建筑工程的总造价中，材料费用占工程造价的 50％～60％。因此，材料的选择、使用与管理是否合理，直接影响到建筑工程的造价。只有学习并掌握建筑材料知识，才能优化选择和正确使用材料，充分利用材料的各种功能，提高材料的利用率，在满足使用功能的前提下节约材料，从而降低工程造价。

3. 建筑材料改进和发展的意义

建筑工程建设过程中，工程的结构设计方案、施工方法都与材料密切相关，也就是说，建筑材料的性能是决定建筑结构形式和施工方法的主要因素。一个国家或地区建筑业的发展水平，与该国家或地区建筑材料发展的情况密切相关。因此，建筑材料的改进和发展，将直接促进建筑工程技术进步和建筑业的发展。例如，钢筋混凝土材料的产生和广泛应用，取代了过去的砖、石、木，使得钢筋混凝土结构成为现代建筑的主要结构形式；轻质高强材料的出现，推动了现代建筑向高层和大跨度方向发展；轻质材料和保温材料的出现，对减轻建筑物的自重、提高建筑物的抗震能力、改善工作与居住环境条件等起到了十分有益的作用，并推动了节能建筑的发展。总之，建筑材料是建筑工程的基础和核心。工程中许多技术问题的突破，往往依赖于建筑材料问题的解决，而新材料的出现，又将促使结构设计及施工技术的革新。

三、建筑材料的发展

建筑材料是随着社会生产力的发展和科学技术水平的提高而逐步发展的。远古时代人们利用天然材料，如木材、岩石、竹、黏土建造房屋。后来人们开始加工和生产材料，如著名的金字塔使用的材料是石材、石灰、石膏；万里长城使用的材料是条石、大砖、石灰砂浆；布达拉宫使用的材料是石材、石灰砂浆。18世纪以后，钢材、水泥、混凝土、钢筋混凝土等材料相继问世，为现代建筑工程奠定了坚实的基础。进入20世纪后，建筑材料在性能上不断改善，而且品种大大增加，一些具有特殊功能的新型材料不断涌现，如绝热材料、吸声材料、防火材料、防水抗渗材料以及耐腐蚀材料等；玻璃、塑料、陶瓷等各种新型装饰材料也层出不穷。建筑材料的进步对现代建筑业的持续发展起到积极的推进作用。

为了适应我国经济建设和社会发展的需要，对建筑材料提出了更高、更多的要求，未来的建筑材料将向着高性能、节能环保、可再生化等方向发展，主要有以下几方面的发展趋势：

(1)开发研制高性能材料。高性能材料是指具有轻质高强、多功能、高保温性、高耐久性、良好的工艺性等特性的材料以及充分利用和发挥各种材料的性能、采用先进技术制造的具有特殊功能的复合材料。

(2)充分利用地方资源，尽可能少用天然资源，大量使用废渣、废料和废液等废弃物作为生产建筑材料的资源，保护自然资源和维护生态平衡；产品配制和生产过程中，不使用对人体和环境有害的污染物质。

(3)节约能源。采用低能耗制造工艺和对环境无污染的生产技术研制和生产低能耗的新型节能建筑工程材料。

(4)绿色环保。产品的设计是以改善生产环境、提高生活质量为宗旨，不仅无损而且有益于人的健康，产品可循环或回收再利用，或形成不会污染环境的废弃物。

(5)可再生化。工程中使用开发生产的可再生循环和可回收利用的材料，建筑物拆除后不会造成二次污染。

(6)智能化。所谓智能化材料，是指材料本身具有自我诊断和预告破坏、自我修复的功能，以及可重复利用性。建筑材料向智能化方向发展，是人类社会向智能化社会发展的需要。

四、建筑材料的相关技术标准

要对建筑材料进行现代化的科学管理，必须对材料产品的各项技术性能制定统一的执行标准。建筑材料的技术标准是判别企业生产的产品质量是否合格的技术依据，也是供需双方对产品质量进行验收的依据。目前我国绝大多数建筑材料都有相应的技术标准，这些技术标准涉及产品规格、分类、技术要求、验收规则、代号与标志、运输与储存等内容。

目前，我国现行的标准有国家标准、行业标准、地方标准和企业标准四大类。各级标准分别由相应的标准化管理部门批准并颁布。国家标准和行业标准是全国通用标准，是国家指令性文件，各级生产、设计、施工部门必须严格遵照执行。

1. 国家标准

国家标准是由国家标准局颁布的全国性技术文件，有强制性标准(代号 GB)和推荐性标准(代号 GB/T)两类。对强制性国家标准，任何技术(或产品)不得低于规定的要求；对推荐性国家标准，表示除该标准之外也可执行其他标准的要求。

2. 行业标准

行业标准是由主管生产的部委或总局颁布的全国性技术文件,有建材行业标准(代号JC)、建工行业建设标准(代号JGJ)、冶金行业标准(代号YB)、交通行业标准(代号JT)、水电行业标准(代号SD)等几类。

3. 地方标准

地方标准是地方主管部门发布的地方性技术文件,有地方性标准(代号DB)和地方推荐性标准(代号DB/T)两类。

4. 企业标准

企业标准仅适用于本企业,其代号为QB,凡没有指定国家标准、行业标准的产品应制定企业标准,企业标准所制定的技术要求应高于国家标准。

建筑材料的技术标准分类见表0-2。

表0-2 建筑材料的技术标准分类

标准种类	表示内容	代 号	表示方法
国家标准	国家强制性标准	GB	由标准名称、部门代号、标准编号、颁布年份等组成,例如:《普通混凝土力学性能试验方法标准》(GB/T 50081—2002)、《普通混凝土配合比设计规程》(JGJ 55—2011)
	国家推荐性标准	GB/T	
行业标准	建材行业标准	JC	
	建工行业建设标准	JGJ	
	冶金行业标准	YB	
	交通行业标准	JT	
	水电行业标准	SD	
地方标准	地方性标准	DB	
	地方推荐性标准	DB/T	
企业标准	仅适用于本企业	QB	

技术标准是根据一定时期的技术水平制定的,因而随着技术的发展与使用要求的不断提高,需要对标准进行修订,修订标准实施后,旧标准自动废除。

工程中使用的建筑材料,除必须满足产品标准外,有时还必须满足有关的设计规范、施工及验收规范或规程等的规定。这些规范或规程对建筑材料的选用、使用、质量要求及验收等还有专门的规定(其中有些规范或规程的规定与建筑材料产品标准的要求相同)。

建筑工程中有时还涉及其他标准,如国际标准(ISO)、美国国家标准(ASTM)、英国标准(BS)、日本工业标准(JIS)、法国标准(NF)等。

五、本课程的主要内容和学习任务

建筑材料是建筑工程类专业的专业基础课,本课程为学习建筑构造、结构、施工等后续课程提供建筑材料方面的基本知识,也为今后从事工程实践和科学研究打下基础。

本课程主要讲述材料的基本性质,常用建筑材料的品种、规格、技术性质、质量标准、检验方法、选用及保管等基本内容。要求掌握建筑材料的基本性质与应用;了解常用材料的组成、结构及其形成机制;熟悉常用材料的技术性质、性能与合理选用以及材料技术性能指标的试验检测和质量评定方法。

实际工程中，材料问题的处理或某些工程技术问题的解决，主要依靠于对材料知识的灵活运用。为了能够正确运用材料知识，在学习过程中要重点掌握某些典型材料的技术性能特点，熟悉其组成、结构和构造。在此基础上，利用已掌握的理论知识解决与材料有关的实际问题，引导学生分析问题，培养学生独立分析问题的能力。

第一章　建筑材料的基本性质

学习目标

通过本章的学习，了解材料的组成、结构及构造的概念；熟悉材料的化学组成、矿物组成，材料的微观结构、宏观构造对材料性质的影响，建筑材料与质量有关的性质、与水有关的性质及与热有关的性质；掌握建筑材料各种性质指标，建筑材料力学性质指标的计算方法与影响因素，材料的耐久性及材料耐久性的影响因素。

能力目标

能够掌握材料的组成、结构和构造对材料性质的影响，能对材料各种基本性质指标进行计算。

第一节　材料的组成、结构、构造及其对性质的影响

一、材料的组成及其对性质的影响

材料的组成是指材料的化学成分或矿物成分。它不仅影响着材料的化学性质，也是决定材料物理力学性质的重要因素。

1. 化学组成

当材料与外界自然环境及各类物质相接触时，它们之间必然要按照化学变化规律发生作用。材料受到酸、碱、盐类物质的侵蚀作用，材料遇到火焰时的耐燃、耐火性能，以及钢材与其他金属材料的锈蚀等都属于化学作用。建筑材料有关这方面的性质都由材料的化学组成所决定。

2. 矿物组成

某些建筑材料如天然石材、无机胶凝材料等，其矿物组成是决定材料性质的主要因素。水泥所含有的熟料矿物不同或其含量不同，表现出的水泥性质就各有差异。例如，在硅酸盐水泥中，熟料矿物硅酸三钙含量高的，其硬化速度较快，强度也较高。

【小提示】 材料化学组成相同但矿物组成不同，也会导致性质的巨大差异。如图 1-1 所示，A、B 为两种钢材的金相照片，两者化学组成接近，主要差别是碳含量不同，A 小于 0.2%，B 则为 0.2%～0.4%，但矿物组成差别较大。两种钢材性能差别较大，其中 A 具有较好的冷、热变形等工艺性能，但强度较低，而 B 则强度较高。

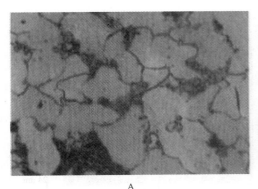
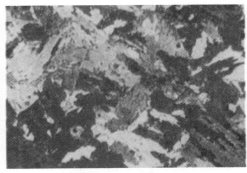

A   B

图 1-1　钢材的矿物组成

二、材料的结构与构造及其对性质的影响

建筑材料的性质与其结构、构造有着密切的关系。也可以说材料的结构、构造是决定建筑材料性质的极其重要的因素。因此，要掌握建筑材料的性质，合理使用材料并能解决某些工程问题，就需要具备材料结构、构造的有关知识。

（一）材料的微观结构及其对性质的影响

1. 材料的微观结构

材料的微观结构是指物质的原子、分子层次的微观结构。一般要借助电子显微镜、X射线衍射仪等具有高分辨率的设备进行观察、分析。材料的强度、硬度、弹塑性、导热性等物理性质都与材料的微观结构有密切的关系。材料的微观结构可以分为晶体、玻璃体和胶体。

晶体是指材料的内部质点（原子、分子或离子）呈现规则排列的规律、具有一定结晶形状的固体。因其各个方向的质点排列情况和数量不同，晶体具有各向异性的性质。然而，晶体材料由大量排列不规则的晶粒组成，因此，所形成的材料整体又具有各向同性的性质，如石英、金属等均属于晶体结构。

玻璃体是熔融的物质经急冷而形成的无定形体，是非晶体。熔融物经慢冷，内部质子可以进行规则的排列而形成晶体；若冷却速度较快，达到凝固温度时，它还具有很大的黏度，致使质点来不及按一定的规则进行排列，就已经凝固成为固体，此时得到的就是玻璃体结构。因其质点排列无规律，具有各向同性，而且没有固定的熔点，熔融时只出现软化现象。

胶体是指一些细小的固体粒子（直径为 $1\sim100\ \mu m$）分散在介质中所组成的结构，一般属于非晶体。由于胶体的质点很微小，表面积很大，所以表面能很大，吸附能力很强，具有很强的黏结力。

【小提示】　即使材料的化学组成相同，微观结构的差别也将导致材料性能的差异。如图 1-2 所示化学组成相同的水泥熟料，由于 A 的显微结构发育良好，B 则不然，结果在比表面积相似的情况下，A 熟料的 3 d、28 d 抗压强度分别比 B 熟料高 10.7 MPa 和6.8 MPa。

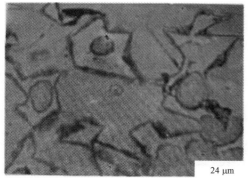

24 μm

24 μm

A   B

图1-2 化学组成相同，微观结构不同的两种熟料

2. 材料的亚微观结构

亚微观结构也称为细观结构，一般是指用光学显微镜所能观察到的材料结构。仪器的放大倍数可达1 000倍左右，有几千分之一毫米的分辨能力，可分析材料的结构组织，分析天然岩石的矿物组织；分析金属材料晶粒的粗细及其金相组织，如钢材中的铁素体、珠光体、渗碳体等组织；观察木材的木纤维、导管、髓线、树脂道等显微组织；分析组成混凝土材料的粗细骨粒、水泥石（包括水泥的水化产物及未水化颗粒）及孔隙等。

（二）材料构造及其对性质的影响

材料的构造是指可用肉眼观察到的外部和内部的结构。土木工程材料常见的构造形式有密实构造、多孔构造、纤维构造、层状构造、散粒状构造、纹理构造。

1. 密实构造

密实构造的材料内部基本上无孔隙，结构致密。这类材料的特点是强度和硬度较高，吸水性小，抗渗和抗冻性较好，耐磨性较好，绝热性差。如钢材、天然石材、玻璃、玻璃钢等。

2. 多孔构造

多孔构造的材料，内部存在大体上呈均匀分布的独立的或部分相通的孔隙，含孔率较高，孔隙又有大孔和微孔之分。多孔构造的材料，其性质取决于孔隙的特征、多少、大小及分布情况，一般来说，这类材料的强度较低，抗渗性和抗冻性较差，绝热性较好。如加气混凝土、石膏制品、烧结普通砖等。

3. 纤维构造

纤维构造的材料内部组成有方向性，纵向较紧密而横向疏松，组织中存在相当多的孔隙。这类材料的性质具有明显的方向性，一般平行纤维方向的强度较高，导热性较好。如木材、玻璃纤维、石棉等。

4. 层状构造

层状构造的材料具有叠合结构，它是用胶结料将不同的片材或具有各向异性的片材胶合而成的整体，其每一层的材料性质都不同，但叠合成层状构造的材料后，可获得平面各向同性，更重要的是可以显著提高材料的强度、硬度、绝热或装饰等性质，扩大其使用范围。如胶合板、纸面石膏板、塑料贴面板等。

5. 散粒状构造

散粒状构造是指呈松散颗粒状的材料，有密实颗粒与轻质多孔颗粒之分。前者如砂子、石子等，因其致密，强度高，适合做承重的混凝土集料；后者如陶粒、膨胀珍珠岩等，因具有多孔结构，适合做绝热材料。粒状构造的材料颗粒间存在大量的空隙，其空隙率主要取决于颗粒大小的搭配。用作混凝土集料时，要求紧密堆积，轻质多孔粒状材料用作保温填充料时，则希望空隙率大一些。

6. 纹理构造

天然材料在生长或形成过程中，自然造成的天然纹理，如木材、大理石、花岗石等板材，或人工制造材料时特意造成的纹理，如瓷质彩胎砖、人造花岗石板材等，这些天然或人工造成的纹理，使材料具有良好的装饰性。为了提高建筑材料的外观，目前广泛采用仿真技术，已研制出多种纹理的装饰材料。

第二节　材料的物理性质

一、材料与质量有关的性质

材料与质量有关的性质主要是指材料的各种密度和描述其孔隙与空隙状况的指标，在这些指标的表达式中都有质量这一参数。

(一)材料的密度、表观密度和堆积密度

1. 密度

密度是指材料在绝对密实状态下单位体积的质量。密度(ρ)的计算式为

$$\rho = \frac{m}{V} \tag{1-1}$$

式中　ρ——材料的密度(g/cm^3 或 kg/m^3)；

　　　m——材料的质量(g 或 kg)；

　　　V——材料在绝对密实状态下的体积，即材料体积内固体物质的实体积(cm^3 或 m^3)。

【小提示】　在测定有孔隙的材料密度时，可以把材料磨成细粉或采用排液置换法测量其体积。材料磨得越细，测得的体积越接近绝对体积，所得密度值就越准确。

2. 表观密度

表观密度是材料在自然状态下单位体积的质量。表观密度 ρ_0 的计算式为

$$\rho_0 = \frac{m}{V_0} \tag{1-2}$$

式中　ρ_0——材料的表观密度(kg/m^3 或 g/cm^3)；

　　　m——在自然状态下材料的质量(kg 或 g)；

　　　V_0——在自然状态下材料的体积(m^3 或 cm^3)。

【小提示】　在自然状态下，材料内部常含有水分，其质量随含水程度而改变，因此表观密度应注明其含水程度。材料的表观密度除取决于材料的密度及构造状态外，还与其含

水程度有关。

在自然状态下，材料内部的孔隙可分为两类：有的孔之间相互连通，且与外界相通，称为开口孔；有的孔互相独立，不与外界相通，称为闭口孔。大多数材料在使用时，其体积指包括内部所有孔在内的体积，即自然状态下的体积(V_0)，如砖、石材、混凝土等。有的材料（如砂、石）在拌制混凝土时，因其内部的开口孔被水占据，材料体积只包括材料实体积及其闭口孔体积（以 V' 表示）。为了区别这两种情况，常将包括所有孔隙在内的密度称为表观密度；把只包括闭口孔在内的密度称为视密度，用 ρ' 表示，即 $\rho' = \dfrac{m}{V'}$。视密度在计算砂、石在混凝土中的实际体积时有实用意义。

3. 堆积密度

堆积密度是指粉块状材料在堆积状态下单位体积的质量。堆积密度 ρ'_0 的计算式为

$$\rho'_0 = \frac{m}{V'_0} \tag{1-3}$$

式中　ρ'_0——材料的堆积密度（kg/m³）；

　　　m——材料的质量（kg）；

　　　V'_0——材料的堆积体积（m³）。

材料的堆积体积是指散粒状材料在堆积状态下的总体外观体积。散粒状堆积材料的堆积体积既包括材料颗粒内部的孔隙，也包括颗粒间的空隙。除了颗粒内孔隙的多少及其含水多少外，颗粒间空隙的大小也影响堆积体积的大小。因此，材料的堆积密度与散粒状材料在自然堆积时颗粒间空隙、颗粒内部结构、含水状态、颗粒间被压实的程度有关。材料的堆积体积常用材料填充容器的容积大小来测量。

【小提示】　根据其堆积状态的不同，同一材料的表现体积大小可能不同，松散堆积状态下的体积较大，密实堆积状态下的体积较小。

（二）材料的密实度与孔隙率

1. 密实度

密实度是指材料体积内被固体物质所充实的程度。密实度 D 的计算式为

$$D = \frac{V}{V_0} \times 100\% = \frac{\rho_0}{\rho} \times 100\% \tag{1-4}$$

式中　D——材料的密实度（%）；

　　　V——材料中固体物质的体积（cm³ 或 m³）；

　　　V_0——在自然状态下的材料体积（包括内部孔隙体积，cm³ 或 m³）；

　　　ρ_0——材料的表观密度（g/cm³ 或 kg/m³）；

　　　ρ——材料的密度（g/cm³ 或 kg/m³）。

2. 孔隙率

孔隙率是指材料中孔隙体积所占整个体积的比例。孔隙率 P 的计算式为

$$P = \frac{V_0 - V}{V_0} \times 100\% = \left(1 - \frac{V}{V_0}\right) \times 100\% = \left(1 - \frac{\rho_0}{\rho}\right) \times 100\% = (1-D) \times 100\% \tag{1-5}$$

式中　P——材料的孔隙率（%）。

孔隙率反映了材料内部孔隙的多少，它会直接影响材料的多种性质。孔隙率越大，材料的表观密度、强度越小，耐磨性、抗冻性、抗渗性、耐腐蚀性、耐水性及耐久性越差，

而保温性、吸声性、吸水性与吸湿性越强。上述性质不仅与材料的孔隙率大小有关，还与孔隙特征(如开口孔隙、闭口孔隙、球形孔隙等)有关。此外，孔隙尺寸的大小、孔隙在材料内部分布的均匀程度等，都是孔隙在材料内部的特征表现。

【小提示】 材料的密实度与孔隙率是相对应的两个概念，它们从两个不同侧面反映材料的密实程度。

(三)材料的填充率与空隙率

对于松散颗粒状态材料(如砂、石子等)，可用填充率和空隙率表示其填充的疏松致密程度。

1. 填充率

填充率是指散粒状材料在堆积体积内被颗粒所填充的程度。填充率 D' 的计算式为

$$D' = \frac{V_0}{V_0'} \times 100\% = \frac{\rho_0'}{\rho_0} \times 100\% \tag{1-6}$$

式中 D'——散粒状材料在堆积状态下的填充率(%)。

2. 空隙率

空隙率是指散粒状材料在堆积体积内颗粒之间的空隙体积所占的比例。空隙率 P' 的计算式为

$$P' = \frac{V_0' - V_0}{V_0'} \times 100\% = \left(1 - \frac{V_0}{V_0'}\right) \times 100\% = \left(1 - \frac{\rho_0'}{\rho_0}\right) \times 100\% = (1 - D') \times 100\% \tag{1-7}$$

式中 P'——散粒状材料在堆积状态下的空隙率(%)。

空隙率考虑的是材料颗粒间的空隙，这对填充和黏结散粒状材料时，研究散粒状材料的空隙结构和计算胶结材料的需要量十分重要。

【知识链接】 在建筑工程中，计算材料的用量和构件自重，进行配料计算，确定材料堆放空间及组织运输时，经常要用到材料的密度、表观密度和堆积密度。

常用建筑材料的密度、表观密度、堆积密度及孔隙率见表 1-1。

表 1-1　常用建筑材料的密度、表观密度、堆积密度及孔隙率

材料名称	密度/(g·cm⁻³)	表观密度/(kg·m⁻³)	堆积密度/(kg·m⁻³)	孔隙率/%
石灰石	2.60	1 800~2 600	—	0.6~1.5
花岗石	2.60~2.90	2 500~2 800	—	0.5~1.0
碎石(石灰岩)	2.60	—	1 400~1 700	—
砂	2.60	—	1 450~1 650	—
水泥	2.80~3.20	—	1 200~1 300	—
烧结普通砖	2.50~2.70	1 600~1 800	—	20~40
普通混凝土	2.60	2 100~2 600	—	5~20
轻质混凝土	2.60	1 000~1 400	—	60~65
木材	1.55	400~800	—	55~75
钢材	7.85	7 850	—	—
泡沫塑料	—	20~50	—	95~99

二、材料与水有关的性质

水对于正常使用阶段的绝大多数建筑材料，都有不同程度的不利作用。在建筑物使用过程中，材料又会不可避免地受到外界雨、雪、地下水、冻融等的影响，因此要特别注意建筑材料与水有关的性质，包括材料的亲水性与憎水性、吸湿性与吸水性，以及材料的耐水性、抗渗性、抗冻性等。

(一)材料的亲水性与憎水性

材料与水接触时能被水润湿的性质称为亲水性，材料不被水润湿的性质称为憎水性，材料的亲水性、憎水性用润湿角(固、气、液三态交点处，沿水滴表面的切线与水和固体接触面所成的夹角)来衡量。

亲水性材料与水接触时，水在其表面上的润湿角 $\theta \leqslant 90°$，如图1-3(a)所示。与此相反，憎水性材料与水接触时，水在其表面上的润湿角 $\theta > 90°$，如图1-3(b)所示。

图1-3 材料润湿角
(a)亲水性材料；(b)憎水性材料

亲水性材料(大多数的无机硅酸盐材料和石膏、石灰等)有较多的毛细孔隙，对水有强烈的吸附作用。沥青一类的憎水性材料则对水有排斥作用，因此常用作防水材料。

【小提示】 易于与水结合，干后起反应，起到防水效果的材料就是亲水性材料，如塑料可制成有许多小而连通的孔隙，使其具有亲水性；不溶于水，能起到隔水效果的材料就是憎水性材料，如钢筋混凝土屋面可涂抹、覆盖、粘贴憎水性材料，使其具有憎水性。

(二)材料的吸湿性与吸水性

1. 吸湿性

材料的吸湿性是指材料在潮湿空气中吸收水分的能力。吸湿性常以含水率表示，即吸入水分与干燥材料的质量比。一般来说，开口孔隙率较大的亲水性材料具有较强的吸湿性。材料的含水率还受环境条件的影响，随温度和湿度的变化而改变。最终材料的含水率将与环境湿度达到平衡状态，此时的含水率称为平衡含水率。含水率 W 的计算式为

$$W = \frac{m_k - m_1}{m_1} \tag{1-8}$$

式中 W——材料的含水率(%)；

m_k——材料吸湿后的质量(g)；

m_1——材料在绝对干燥状态下的质量(g)。

2. 吸水性

材料的吸水性是指材料在水中吸收水分达到饱和的能力，吸水性有质量吸水率和体积吸水率两种表达方式，分别用 W_w 和 W_v 表示：

$$W_w = \frac{m_2 - m_1}{m_1} \times 100\% \tag{1-9}$$

$$W_v = \frac{V_w}{V_0} = \frac{m_2 - m_1}{V_0} \cdot \frac{1}{\rho_w} \times 100\% \tag{1-10}$$

式中 W_w——质量吸水率(%)；

W_v——体积吸水率(%);

m_2——材料在吸水饱和状态下的质量(g);

m_1——材料在绝对干燥状态下的质量(g);

V_w——材料所吸收水分的体积(cm^3);

V_0——在自然状态下的材料体积(包括内部孔隙体积,cm^3 或 m^3);

ρ_w——水的密度(g/cm^3),常温下可取 1 g/cm^3。

对于质量吸水率大于 100% 的材料(如木材等),通常采用体积吸水率;而对于其他大多数材料,经常采用质量吸水率。两种吸水率之间存在以下关系:

$$W_v = W_w \rho_0 \tag{1-11}$$

这里的 ρ_0 应是材料在干燥状态下的表观密度,单位采用 g/cm^3。影响材料吸水性的主要因素有材料本身的化学组成、结构和构造状况,尤其是孔隙状况。一般来说,材料的亲水性越强,孔隙率越大,连通的毛细孔隙越多,其吸水率越大。不同的材料吸水率变化范围很大,花岗石为 0.5%~0.7%,外墙面砖为 6%~10%,内墙釉面砖为 12%~20%,普通混凝土为 2%~4%。材料的吸水率越大,其吸水后强度下降越大,导热性越大,抗冻性越小。

(三)材料的耐水性

材料长期在水的作用下不被损坏,其强度也不显著降低的性质称为耐水性。材料含水后,将会以不同方式来减弱其内部结合力,使强度产生不同程度的降低。材料的耐水性用软化系数表示为

$$K = \frac{f_1}{f} \tag{1-12}$$

式中　K——材料的软化系数;

　　　f_1——材料吸水饱和状态下的抗压强度(MPa);

　　　f——材料在干燥状态下的抗压强度(MPa)。

【小提示】 软化系数波动为 0~1,软化系数越小,说明材料吸水饱和后强度降低得越多,耐水性越差。受水浸泡或处于潮湿环境中的重要建筑物所选用的材料,其软化系数不得低于 0.85。因此,软化系数大于 0.85 的材料,常被认为是耐水的。干燥环境中使用的材料,可不考虑耐水性。

(四)材料的抗渗性

抗渗性是指材料抵抗压力水或其他液体渗透的性质。地下建筑物、水工建筑物或屋面材料都需要具有足够的抗渗性,以防出现渗水、漏水现象。

抗渗性可用渗透系数表示。根据水力学的渗透定律,在一定的时间 t 内,透过材料试件的水量 Q 与渗水面积 A 及材料两侧的水头差 H 成正比,与试件厚度 d 成反比,而其比例系数 k 定义为渗透系数,即

$$k = \frac{Qd}{HAt} \tag{1-13}$$

式中　k——渗透系数(cm/h);

　　　Q——透过材料试件的水量(cm^3);

　　　H——水头差(cm);

　　　A——渗水面积(cm^2);

d——试件厚度(cm)；

t——渗水时间(h)。

材料的抗渗性也可用抗渗等级 P 表示，即在标准试验条件下，材料的最大渗水压力(MPa)。如抗渗等级为 P6，表示该种材料的最大渗水压力为 0.6 MPa。

【小提示】 材料的抗渗性主要与材料的孔隙状况有关。材料的孔隙率越大，连通孔隙越多，其抗渗性越差。绝对密实的材料和仅有闭口孔或极细微孔的材料，实际上是不渗水的。

(五)材料的抗冻性

材料在使用环境中，经受多次冻融循环而不被破坏，强度也无显著降低的性质，称为抗冻性。

材料经多次冻融循环后，表面将出现裂纹、剥落等现象，造成质量损失、强度降低。这是由材料内部孔隙中的水分结冰时体积增大(约 9%)而对孔壁产生很大的压力(每平方毫米可达 100 N)，冰融化时压力又骤然消失所致。无论是冻结还是融化过程，都会使材料冻融交界层间产生明显的压力差，并作用于孔壁而使之受损。

【小提示】 对于冬季室外温度低于-10 ℃的地区，工程中使用的材料必须进行抗冻性检验。

材料的抗冻能力大小与材料的构造特征、强度、含水程度等因素有关。一般地，密实的以及具有闭口孔的材料有较好的抗冻性；具有一定强度的材料对冰冻有一定的抵抗能力；材料含水率越大，冰冻破坏作用越大。此外，经受冻融循环的次数越多，材料遭受损害的程度越严重。

材料的抗冻性试验是使材料吸水至饱和后，在-15 ℃条件下冻结规定的时间，然后在室温的水中融化，经过规定次数的冻融循环后，测定其质量及强度损失情况来衡量材料的抗冻性。有的材料，如烧结普通砖，以反复冻融15次后其质量及强度损失不超过规定值为抗冻性合格；有的材料，如混凝土，用抗冻等级来表示。

三、材料与热有关的性质

(一)材料的热容量与比热

1. 热容量

热容量是指材料受热时吸收热量或冷却时放出热量的能力。选择高热容量材料作为墙体、屋面、内装饰，在热流变化较大时，对稳定建筑物内部温度变化有重要意义。热容量 Q 的计算式为

$$Q=cm(T_2-T_1) \qquad (1\text{-}14)$$

式中　Q——材料的热容量(J)；

　　　c——材料的比热[J/(g·K)]；

　　　m——材料的质量(g)；

　　　T_2-T_1——材料受热或冷却前后的温度差(K)。

2. 比热

比热 c 是真正反映不同材料热容性差别的参数，它可由式(1-14)导出，即

$$c=\frac{Q}{m(T_2-T_1)} \qquad (1\text{-}15)$$

比热表示质量为 1 g 的材料,在温度改变 1 K 时所吸收或放出热量的大小。材料的比热值大小与其组成和结构有关。通常所说的材料的比热值是指其干燥状态下的比热值。

【小提示】 几种常用建筑材料的导热系数和比热值见表 1-2。

表 1-2　几种常用建筑材料的导热系数和比热值

材料	导热系数/ $[W \cdot (m \cdot K)^{-1}]$	比热/ $[J \cdot (g \cdot K)^{-1}]$	材料	导热系数/ $[W \cdot (m \cdot K)^{-1}]$	比热/ $[J \cdot (g \cdot K)^{-1}]$
钢材	58	0.48	泡沫塑料	0.035	1.30
花岗石	3.49	0.92	水	0.58	4.19
普通混凝土	1.51	0.84	冰	2.33	2.05
烧结普通砖	0.80	0.88	密闭空气	0.023	1.00
松木	横纹 0.17 顺纹 0.35	2.50			

(二)材料的导热性

导热性是指材料传导热量的能力。材料导热能力的大小可用导热系数 λ 表示。导热系数 λ 的计算式为

$$\lambda = \frac{Qd}{At(T_2 - T_1)} \tag{1-16}$$

式中　λ——材料的导热系数[W/(m·K)];

Q——传导的热量(J);

d——材料厚度(m);

A——材料的传热面积(m^2);

t——传热的时间(s);

$T_2 - T_1$——材料两侧的温度差(K)。

材料的导热系数大,则导热性强;反之,绝热性能强。建筑材料的导热系数差别很大,工程上通常把 $\lambda < 0.23$ W/(m·K)的材料作为保温隔热材料。

【小提示】 材料导热系数的大小与材料的组成、含水率、孔隙率、孔隙尺寸及孔的特征等有关,与材料的表观密度有很好的相关性。当材料的表观密度小、孔隙率大、闭口孔多、孔分布均匀、孔尺寸小、含水率小时,导热性差,绝热性好。通常所说的材料导热系数是指干燥状态下的导热系数,材料一旦吸水或受潮,导热系数会显著增大,绝热性变差。

(三)材料的保温隔热性

在建筑中常把 $1/\lambda$ 称为材料的热阻,用 R 表示,单位为(m·K)/W。导热系数(λ)和热阻(R)都是评定土木工程材料保温隔热性能的重要指标。人们习惯把防止室内热量的散失称为保温,把防止外部热量的进入称为隔热。

材料的导热系数越小,热阻值就越大,则材料的导热性能越差,其保温隔热的性能就越好,常将 $\lambda \leqslant 0.175$ W/(m·K)的材料称为绝热材料。

(四)材料的耐火性与耐燃性

耐火性是指材料在火焰或高温作用下,保持自身不被破坏、性能不明显下降的能力,用其耐受时间(h)来表示,称为耐火极限。要注意耐燃性和耐火性概念的区别,耐燃的材料

不一定耐火，耐火的一般都耐燃。如钢材是非燃烧材料，但其耐火极限仅有 0.25 h，因此钢材虽为重要的建筑结构材料，但其耐火性却较差，使用时需进行特殊的耐火处理。

根据耐火性的不同，材料可分为三大类，见表 1-3。

表 1-3　材料的耐火性分类

材料类别	材料的耐火性	举例
耐火材料	耐火度不低于 1 580 ℃	各类耐火砖等
难熔材料	耐火度为 1 350 ℃～1 580 ℃	难熔黏土砖、耐火混凝土等
易熔材料	耐火度低于 1 350 ℃	烧结普通砖、玻璃等

耐燃性是指材料在火焰或高温作用下可否燃烧的性质。我国相关规范把材料按耐燃性分为非燃烧材料（如钢铁、砖、石等）、难燃材料（如纸面石膏板、水泥刨花板等）和可燃材料（如木材、竹材等）。在建筑物的不同部位，根据其使用特点和重要性，可选择不同耐燃性的材料。

根据耐燃性的不同，材料可分为三大类，见表 1-4。

表 1-4　材料的耐燃性分类

材料类别	材料的耐燃性	举例
不燃材料	遇火或高温作用时，不起火、不燃烧、不碳化	混凝土、天然石材、砖、玻璃和金属等
难燃材料	遇火或高温作用时，难起火、难燃烧、难碳化，只有在火源持续存在时才能继续燃烧，火源消除燃烧即停止	沥青混凝土和经防火处理的木材等
易燃材料	遇火或高温作用时，容易引燃起火或微燃，火源消除后仍能继续燃烧的材料	木材、沥青等

【知识链接】　常用材料的极限耐火温度见表 1-5。

表 1-5　常用材料的极限耐火温度

材料	温度/℃	注解	材料	温度/℃	注解
烧结普通砖砌体	500	最高使用温度	预应力混凝土	400	火灾时最高允许温度
普通钢筋混凝土	200	最高使用温度	钢材	350	火灾时最高允许温度
普通混凝土	200	最高使用温度	木材	260	火灾危险温度
页岩陶粒混凝土	400	最高使用温度	花岗石（含石英）	575	相变发生急剧膨胀温度
普通钢筋混凝土	500	火灾时最高允许温度	石灰石、大理石	750	开始分解温度

(五)材料的温度变形性

材料的温度变形性是指温度升高（降低）时材料体积会变化。绝大多数土木工程材料在温度升高时体积膨胀，温度下降时体积收缩。这种变化表现在单向尺寸时，为线膨胀或线收缩。材料的单向线膨胀或线收缩量计算式为

$$\Delta L=(T_2-T_1)\alpha L \tag{1-17}$$

式中　ΔL——线膨胀或线收缩量（mm）；

　　　　T_2-T_1——材料升温或降温前后的温度差（K）；

　　　　α——材料在常温下的平均线膨胀系数（K^{-1}）；

L——材料原来的长度(mm)。

线膨胀系数越大，表明材料的温度变形性越大。土木工程中，对材料的温度变形往往只考虑某一单向尺寸的变化，因此，研究材料的线膨胀系数具有重要意义，材料的线膨胀系数与材料的组成和结构有关，常选择合适的材料来满足工程对温度变形的要求。在大面积或大体积混凝土工程中，为防止材料温度变形引起裂缝，常设置伸缩缝。

第三节 材料的力学性质

一、材料的受力状态

材料在受外力作用时，由于作用力的方向和作用线(点)的不同，表现为不同的受力状态。材料典型的受力状态如图 1-4 所示。

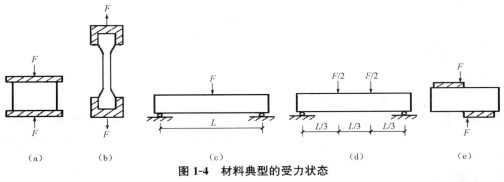

图 1-4 材料典型的受力状态
(a)受压；(b)受拉；(c)、(d)弯(折)；(e)剪切

二、材料的强度

材料的强度是指材料在外力作用下抵抗破坏的能力。建筑材料受外力作用时，内部就产生应力。外力增加，应力相应增大，直至材料内部质点结合力不足以抵抗外力时，材料即发生破坏，此时的应力值就是材料的强度，也称为极限强度。

根据外力作用方式的不同，材料强度有抗拉、抗压、抗剪、抗弯(抗折)强度等，如图 1-5 所示。

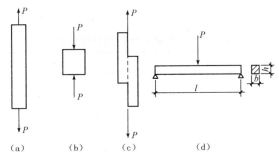

图 1-5 材料承受各种外力
(a)抗拉；(b)抗压；(c)抗剪；(d)抗弯

【小提示】 材料的强度常通过破坏性试验测定。将试件放在材料试验机上，施加荷载，直至破坏，根据破坏时的荷载，即可计算出材料的强度。

1. 抗拉(压、剪)强度

材料承受拉力(压力、剪力)作用直到破坏时，单位面积上所承受的拉力(压力、剪力)称为抗拉(压、剪)强度。材料的抗拉、抗压、抗剪强度按下式计算：

$$f = \frac{F}{A} \tag{1-18}$$

式中　f——抗拉、抗压、抗剪强度(MPa)；

　　　F——材料受拉、压、剪时的破坏荷载(N)；

　　　A——材料受力面积(mm^2)。

2. 抗弯(折)强度

材料的抗弯(折)强度与材料受力情况有关，对于矩形截面的试件，若两端支撑，中间承受荷载作用，则其抗弯(折)强度按下式计算：

$$f_m = \frac{3FL}{2bh^2} \tag{1-19}$$

式中　f_m——材料的抗弯(折)强度(MPa)；

　　　F——受弯时的破坏荷载(N)；

　　　L——两支点间距(mm)；

　　　b, h——材料截面宽度、高度(mm)。

【小提示】 材料的强度与其组成及结构有关。相同种类的材料，其组成、结构特征、孔隙率、试件形状、尺寸、表面状态、含水率、温度及试验时的加载速度等，对材料的强度都有影响。

3. 强度等级

对于以强度为主要指标的材料，通常按材料强度值的高低划分成若干等级，称为强度等级。如硅酸盐水泥按 7 d、28 d 抗压、抗折强度值划分为 42.5 级、52.5 级、62.5 级等强度等级。强度等级是人为划分的，是不连续的。根据强度划分强度等级时，规定的各项指标都合格，才能定为某强度等级，否则就要降低等级。强度具有客观性和随机性，其试验值往往是连续分布的。强度等级与强度间的关系，可简单表述为"强度等级来源于强度，但不等同于强度"。

【知识链接】 常用建筑材料的各种强度见表1-6。由该表可见，不同材料的各种强度是不同的。花岗石、普通混凝土等的抗拉强度比抗压强度甚至小几十倍，因此，这类材料只适于做受压构件(基础、墙体、桩等)。而钢材的抗压强度和抗拉强度相等，所以钢材作为结构材料性能最为优良。

表1-6　常用建筑材料的各种强度　　　　　　　　　MPa

材料	抗压	抗拉	抗折
花岗石	100~250	5~8	10~14
普通混凝土	5~60	1~9	—
轻集料混凝土	5~50	0.4~2.0	—
松木(顺纹)	30~50	80~120	60~100
钢材	240~1 500	240~1 500	—

4. 比强度

比强度是指按单位体积质量计算的材料强度，即材料的强度与其表观密度之比 f/ρ_0，它是反映材料轻质高强的力学参数，是衡量材料轻质高强性能的一项重要指标。比强度越大，材料的轻质高强性能越好。

【知识链接】 在高层建筑及大跨度结构工程中，常采用比强度值较高的材料。轻质高强的材料也是未来建筑材料发展的主要方向。几种常用材料的比强度值见表1-7，表中数值表明，松木比强度值较高，较为轻质高强，而红砖比强度值最小。

表 1-7 几种常用材料的比强度值

材料名称	表观密度/(kg · m^{-3})	强度值/MPa	比强度值
低碳钢	7 800	235	0.030 1
松木	500	34	0.068 0
普通混凝土	2 400	30	0.012 5
红砖	1 700	10	0.005 9

三、材料的弹性与塑性

1. 弹性

材料在外力作用下产生变形，当外力取消后，材料变形即可消失并能完全恢复原来形状的性质称为弹性。外力取消后瞬间内即可完全消失的变形为弹性变形。这种变形属于可逆变形，其数值的大小与外力成正比，称为弹性模量。在弹性变形范围内，弹性模量 E 为常数，即

$$E = \frac{\sigma}{\varepsilon} \tag{1-20}$$

式中　E——材料的弹性模量（MPa）；

　　　σ——材料所受的应力（MPa）；

　　　ε——材料在应力 σ 作用下产生的应变，量纲为 1。

弹性模量是反映材料抵抗变形能力的一个指标，E 越大，材料越不易变形。

2. 塑性

材料在外力作用下产生不能自行恢复的变形，且自身不被破坏的性质称为塑性。这种不能自行恢复的变形称为塑性变形（或称不可恢复变形）。

实际上，只有单纯的弹性或塑性的材料是不存在的。各种材料在不同的应力下，表现出不同的变形性能。

【小提示】 弹性材料在受到外力作用时会变形，在力的作用结束后恢复到原来的状态；塑性材料在受到外力作用时也发生变形，不过在力的作用结束后不会恢复，力作用时变成什么形状，力撤销后还是那个形状。例如，弹簧就是弹性的，橡皮泥就是塑性的。

（四）材料的韧性与脆性

1. 韧性

材料在冲击或振动荷载作用下，能产生较大的变形而不被破坏的性质称为韧性。具有

这种性质的材料称为冲击韧性，如钢材、木材、橡胶、沥青等。材料的韧性用冲击试验来检验，又称为冲击韧性，用冲击韧性值即材料受冲击破坏时单位断面所吸收的能量来衡量。冲击韧性值用"α_k"表示，其计算式如下：

$$\alpha_k = \frac{A_k}{A} \tag{1-21}$$

式中　α_k——材料的冲击韧性值(J/mm^2)；

　　　A_k——材料破坏时所吸收的能量(J)；

　　　A——材料受力截面面积(mm^2)。

在外力作用下，韧性材料会产生明显的变形，变形随外力的增大而增大，外力所做的功转化为变形，能量被材料所吸收，以抵抗冲击的影响。材料在破坏前所产生的变形越大，所能承受的应力越大，其所吸收的能量就越多，材料的韧性就越强。用于道路、桥梁、吊车梁及其他受振动影响的结构，应选用韧性较好的材料。

2. 脆性

材料在外力作用下，直至断裂前只发生弹性变形，不出现明显的塑性变形而突然破坏的性质称为脆性。具有这种性质的材料称为脆性材料，如石材、烧结普通砖、混凝土、铸铁、玻璃及陶瓷等。脆性材料的抗压能力很强，其抗压强度比抗拉强度大得多，可达十几倍甚至更高。脆性材料抗冲击及动荷载能力差，故常用于承受静压力作用的建筑部位，如基础、墙体、柱子、墩座等。

【小提示】 建筑工程中常用的塑性材料有钢、铜、铝合金等；常用的脆性材料有铸铁、陶瓷、砖、瓦、石材、玻璃、混凝土等。

(五)材料的硬度与耐磨性

1. 硬度

材料的硬度是指材料表面耐较硬物体刻划或压入而产生塑性变形的能力。木材、金属等韧性材料的硬度，往往采用压入法来测定。

压入法硬度的指标有布氏硬度和洛氏硬度，它等于压入荷载值除以压痕的面积或密度。陶瓷、玻璃等脆性材料的硬度往往采用刻划法来测定，称为莫氏硬度，根据刻划矿物(滑石、石膏、磷灰石、正长石、硫铁矿、黄玉、金刚石等)的不同，分为十级。

2. 耐磨性

材料的耐磨性是指材料具有一定的抵抗磨损的能力，常用磨损率 G 表示：

$$G = \frac{m_1 - m_2}{A} \tag{1-22}$$

式中　G——材料的磨损率(g/cm^2)；

　　　$m_1 - m_2$——材料磨损前后的质量损失(g)；

　　　A——材料受磨损的面积(cm^2)。

材料的耐磨性与材料的组成结构、构造、材料强度和硬度等因素有关。一般来说，强度越高且密实的材料，其硬度越高，耐磨性越好。用于道路、地面、踏步等受较强磨损的部位，应考虑使用耐磨性好的材料。

第四节 材料的耐久性

一、建筑材料的耐久性及其影响因素

建筑材料的耐久性是指材料使用过程中，在内、外部因素的作用下，经久不破坏、不变质，保持原有性能的性质。材料在使用过程中，除受荷载作用外，还会受周围环境各种自然因素的影响，如物理、化学及生物等方面的作用。

物理作用包括干湿变化、温度变化、冻融循环、磨损等，这些都会使材料遭到一定程度的破坏，影响其长期使用。

化学作用包括材料受酸、碱、盐类等物质的水溶液及有害气体侵蚀作用，发生化学反应及氧化作用、受紫外线照射等而变质或遭损。

生物作用是指昆虫、菌类等对材料的蛀蚀及腐蚀作用。

材料的耐久性是一项综合性能，不同材料的耐久性往往有不同的具体内容：混凝土的耐久性，主要通过抗渗性、抗冻性、抗腐蚀性和抗碳化性来体现；钢材的耐久性，主要取决于其抗锈蚀性；沥青的耐久性则主要取决于其大气稳定性和温度敏感性。

【小提示】 一般土木工程材料，如石材、砖瓦、陶瓷、水泥混凝土、沥青混凝土等，暴露在大气中时，主要受到大气的物理作用；当材料处于水位变化区或水中时，还受到环境的化学侵蚀作用。金属材料在大气中易被锈蚀。沥青及高分子材料，在阳光、空气及辐射的作用下，会逐渐老化、变质而破坏。

为了提高材料的耐久性，延长建筑的使用寿命和减少维修费用，可根据使用情况和材料特点采取相应的措施。如设法减轻大气或周围介质对材料的破坏作用（降低湿度，排除侵蚀性物质等）；提高材料本身对外界作用的抵抗性（提高材料的密度，采取防腐措施等），也可用其他材料保护主体材料免受破坏（覆面、抹灰、刷涂料等）。

二、混凝土耐久性检测分析

混凝土结构是钢筋混凝土结构、预应力混凝土结构、素混凝土结构的总称，也是目前我国应用最广泛的一种结构形式。结构的损坏既包含混凝土的风化和侵蚀，又包含钢筋的锈蚀。研究资料表明，引起耐久性显著降低的原因与结构所处的环境、结构的设计、结构材料选用、施工过程控制、结构的使用等多方面因素有关。

混凝土结构耐久性检测评估的一般程序为：通过现场调查、无损和（或）微破损检测技术在现场和实验室内获取结构有关作用和抗力信息；对结构性能和可靠性指标分析评估及再验证；形成评估报告（使用、维护意见及建议）。

混凝土结构耐久性检测方法有如下几个。

1. 外观损伤状况的检查

外观损伤状况的检查主要是观察、测量和记录构件裂缝、外观损伤及腐蚀情况，内容包括混凝土表面有无裂缝及结晶物析出，有无锈斑、露筋，混凝土表面有无起鼓、疏松剥离现象，构件开裂部位、形态及裂缝的走向等，对外观破损及出现腐蚀现象的构件进行描述并予以统计，同时拍摄数码照片进行记录。

2. 混凝土构件的几何参数测定

混凝土构件的几何参数测定主要包括构件的截面尺寸、构件的垂直度、结构变形等检测项目。混凝土结构构件截面尺寸可用钢卷尺等测量工具进行测量，变形测量可通过水准仪及经纬仪进行。

3. 混凝土抗压强度检测

混凝土的抗压强度在一定程度上反映混凝土的耐久性，结构混凝土抗压强度的现场检测主要有无损和破损两种方法。

4. 混凝土的渗透性检测

混凝土的渗透性与混凝土的耐久性密切相关。检验混凝土渗透性的方法主要有抗渗等级法(水压力法)、离子扩散系数法、表层渗透性的无损检测法等。

5. 混凝土氯离子含量及分布情况检测

氯盐引起钢筋锈蚀，影响混凝土的耐久性。混凝土中氯离子含量及分布情况检测是氯盐环境混凝土结构耐久性检测的重要内容，混凝土中水溶性氯离子含量一般采用硝酸银滴定法测量。检测完成后，对所取得的数据进行分析计算，采用适当的方法来评估结构的耐久性及预测剩余使用寿命，给出结构的耐久性评估报告。评估报告的内容包括摘要，工程概况，评定目的、范围、内容，调查和检验结果，分析与评估，结论和建议及附件。

📁 ➤ 本章小结

(1)材料的组成是指材料的化学成分或矿物成分，是决定材料物理力学性质的重要因素。

(2)材料的结构、构造是决定建筑材料性质的极其重要的因素。材料的微观结构是指物质的原子、分子层次的微观结构，可以分为晶体、玻璃体和胶体；材料的亚微观结构是指用光学显微镜所能观察到的材料结构；材料的构造是指可用肉眼观察到的外部和内部的结构。土木工程材料常见的构造形式有密实构造、多孔构造、纤维构造、层状构造、散粒状构造、纹理构造。

(3)材料与质量有关的性质主要包括密度、表观密度、堆积密度、密实度与孔隙率、填充率与空隙率，学习过程中应重点掌握各项指标的计算及影响因素。

(4)材料与水有关的性质主要包括亲水性与憎水性、吸湿性与吸水性、耐水性、抗渗性及抗冻性，建筑物使用过程中，材料又不可避免地受到外界雨、雪、地下水、冻融等的影响，因此要特别注意建筑材料与水有关的性质。

(5)材料与热有关的性质主要包括导热性、保温隔热性、耐火性与耐燃性、温度变形性，学习过程中应重点掌握各项指标的计算及影响因素。

(6)材料的强度是指材料在外力作用下抵抗破坏的能力。根据外力作用方式的不同，材料强度有抗拉、抗压、抗剪、抗弯(抗折)强度等。

(7)除强度外，建筑材料的力学性质还包括弹性与塑性、韧度与脆性、硬度与耐磨性。

(8)建筑材料的耐久性是指材料使用过程中，在内、外部因素的作用下，经久不破坏、不变质，保持原有性能的性质。

1. 什么是材料的密度、表现密度和堆积密度？如何计算？

2. 材料的密实度和孔隙率与散粒材料的填充率和空隙率有何差别？

3. 材料与水有关的性质有哪些？简述其定义。

4. 什么是材料的导热性？材料导热能力的大小如何表示？

5. 什么是材料的强度？强度包括哪些类型？

6. 什么是材料的耐久性？建筑材料使用过程中，哪些因素影响其耐久性？

7. 已知某砌块的外形尺寸为 150 mm×150 mm×150 mm，其孔隙率为 38%，干燥质量为 2 488 g，浸水饱和后质量为 3 014 g，试求该砌块的密度、表观密度及质量吸水率。

8. 某砖干燥时表观密度为 1 900 kg/m³，密度为 251 g/cm³，质量吸水率为 8%，试求该砖的孔隙率和体积吸水率。

9. 某石子经完全干燥后，其质量为 502 g，将其放入盛有水的量筒中吸水饱和后，水面由原来的 460 cm³ 上升至 650 cm³，取出石子擦干表面水后，其质量为 507 g，试求该石子的表观密度、堆积密度及吸水率。

第二章　建筑石材

石材是建筑工程中必不可少且用量较大的一种建筑材料。本章将介绍岩石的地质成因及分类，常见的建筑石材的品种、性能和应用范围，以便正确、经济、合理地选用石材。

建筑石材可分为天然石材和人造石材两大类。由天然岩石中开采，加工后成为料石、板材和颗粒状等材料，统称为天然石材。我国自古就有使用天然石材的历史。由于天然石材具有很高的抗压强度，良好的耐磨性和耐久性，加工后表面美观，富于装饰，资源广泛，蕴藏量十分丰富，便于就地取材等优点，因此得到广泛的应用。重质致密的块状石材，可用于砌筑基础、桥涵、护坡、挡土墙等砌体；散粒状石料，如碎石、砾石、砂等广泛用作混凝土集料；在轻质多孔的石材中，块状的可用作墙体材料，粒状的可用于拌制轻质混凝土；经过加工的各种饰面石材可用于室内外墙面、地面、柱面、踏步台阶等处的装饰工程中。

天然石材除直接应用于工程中外，还可以作为生产其他建筑材料的原料，如生产石灰、建筑石膏、水泥和无机绝热材料等。天然石材属脆性材料，由于其具有抗拉强度低、自重大、硬度高的特点，因此对其开采、加工和运输都比较困难。

人造石材是以不饱和聚酯树脂为胶粘剂，配以无机物粉料（如天然大理石、方解石、硅砂、玻璃粉等），适量的阻燃剂、染料等，经配料混合、瓷铸、振动、压缩、挤压、固化等工艺制成。人造石材在防潮、防酸、耐高温及艺术性方面与天然石材相比，有了较大的进步。

第一节　岩　　石

一、岩石的分类

岩石的分类方法有很多，按成因可分为岩浆岩、沉积岩和变质岩三类；按抗压强度可分为硬石、次硬石和软石三类，硬石包括花岗岩、安山岩、大理石等，次硬石包括软质安山岩、硬质砂岩等，软石为凝灰岩；按用于建筑工程的形状可分为砌筑用石材和装饰用石材两类，砌筑用石材分为毛石和料石，装饰用石材主要为板材。

1. 岩浆岩

岩浆岩又称为火成岩，是熔融岩浆在地下或喷出地表后冷凝结晶而成的岩石。其物质成分主要是硅酸盐矿物。岩浆存在于地壳深部，处在高温高压条件下，当地壳发生构造运动时，岩浆便冲开岩层薄弱地带，向压力较低的方向流动，当其上升到一定高度，即内压力与上覆岩层的外压力达到平衡时，岩浆便在地层下冷凝成岩；岩浆还可能沿着地壳的缝隙冲出而在地表冷凝成岩。根据成岩的位置不同，岩浆岩可分为深成岩、浅成岩、喷出岩和火山岩。

(1)深成岩：岩浆在地下深处冷凝成岩者称为深成岩。深成岩由于冷凝缓慢，有充分的时间结晶，形成全晶结构。这类岩石结晶完整，晶粒粗大，构造密实，抗压强度高。工程上常用的深成岩有花岗岩、闪长岩、辉长岩等。

(2)浅成岩：岩浆在地下浅处冷凝成岩者称为浅成岩。浅成岩由于冷凝较快，有些岩浆来不及结晶就凝固成非结晶的玻璃体，因而形成了结晶体与玻璃体混合在一起的半晶质结构。工程中常用的浅成岩有花岗斑岩、辉绿岩等。

(3)喷出岩：岩浆从地壳缝隙中喷出，沿地表流动厚积，冷凝成岩者称为喷出岩。大量喷出的岩浆，因冷凝较快而形成结晶更少的隐晶结构或非结晶的玻璃体结构。而薄处岩浆速冷凝固时，由于挥发的气体内扩形成气孔状构造；有些气孔被后来的石英、方解石等矿物填充而形成杏仁状构造。工程中常用的喷出岩有玄武岩、安山岩等。

(4)火山岩：岩浆冲出地表喷向空中而落回地面形成的火山灰、火山渣、浮石等，或再被岩浆或其他物质胶结而成为火山凝灰岩，称为火山岩。因其急速冷却，内部形成大量的气孔，常用作混凝土的轻集料；又因多呈玻璃体质，有较高的化学活性，常用作水泥的混合材料。

2. 沉积岩

露出地表的各种先期形成的岩石，经风化、剥蚀作用成为岩石碎屑，再经流水、风力、冰川等的自然搬运、沉积，又经长期的压密、胶结、重结晶等作用，在地表及其附近形成的岩石，称为沉积岩。沉积岩又称为水成岩，其主要特征是呈层理状构造，外观多层理，且各层岩石的成分、构造、颜色均有不同；多数沉积岩的体积密度较小，孔隙率和吸水率较大，强度较低，耐久性较差。根据沉积条件的不同，沉积岩可分为碎屑沉积岩、黏土沉积岩、化学沉积岩和生物化学沉积岩等几类。

(1)碎屑沉积岩：风化的岩石碎屑，经风、水的搬运而沉积，长期受覆盖层的压密和胶结物的胶结作用而形成的岩石称为碎屑沉积岩。碎屑粒径大于 2 mm 的称为碎屑岩，小于 2 mm 的称为砂岩，由火山喷出的碎屑沉积而成的称为火山碎屑岩。

(2)黏土沉积岩：由粒径小于 0.005 mm 的极细矿物沉积，并在压力作用下经压密固结而成的岩石称为黏土沉积岩，一般层理较薄，如泥岩、页岩等。其主要作为生产砖瓦、陶瓷、水泥的原料。

(3)化学沉积岩：原有岩石中的某些成分溶解于水，其溶液、胶体经迁移、沉淀、结晶形成的岩石称为化学沉积岩，如白云岩、石膏、菱镁石和部分石灰岩等。

(4)生物化学沉积岩：由生物遗骸沉积或有机化合物转变而成的岩石称为生物化学沉积

岩，如石灰岩、白垩、贝壳岩、珊瑚、硅藻土等。

3. 变质岩

地壳中原有的岩石，由于地壳运动，被覆盖在地下深处，在高温、高压和化学性质活泼的液体渗入作用下，原岩的物理和化学性质变化，改变了原来岩石的结构、构造甚至矿物成分，形成一种新的岩石，称为变质岩。变质岩的结构多为变晶结构，主要有片理和块状两种构造。如板岩、千枚岩是表面平直、片理明显、厚薄均匀的岩石；片麻岩是晶粒粗大、片理不规则、呈条带状、沿片理面不易裂开的岩石；大理岩、石英岩是由晶粒矿物组成并呈致密的块状构造的变质岩等。

二、岩石的性质

岩石的技术性质主要从物理性质、力学性质和化学性质三个方面进行评价。常用岩石的主要性质见表 2-1。

表 2-1　常见岩石的主要性质

名称	表观密度/ $(g \cdot cm^{-3})$	孔隙率/%	莫氏硬度	抗压强度/MPa	抗弯强度/MPa	冲击韧性/ $(kg \cdot cm)$
花岗岩	2.54~2.61	0.40~2.36	5.8~6.6	100~321	9.3~39.3	2.8~11.0
斑岩、闪长岩、辉长岩	2.81~3.03	0.3~2.7	4.76~6.21	128~314	14.3~57.1	2.2~14.1
玄武岩	2.8~2.9	0.1~1.0	4~6	114~350	14.3~57.1	2.0~15.8
砂岩	2.0~2.6	5.0~25.0	2.4~6.1	35.7~257.1	5.0~16.4	0.8~13.8
片麻岩	2.64~3.36	0.5~0.8	5.26~6.47	157.1~257.1	8.6~22.1	1.5~3.3
石英岩	2.75	0.3	4.2~6.6	214.3~650.0	8.6~32.1	2.0~11.8
板岩	2.71~2.90	0.1~4.3	2.8~5.2	143.0~214.3	35.7~128.0	—
大理石	2.37~3.20	0.67~2.30	3.7~4.3	71.4~250.0	4.3~28.5	0.8~9.1
石灰岩	1.79~2.92	0.26~3.60	2.79~4.84	14.3~264.3	3.6~37.1	2.0~3.4

(一)物理性质

1. 体积密度

体积密度的大小间接反映了石材的致密程度与孔隙的多少。通常情况下，同种石材的体积密度越大，其抗压强度越高，吸水率越小，耐久性越好，导热性能也越好。按体积密度，可将石材分为重质石材和轻质石材。

(1)重质石材。表观密度大于 1 800 kg/m³，如花岗石和大理石等，其表观密度接近于实际密度，孔隙率和吸水率较小，抗压强度高，耐久性好，适用于建筑的基础、地面、墙面、桥梁和水利工程等。

(2)轻质石材。体积密度小于 1 800 kg/m³，如火山凝灰岩和浮石等，其孔隙率和吸水率较大，抗压强度较低，主要用于墙体材料。

2. 吸水性

岩石吸水率是单位体积岩石在大气压力下吸收水的质量与岩石干质量之比。它反映了岩石中裂隙的发育程度。

石材的吸水性与孔隙率和孔隙特征有关。不同的石材吸水性差别很大。吸水率低于1.5%的岩石，称为低吸水性岩石；吸水率为1.5%～3.0%的岩石，称为中性吸水性岩石；吸水率大于3.0%的岩石，称为高吸水性岩石。

沉积岩形成的条件不同，密实程度与胶结情况也不同时，其孔隙的特征变化很大，吸水率的波动也很大。例如，致密的石灰岩的吸水率可小于1%，而多孔贝壳灰岩可高达15%。石材的吸水性对强度和耐水性有很大的影响，石材吸水后，会降低颗粒之间的黏结力，使结构减弱、强度降低，还会影响结构的导热性和抗冻性。

3. 耐水性

石材的耐水性用软化系数表示。根据软化系数大小石材可分为三个等级：

(1)软化系数>0.90，为高耐水性。

(2)软化系数为0.75～0.90，为中耐水性。

(3)软化系数为0.60～0.75，为低耐水性。

一般软化系数低于0.60的石材，不允许用在重要建筑物结构中。

4. 抗冻性

石材的抗冻性是指其抵抗冻融破坏的能力，用石材在水饱和状态下按规范要求所能经受的冻融循环的次数表示。能经受的冻融循环次数越多，则抗冻性越好，一般室外工程饰面石材的抗冻融循环次数应大于25次。石材的抗冻性与吸水性有密切关系，吸水率越大的石材，其抗冻性越差。根据经验，吸水率小于0.5%的石材，可以认为是抗冻的。

5. 耐热性

石材的耐热性与其化学成分及矿物组成有关。石材遇高温热胀冷缩、体积变化会产生内应力导致结构破坏，或石材的组成矿物发生分解和变异也会导致结构破坏，进而使其强度迅速下降。如含有石膏的石材，在100 ℃以上时就开始破坏；含有碳酸镁的石材，温度高于725 ℃会发生破坏；含有碳酸钙的石材，在827 ℃时遭受破坏。无论哪种破坏，都会使石材的强度大大降低。

6. 抗风化

石材孔隙率的大小对风化有很大的影响。水、冰和化学因素等造成岩石开裂或剥落的过程称为岩石的风化。当岩石中含有较多的云母和黄铁矿时，风化速度快，另外，白云石和方解石组成的岩石在酸性气体中也易风化。为防止风化，对碳酸类石材可用氟硅酸镁涂刷表面；对花岗石可磨光石材表面，以防止表面积水等。

7. 安全性

天然石材中可能含有某些放射性元素，若超出国家规定的标准则是不安全的，特别是一些对人体健康有害的元素，如放射性元素镭226衰变产生的放射性氡气(氡及其子体)。氡是惰性气体，被人体经呼吸作用吸入后在呼吸系统会对人体产生电离损害。用于室内及人口稠密处的石材，应满足《建筑材料放射性核素限量》(GB 6566—2010)的要求，标准中将天然石材分为A、B、C三类。其中，A类石材产品的应用不受限制；B类产品不可用于

Ⅰ类民用建筑的内饰面，但可用于Ⅰ类民用建筑的外饰面及其他一切建筑物的内、外饰面；C类产品只可用于一切建筑物的外饰面。

(二)力学性质

石材的力学性质主要包括抗压强度、冲击韧性、硬度和耐磨性等。

1. 抗压强度

根据《砌体结构设计规范》(GB 50003—2011)的规定，石材的抗压强度以 70 mm×70 mm×70 mm 的立方体为一组试件，取其在浸水饱和状态下抗压强度的算术平均值。根据强度值的大小，划分为 MU100、MU80、MU60、MU50、MU40、MU30、MU20 共七个强度等级。

抗压试件也可采用表 2-2 中各种边长尺寸的立方体，但对其试验结果乘以相应的换算系数后方可作为石材的强度等级。

表 2-2　石材强度等级的换算系数

立方体边长/mm	200	150	100	70	50
换算系数	1.43	1.28	1.14	1	0.86

石材的强度变化很大，即使是同一产地的岩石，其强度也大不相同。例如，花岗岩主要矿物为石英时强度较高，但云母含量多时强度低。有层理的岩石，垂直于层理方向的强度高于平行于层理方向的强度。另外，石材的孔隙大，易风化，石材的强度就低；反之，则高。因此，使用石材时应根据使用条件合理选用。

2. 冲击韧性

石材的冲击韧性取决于组成矿物和构造。石英岩、硅质砂岩脆性较大。含暗色矿物较多的辉绿岩、辉长岩等具有较高的韧性。

3. 硬度

石材的硬度取决于矿物组成的硬度与构造。凡由致密、坚硬矿物组成的石材，其硬度均较高。岩石的硬度以莫氏硬度表示。

4. 耐磨性

石材能抵抗摩擦和磨损的能力称为耐磨性。石材的耐磨性取决于其内部组成矿物的硬度、结构和构造。组成岩石的矿物越坚硬，结构和构造越密实，强度和韧性越高，则石材的耐磨性也越好。

土木工程中的楼地面、走道、楼梯踏步、台阶、人行道等，都应采用耐磨性好的石材。

(三)化学性质

通常认为岩石是一种非常耐久的材料，然而按材质而言，其抵抗外界作用的能力是比较差的。石材的劣化是指长期日晒夜露及受风雨和气温变化而不断风化的状态。风化是指岩石在各种因素的复合或者相互促进下发生的物理或化学变化，直至破坏的复杂现象。风化包括物理风化和化学风化。物理风化是指地表岩石发生机械破碎而不改变其化学性质，也不形成新矿物的风化作用。化学风化是指雨水和大气中的气体(O_2、CO_2、CO、SO_2、

SO₃等)与造岩矿物发生化学反应的现象，主要有水化、氧化、还原、溶解、脱水、碳化等反应，在含有碳酸钙和铁质成分的岩石中容易产生这些反应。由于这些作用在表面产生，风化破坏表现为岩石表面有剥落现象。

化学风化与物理风化经常相互促进，例如，在物理风化作用下石材产生裂缝，雨水就渗入其中，因此促进了化学风化作用。另外，发生化学风化作用后，石材的孔隙率增加，就更易受物理风化的影响。

岩石的化学性质将影响混合料的物理-力学性质。根据试验研究的结果，按 SiO_2 的含量多少将岩石划分为酸性、中性及碱性。按照克罗斯的分类法，岩石化学组成中 SiO_2 含量大于 65%的岩石称为酸性岩石，如花岗岩、石英岩等；SiO_2 含量在 52%～65%的岩石称为中性岩石，如闪长岩、辉绿岩等；SiO_2 含量小于 52%的岩石称为碱性岩石，如石灰岩、玄武岩等。所以，在选择与沥青结合的岩石时，应考虑岩石的酸碱性对沥青与岩石黏结性的影响。

第二节　天然石材

一、岩浆岩

(1)花岗岩。花岗岩属于深成岩浆岩，是岩浆岩中分布最广的岩石，其主要矿物组成为长石、石英和少量云母等。花岗岩为全晶质，有细粒、中粒、粗粒、斑状等多种构造，但以细粒构造性质为好。其通常有灰、白、黄、粉红、红、纯黑等多种颜色，具有很强的装饰性。

花岗岩的体积密度为 2 500～2 800 kg/m³，抗压强度为 120～300 MPa，其孔隙率低，吸水率为 0.1%～0.7%，莫氏硬度为 6～7，耐磨性好、抗风化性及耐久性高、耐酸性好，但不耐火。花岗岩的使用年限为数十年至数百年，高质量的可达千年以上。

花岗岩主要用于基础、挡土墙、勒脚、踏步、地面、外墙饰面、雕塑等石砌体，属高档材料。破碎后可用于配制混凝土。此外，花岗岩还可用于耐酸工程。

(2)辉长岩、闪长岩、辉绿岩。它们由长石、辉石和角闪石等组成。三者的体积密度均较大，为 2 800～3 000 kg/m³，抗压强度为 100～280 MPa，耐久性及磨光性好，常呈深灰、浅灰、黑灰、灰绿、黑绿色和斑纹。它们除用于基础等石砌体外，还可用作名贵的装饰材料。

(3)玄武岩。玄武岩为岩浆冲破覆盖岩层喷出地表冷凝而成的岩石，其由辉石和长石组成。玄武岩体积密度为 2 900～3 300 kg/m³，抗压强度为 100～300 MPa，脆性大，抗风化性较强。其主要用于基础、桥梁等石砌体，破碎后可作为高强度混凝土的集料。

(4)火山碎屑岩。火山碎屑岩为岩浆被喷到空气中，急速冷却而形成的岩石，又称为火山碎屑。因由喷到空气中急速冷却而成，故内部含有大量的气孔并多呈玻璃质，有较高的化学活性。常用的火山碎屑岩有火山灰、火山渣、浮石等，其主要用作轻集料混凝土的集料、水泥的混合材料等。

二、沉积岩

1. 砂岩

砂岩主要由石英等胶结而成。根据胶结物的不同分为以下几类:

(1)硅质砂岩。硅质砂岩由氧化硅胶结而成,呈白、淡灰、淡黄、淡红色,其强度可达300 MPa,具有耐磨性、耐久性、耐酸性高的特点,性能接近花岗岩。纯白色硅质砂岩又称为白玉石。硅质砂岩可用于各种装饰及浮雕、踏步、地面及耐酸工程。

(2)钙质砂岩。钙质砂岩由碳酸钙胶结而成,为砂岩中最常见和最常用的石材,呈白色、灰白色,其强度较大,但不耐酸,可用于大多数工程。

(3)铁质砂岩。铁质砂岩由氧化铁胶结而成,常呈褐色,其性能较差,密实者可用于一般工程。

(4)黏土质砂岩。黏土质砂岩由黏土胶结而成。其具有易风化、耐水性差等缺点,甚至会因水的作用而溃散,一般不用于建筑工程。

另外还有长石砂岩、硬砂岩,两者的强度较高,可用于建筑工程。

由于砂岩的性能相差较大,使用时需加以区别。

2. 石灰岩

石灰岩俗称青石,为海水或淡水中的生物残骸沉积而成,它主要由方解石组成,常含有一定数量的白云石、菱镁矿(碳酸镁晶体)、石英、黏土矿物等,分布极广。石灰岩分为密实、多孔和散粒三种构造,密实构造的即普通石灰岩。石灰岩常呈灰、灰白、白、黄、浅红、黑、褐红等颜色。

密实石灰岩的体积密度为 2 400~2 600 kg/m³,抗压强度为 20~120 MPa,莫氏硬度为3~4。当含有的黏土矿物超过 3%~4% 时,其抗冻性和耐水性显著降低。当含有较多的氧化硅时,其强度、硬度和耐久性提高。石灰岩遇稀盐酸时强烈起泡,但硅质和镁质石灰岩起泡不明显。

石灰岩可用于大多数基础、墙体、挡土墙等石砌体,破碎后可用于混凝土,是生产石灰和水泥等的原料,但不得用于酸性水或二氧化碳含量多的水中,因方解石会被酸或碳酸溶蚀。

三、变质岩

常用的变质岩主要有以下几种:

(1)石英岩。石英岩由硅质砂岩变质而成。结构致密均匀,坚硬,加工困难,耐酸性好,抗压强度为 250~400 MPa。其主要用于纪念性建筑等的饰面以及耐酸工程,使用寿命可达千年以上。

(2)大理石。大理石由石灰岩或白云岩变质而成,其主要矿物组成为方解石、白云石。大理石具有等粒、不等粒、斑状结构,常呈白、浅红、浅绿、黑、灰等颜色(斑纹),抛光后具有优良的装饰性。白色大理石又称为汉白玉。

大理石的体积密度为 2 500~2 800 kg/m³,抗压强度为 100~300 MPa,莫氏硬度为3~4,易于雕琢磨光。城市空气中的二氧化硫遇水后,对大理石中的方解石有腐蚀作用,即生成易溶的石膏,从而使其表面变得粗糙多孔并失去光泽,故不宜用于室外。但其吸水率小、杂质少、晶粒细小、纹理细密、质地坚硬，特别是白云岩或白云质石灰岩变质而成的某些大理石，也可用于室外，如汉白玉、艾叶青等。

大理石主要用于室内的装修，如墙面、柱面及磨损较小的地面、踏步等。

(3)片麻岩。片麻岩由花岗岩变质而成，呈片状构造，各向异性。在冰冻作用下易成层剥落。体积密度为 $2\,600\sim2\,700\ kg/m^3$，抗压强度为 $120\sim250\ MPa$(垂直解理面方向)。可用于一般建筑工程的基础、勒角等石砌体，也可作为混凝土集料。

第三节　人造石材

人造石具有色彩艳丽、表面粗糙度小、颜色均匀一致，抗压耐磨、韧性好、结构致密、坚固耐用、相对密度小、不吸水、耐侵蚀风化、色差小、不褪色、放射性低等优点。其具有资源综合利用的优势，在环保节能方面具有不可低估的作用，也是名副其实的建材绿色环保产品。目前已成为现代建筑首选的饰面材料。

人造石材是用各种方法加工制造的具有类似天然石材性质、纹理和质感的合成材料。例如，以大理石、花岗石碎料、石英砂、石碴等为集料，以树脂或水泥为胶结材料，经拌和、成型、聚合或养护后，研磨抛光、切割而成的人造花岗石、大理石和水磨石等。它们具有天然石材的花纹、质感和装饰效果，而且花色、品种、形状等多样化，且具有质量小、强度高、耐腐蚀、耐污染、施工方便等优点。目前，常用的人造石材有水泥型人造石材、聚酯型人造石材、复合型人造石材、烧结型人造石材。

一、水泥型人造石材

水泥型人造石材是以白色水泥、彩色水泥或硅酸盐水泥、铝酸盐水泥为胶结材料，以砂为细集料，碎大理石、花岗石或工业废渣等为粗集料，必要时加入适量的耐碱颜料，经配制、搅拌、加压蒸养、磨光和抛光制成的人造石材。配制过程中，混入色料，可制成彩色水泥石。水泥型人造石材的生产取材方便，价格低廉，但其装饰性较差。水磨石和各类花阶砖即属此类石材。

二、聚酯型人造石材

聚酯型人造石材是以不饱和聚酯为胶结材料，加入石英砂、大理石碴、方解石粉等无机填料和颜料，经配料、混合搅拌、浇筑成型、固化、烘干、抛光等工序而制成的人造石材。

目前，国内外人造大理石、花岗石以聚酯型为最多，该类产品光泽好、颜色浅，可调配成各种鲜明的花色图案。由于不饱和聚酯的黏度低，易于成型，且在常温下固化较快，便于制作成各种形状的制品。与天然大理石相比，聚酯型人造石材具有强度高、密度小、厚度小、耐酸碱腐蚀及美观等优点。但其耐老化性能不及天然花岗岩，故多用于室内装饰。

三、复合型人造石材

复合型人造石材采用的胶粘剂中，既有无机材料，又有有机高分子材料。其制作工艺是：先用水泥、石粉等制成水泥砂浆的坯体，再将坯体浸于有机单体中，使其在一定条件下聚合而成。对板材而言，底层用性能稳定而价廉的无机材料，面层用聚酯和大理石粉制作。无机胶结材料可用快硬水泥、白水泥、普通硅酸盐水泥、铝酸盐水泥、粉煤灰水泥、矿渣水泥以及熟石膏等制作。有机单体可用苯乙烯、甲基丙烯酸甲酯、醋酸乙烯、丙烯腈、丁二烯等制作，这些单体可单独使用，也可组合使用。复合型人造石材制品的造价较低，但它受到温差影响后聚酯面易产生剥落或开裂。

四、烧结型人造石材

烧结型人造石材的生产工艺与陶瓷相似。即将斜长石、石英、辉石石粉和赤铁矿一级高岭土等混合成矿粉，再配以 40% 左右的黏土混合制成泥浆，经制坯、成型和艺术加工后，经 1 000 ℃ 左右的高温焙烧而成。如仿花岗石瓷砖、仿大理石陶瓷艺术板等。

第四节　石材的加工及选用

一、石材的加工

土木工程中使用的石材常加工为砌筑用石材、板材和颗粒状石料等。

1. 砌筑用石材

根据石材加工后的外形规则程度可分为毛石与料石。

(1)毛石。毛石又称为片石或块石。它是由爆破直接获得的石材，根据平整程度又可分为乱毛石和平毛石。

1)乱毛石。乱毛石形状不规则、不平整，单块质量大于 25 kg，中部厚度不小于建筑物的基础(毛石混凝土基础和水利水电工程中的堆石坝和去岸护坡等)。

2)平毛石。平毛石由乱毛石稍加工而成，形状比乱毛石整齐，表面粗糙，无尖角，块厚宜大于 20 cm，适用于建筑工程中砌筑基础、墙身和挡土墙等，以及水利水电工程中浆砌石坝和闸墩等大体积结构的内部。

(2)料石。料石又称为条石，其由人工或机械加工而成。按外形规则程度可分为毛料石、粗料石、半细料石和细料石等。

1)毛料石外形大致方正，一般不加工或稍加修整，高度不小于 200 mm，砌体面凹凸不大于 25 mm。

2)粗料石外形较方正，经加工后，宽度和高度不小于 200 mm，又不小于长度的 1/4，砌体面凹凸不大于 20 mm。

3)半细料石规格尺寸同粗料石，砌体面凹凸不大于 15 mm。

4)细料石外形规则，规格尺寸同半细料石，砌体面凹凸不大于 10 mm。

料石一般由花岗岩、致密砂岩和石灰岩制成。建筑工程中的料石不仅适用于砌筑墙体、台阶、地坪、拱桥和纪念碑，也适用于栏杆、窗台板和柱基等的装饰。在水利水电工程中，毛石和粗料石适用于砌筑闸、坝和桥墩等。

2. 板材

建筑中的常用材料大多为板材，其主要是由花岗石和大理石经过锯切和磨光而成，一般厚度为 20 mm。根据形状分为普通形和异形。普通形有正方形和长方形，异形有各种形状。建筑工程中的板材主要用于墙面、柱面、地面、楼梯踏步等的装饰。

3. 颗粒状石料

(1)碎石。碎石是由天然岩石经人工和机械破碎而成，粒径大于 5 mm 的颗粒状石料。碎石主要用于混凝土集料或基础、道路的垫层。

(2)卵石。卵石是天然岩石经自然界风化、磨蚀、冲刷等作用而形成的颗粒状石料。卵石用途同碎石，也可用作园林和庭园地面的铺砌材料等。

(3)石碴。石碴是用天然的花岗石或大理石等的碎料加工而成的，适用于水磨石、水刷石、干粘石、斩假石和人造大理石等的集料。石碴具有多种颜色，装饰效果好。

二、石材的选用原则

在建筑设计和施工中，应根据建筑物的类型、环境条件和使用要求，合理地选用适用、经济、安全的石材。石材的选用应考虑以下三个方面。

1. 适用性

适用性主要考虑石材的技术性能是否满足要求。例如，用于建筑的基础、墙、柱和水利工程等的石材，主要考虑强度等级、耐水性和耐久性等；用于围护结构的石材，除以上性能应考虑外，还应考虑石材的绝热性能；用于饰面板、栏杆和扶手等的石材，应考虑石材的色彩与环境的协调和美观等；用于寒冷地区的石材，应考虑抗冻性；用于高温、高湿和有化学腐蚀条件下的石材，应分别考虑其各种性能。

2. 经济性

经济性主要考虑就地取材。这是因为石材的表观密度大，用量多，应尽量减少运输费用，综合利用地方材料，达到技术经济的目的。

3. 安全性

选用石材应严格按照《建筑材料放射性核素限量》(GB 6566—2010)的规定。

▶ 本章小结

本章主要介绍了岩石的地质成因及分类，常见的建筑石材的品种、性能和应用范围，以便正确、经济、合理地选用石材。

(1)岩石按成因可分为岩浆岩、沉积岩和变质岩三大类。岩石的技术性质主要从物理性质、力学性质和化学性质三个方面进行评价。

(2)建筑石材分为天然石材和人造石材两大类。其中常用的人造石材有水泥型人造石材、聚酯型人造石材、复合型人造石材、烧结型人造石材。

(3)土木工程中石材常加工为砌筑用石材、板材和颗粒状石料等。在建筑工程设计和施工中，应根据建筑物的类型、环境条件和使用要求，合理地选用适用、经济、安全的石材。

一、填空题

1. 建筑石材可分为_____和人造石材两大类。

2. 根据成岩的位置不同，岩浆岩可分为_____、浅成岩、喷出岩和火山岩。

3. _____的结构多为变晶结构，主要有片理和块状两种构造。

4. 吸水率小于_____的石材，可以认为是抗冻的。

5. 常用的人造石材有_____、聚酯型人造石材、_____、烧结型人造石材。

6. 砌筑用石材根据石材加工后的外形规则程度可分为_____与料石。

7. 石材的选用应考虑适用性、_____、安全性。

二、选择题(有一个或多个答案)

1. 花岗岩属于(   )。

   A. 深成岩浆岩　　　　　　　　　　B. 喷出岩

   C. 火山岩　　　　　　　　　　　　D. 正长岩

2. 建筑中用到的喷出岩有(   )。

   A. 辉长岩　　　B. 玄武岩　　　C. 辉绿岩　　　D. 安山岩

3. 砂岩主要由(   )胶结而成。

   A. 氧化硅　　　B. 碳酸钙　　　C. 氧化铁　　　D. 黏土

4. 下列不属于化学沉积岩的是(   )。

   A. 石灰岩　　　B. 石膏　　　C. 贝壳岩　　　D. 白云石

5. 下列属于变质岩的是(   )。

   A. 石英岩　　　B. 闪长岩　　　C. 大理石　　　D. 片麻岩

6. 下列石材不属于轻质石材的是(   )。

   A. 表观密度为 1 750 kg/m³ 的石材　　B. 表观密度为 1 950 kg/m³ 的石材

   C. 表观密度为 2 000 kg/m³ 的石材　　D. 表观密度为 2 050 kg/m³ 的石材

7. 软化系数大于(   )为高耐水性。

   A. 0.60　　　B. 0.70　　　C. 0.80　　　D. 0.90

8. 含有石膏的石材，在(   )℃以上时就开始破坏。

   A. 80　　　B. 90　　　C. 100　　　D. 110

9. 石材的抗压强度是以边长为(   )mm 的立方体抗压强度值来表示的。

   A. 50　　　B. 60　　　C. 70　　　D. 80

10. 建筑石材的选用原则有(   )。

    A. 经济性　　　B. 适用性　　　C. 安全性　　　D. 美观性

三、简答题

1. 天然岩石有哪几种分类？其具体内容包括哪些？花岗岩和凝灰岩分别属于哪一类？

2. 什么是变质岩？其构造有哪几种？

3. 什么是石材的劣化、风化？

第三章　气硬性胶凝材料

通过本章的学习，了解水玻璃的性能及应用；掌握石灰的生产、熟化、硬化、技术标准、性质、应用及储运，建筑石膏的生产、凝结硬化、性质、应用及储运。

能够正确检验建筑石膏和石灰的技术指标，能够根据工程实际情况合理使用建筑石膏、石灰和水玻璃。

第一节　石　　灰

石灰是工程中使用较早的胶凝材料之一。由于生产石灰的原材料广泛，生产工艺简单，成本低廉，使用方便，具有特定的工程性能，所以石灰在建筑工程中一直得到广泛应用。

一、石灰的生产

生产石灰的原料主要是以碳酸钙为主要成分的天然岩石，如石灰石、白云石等，也可采用化工副产品，如电石渣(是碳化钙制取乙炔时产生的，其主要成分是氢氧化钙)。石灰石的主要成分是碳酸钙，另外还有少量的碳酸镁和黏土杂质，相关反应式如下：

$$CaCO_3 \xrightarrow{900\ ℃} CaO + CO_2 \uparrow$$

$$MgCO_3 \xrightarrow{600\ ℃} MgO + CO_2 \uparrow$$

在实际生产中，为加快石灰石的分解，使原料充分煅烧，煅烧温度常在 1 000 ℃~1 200 ℃。在烧制过程中，如果温度控制不好，会出现欠火石灰或过火石灰。欠火石灰是由于煅烧温度或煅烧时间不足，石灰石中的 $CaCO_3$ 还未完全分解，生产出的石灰中的 CaO 含量低，降低了石灰的利用率；使用欠火石灰时，产浆量较低，质量较差，降低了石灰石的利用率。过火石灰是由于煅烧温度过高或煅烧时间过长，石灰石中的杂质发生溶解，生产出的石灰颗粒粗大、结构致密，熟化速度十分缓慢，对石灰的利用极为不利，使用时会影响工程质量。

生石灰是一种白色或灰色块状物质，其主要成分是氧化钙。因石灰原料中含有一些碳酸镁成分，所以经煅烧生成的生石灰中，也相应含有氧化镁成分。当 MgO 的含量≤5%时，称为钙质石灰；当 MgO 的含量>5%时，称为镁质石灰。镁质石灰熟化较慢，但硬化后强度稍高。

【知识链接】 按照成品加工方法的不同，建筑工程中常用的石灰类型主要有以下几种：

(1)块状生石灰：由原料煅烧而成的原产品，主要成分为 CaO。

(2)生石灰粉：块状生石灰经磨细而成的粉状产品，主要成分为 CaO。

(3)消石灰粉：将生石灰粉用适量的水消解而成的粉末，也称为熟石灰粉，其主要成分为 $Ca(OH)_2$。

(4)石灰膏：将生石灰中加入生石灰体积 3～4 倍的水消解而成。石灰浆在储灰坑中沉淀，除去上层水分后成为石灰膏。

二、石灰的熟化与硬化

1. 石灰的熟化

块状生石灰在使用前都要加水消解，这一过程称为消解或熟化，熟化后的石灰称为熟石灰，反应式如下：

$$CaO + H_2O \longrightarrow Ca(OH)_2 + 64.8 \text{ kJ}$$

生石灰熟化过程放出大量的热，且体积迅速膨胀 1.0～2.5 倍。煅烧良好、氧化钙含量高的生石灰熟化快、放热量多、体积增大多，因此产浆量高。

生石灰熟化成石灰膏的过程多在工地进行，生石灰在化灰池中加水熟化成含大量水的石灰浆，然后流入储灰池，经沉淀除去水分即为石灰膏。石灰膏中的水分约占 50%，其堆积密度为 1 300～1 400 kg/m³。1 kg 生石灰可熟化为 1.5～3.0 L 石灰膏。欠火石灰不能熟化，降低了石灰膏的产量；过火石灰熟化十分缓慢，如果没有充分熟化而直接使用，过火石灰就会吸收空气中的水分继续熟化，体积膨胀使构件表面凸起、开裂或局部脱落，严重影响施工质量。为了保证生石灰充分熟化，一般在工地上将块状生石灰在储灰坑中存放 2 周以上，此过程称为陈伏。陈伏期间，石灰膏表面有一层水，以隔绝空气，防止与二氧化碳作用产生碳化现象。

2. 石灰的硬化

石灰浆体的硬化包含干燥、结晶和碳化三个交错进行的过程。干燥时，石灰浆体中由于多余水分的蒸发或被砌体吸收使氢氧化钙的浓度增加，获得一定的强度。随着游离水分继续减少，氢氧化钙逐渐从溶液中结晶出来，形成结晶结构网，使强度继续增加。氢氧化钙与潮湿空气中的二氧化碳反应生成碳酸钙，新生的碳酸钙晶体相互交叉连生或与氢氧化钙共生，构成紧密交织的结晶网，使硬化浆体的强度进一步提高。由于空气中的二氧化碳含量低，且二氧化碳较难深入内部，还阻碍了内部水分的蒸发，故碳化过程十分缓慢。

三、石灰的技术标准

1. 建筑生石灰

(1)建筑生石灰的分类。按生石灰的化学成分，分为钙质石灰和镁质石灰两类。根据化学成分的含量又将钙质石灰和镁质石灰分成各个等级，见表 3-1。

表 3-1 建筑生石灰的分类(JC/T 479—2013)

类别	名称	代号
钙质石灰	钙质石灰 90	CL 90
	钙质石灰 85	CL 85
	钙质石灰 75	CL 75

类别	名称	代号
镁质石灰	镁质石灰85	ML 85
	镁质石灰80	ML 80

（2）建筑生石灰的技术要求。建筑生石灰的化学成分应符合表 3-2 中的要求。

表 3-2　建筑生石灰的化学成分（JC/T 479—2013） ％

名称	（氧化钙＋氧化镁）($CaO＋MgO$)	氧化镁(MgO)	二氧化碳(CO_2)	三氧化硫(SO_3)
CL 90-Q CL 90-QP	≥90	≤5	≤4	≤2
CL 85-Q CL 85-QP	≥85	≤5	≤7	≤2
CL 75-Q CL 75-QP	≥75	≤5	≤12	≤2
ML 85-Q ML 85-QP	≥85	＞5	≤7	≤2
ML 80-Q ML 80-QP	≥80	＞5	≤7	≤2

建筑生石灰的物理性质应符合表 3-3 中的要求。

表 3-3　建筑生石灰的物理性质（JC/T 479—2013）

名称	产浆量/[$dm^3 \cdot (10\ kg)^{-1}$]	细度	
		0.2 mm 筛余量/%	90 μm 筛余量/%
CL 90-Q CL 90-QP	≥26 —	— ≤2	— ≤7
CL 85-Q CL 85-QP	≥26 —	— ≤2	— ≤2
CL 75-Q CL 75-QP	≥26 —	— ≤2	— ≤7
ML 85-Q ML 85-QP	— —	— ≤2	— ≤7
ML 80-Q ML 80-QP	— —	— ≤7	— ≤2

注：其他物理特性，根据用户要求，可按照《建筑石灰试验方法 第 1 部分：物理试验方法（JC/T 478.1—2013)进行测试。

2. 建筑消石灰

（1）建筑消石灰的分类见表 3-4。

表 3-4　建筑消石灰的分类(JC/T 481—2013)

类别	名称	代号
钙质消石灰	钙质消石灰 90	HCL 90
	钙质消石灰 85	HCL 85
	钙质消石灰 75	HCL 75
镁质消石灰	镁质消石灰 85	HML 85
	镁质消石灰 80	HML 80

(2)建筑消石灰的技术要求见表 3-5 和表 3-6。

表 3-5　建筑消石灰的化学成分(JC/T 481—2013)　　　　　　　　　%

名称	氧化钙＋氧化镁 (CaO＋MgO)	氧化镁 (MgO)	三氧化硫 (SO_3)
HCL 90 HCL 85 HCL 75	≥90 ≥85 ≥75	≤5	≤2
HML 85 HML 80	≥85 ≥80	>5	≤2

注：表中数值以试样扣除游离水和化学结合水后的干基为基准。

表 3-6　建筑消石灰的物理性质(JC/T 481—2013)

名称	游离水/%	细度		安定性
		0.2 mm 筛余量/%	90 μm 筛余量/%	
HCL 90	≤2	≤2	≤7	合格
HCL 85				
HCL 75				
HML 85				
HML 80				

四、石灰的技术性质

1. 可塑性、保水性好

生石灰熟化为石灰浆时，氢氧化钙颗粒极其微小，使得氢氧化钙颗粒表面吸附一层较厚水膜，使得颗粒间的滑移较易进行，故石灰的可塑性、保水性好。用石灰调成的石灰砂浆具有良好的可塑性，在水泥砂浆中加入石灰膏，可显著提高砂浆的可塑性(和易性)。

2. 硬化慢，强度低

石灰浆体硬化过程的特点之一就是硬化速度慢，原因是空气中的二氧化碳浓度低，且碳化是由表及里，在表面形成较致密的壳，使外部的二氧化碳较难进入其内部，同时内部水分不易蒸发，所以硬化缓慢，硬化后强度也不高。

3. 体积收缩大

石灰浆在硬化过程中由于大量水分蒸发，石灰浆体产生显著的体积收缩而开裂，因此石灰除粉刷外不宜单独使用，常和砂子、纸筋、麻刀等混合使用。

4. 耐水性差

石灰浆体在硬化过程中的较长时间内，主要成分仍是氢氧化钙，由于氢氧化钙易溶于水，所以石灰的耐水性较差。若硬化后的石灰长期受到水的作用，则会导致强度降低，甚至溃散。

五、石灰的应用

1. 拌制灰浆和砂浆

如麻刀灰、纸筋灰、石灰砂浆或水泥石灰混合砂浆，既可用来砌筑墙体，也可用于墙面、柱面、顶棚等的抹灰。

2. 灰土和三合土

消石灰粉和黏土按一定比例配合称为灰土，在灰土中再加入炉渣、砂、石等填料，即成三合土。灰土和三合土经夯实后强度高、耐水性好，且操作简单、价格低廉，广泛应用于建筑物、道路等的垫层和基础。灰土和三合土的强度形成，可能是由于石灰改善了黏土的和易性，在强力夯打之下，大大提高了紧密度。而且，黏土颗粒表面的少量活性氧化硅和氧化铝与氢氧化钙起化学反应，生成了不溶性的水化硅酸钙和水化铝酸钙，将黏土颗粒黏结起来，从而提高了黏土的强度和耐久性。

3. 建筑生石灰粉

将生石灰磨成的细粉，称为建筑生石灰粉。建筑生石灰粉加入适量的水拌成的石灰浆可以直接使用。主要因为粉状石灰熟化速度较快，熟化放出的热促使硬化进一步加快。硬化后的强度要比石灰膏硬化的强度高。

4. 硅酸盐制品

将磨细生石灰粉与硅质材料（如粉煤灰、火山灰、炉渣等）按一定比例配合，经成型、养护等工序制造的人造材料，称为硅酸盐制品。常用的有粉煤灰砖、粉煤灰砌块、灰砂砖、加气混凝土砌块等，如掺入耐碱颜料，可制成各种颜色。其主要用来作为墙体材料。

5. 碳化石灰板材

将磨细生石灰掺入 30%～40% 的纤维状填料或轻质集料和水按一定比例搅拌成型，然后通入高浓度二氧化碳经人工碳化（12～24 h）而成的一种轻质板材称为碳化石灰板。为减轻自重、提高碳化效果，碳化石灰板常做成薄壁空心板，主要用于非承重内墙板、天花板等。

六、石灰的验收及储运

（1）建筑生石灰粉、建筑消石灰粉一般用袋装，袋上应标明厂名、产品名称、商标、净重、批量编号。

（2）生石灰在运输和储存过程中要防止受潮，且储存时间不宜过长。生石灰会吸收空气中的水分自行消解成消石灰粉，然后再与二氧化碳作用形成碳化层，增强胶凝能力。工地上一般将石灰的储存期变为陈伏期，陈伏期间，石灰膏上部要覆盖一层水，以防碳化。

（3）生石灰不宜与易燃、易爆物品共存、运输，以免酿成火灾。这是因为储运中的生石灰受潮熟化要放出大量的热且体积膨胀，会导致易燃、易爆物品燃烧和爆炸。

第二节　建　筑　石　膏

石膏是以硫酸钙为主要成分的气硬性胶凝材料。当石膏中含有的结晶水不同时，可形成多种性能不同的石膏，主要有建筑石膏$\left(CaSO_4 \cdot \frac{1}{2}H_2O\right)$、无水石膏（$CaSO_4$）、生石膏（$CaSO_4 \cdot 2H_2O$）等。其中建筑石膏及其制品具有质轻、隔热、吸声、吸湿性好，耐火、表面平整细腻、装饰性好、容易加工等一系列优良性能，加上我国石膏矿藏储量居世界首位，所以石膏的应用前景十分广阔。

一、建筑石膏的生产

生产建筑石膏的主要原料是天然二水石膏矿石（又称为生石膏）或含有硫酸钙的化工副产品。生产石膏的主要工作是破碎、加热和磨细。由于加热方式和温度的不同，可生产出不同的石膏产品。

1. 建筑石膏

将天然二水石膏在常压下加热到107 ℃～170 ℃，可生成β型半水石膏，再经磨细得到的白色粉状物，即建筑石膏，其反应式如下：

$$CaSO_4 \cdot 2H_2O \xrightarrow{107\ ℃～170\ ℃} （\beta\,型）CaSO_4 \cdot \frac{1}{2}H_2O + \frac{3}{2}H_2O$$

【小提示】 建筑石膏晶体较细，调制成一定稠度的浆体时，需要量大，所以硬化后的建筑石膏制品孔隙率大，强度较低。

2. 高强石膏

将天然二水石膏在124 ℃、0.13 MPa 压力的条件下蒸炼脱水，可得到α型半水石膏，磨细即高强石膏，其反应式如下：

$$CaSO_4 \cdot 2H_2O \xrightarrow{124\ ℃,\ 0.13\ MPa} （\alpha\,型）CaSO_4 \cdot \frac{1}{2}H_2O + \frac{3}{2}H_2O$$

高强石膏晶体粗大，比表面积较小，调制成塑性浆体时需水量只有建筑石膏的一半左右，因此，硬化后具有较高的强度和密实度，3 h 强度可达到9～24 MPa，7 d 强度可达15～40 MPa。高强石膏用于强度要求较高的抹灰工程、装饰制品和石膏板。在高强石膏中加入防水剂，可用于湿度较高的环境中。

3. 无水石膏和煅烧石膏

当加热温度超过170 ℃时，可生成无水石膏 $CaSO_4$；当温度高于800 ℃时，部分石膏会分解出 CaO，经磨细后称为煅烧石膏。由于其中 CaO 的激发作用，煅烧石膏经水化后能获得较高的强度、耐磨性和耐水性。

二、建筑石膏的凝结硬化

建筑石膏遇水将重新水化成二水石膏，形成可塑性的浆体，很快浆体就失去塑性、产生强度，并逐渐发展成为坚硬的固体，这一过程称为石膏的凝结硬化。石膏的凝结硬化是一个连续的溶解、水化、胶化、结晶的过程。石膏的凝结硬化实际上是建筑石膏与水之间发生了化学反应的结果，反应式如下：

$$CaSO_4 \cdot \frac{1}{2}H_2O + \frac{3}{2}H_2O \longrightarrow CaSO_4 \cdot 2H_2O$$

建筑石膏的凝结硬化分为凝结和硬化两个过程。二水石膏在水中的溶解度仅为半水石膏溶解度的 1/5 左右，所以二水石膏首先结晶析出，由于结晶体的不断生成，浆体的塑性开始下降，从加水开始拌和到浆体开始失去可塑性的过程称为石膏的初凝；而后，随着晶体颗粒间摩擦力和黏结力的增大，浆体的塑性急剧下降，直到失去可塑性，并开始产生强度的过程称为石膏的终凝。整个过程称为石膏的凝结。石膏终凝后，其晶体颗粒仍在不断长大和相互交错，使浆体产生强度，并不断增长，直到水分完全蒸发，形成坚硬的石膏结构，这个过程称为石膏的硬化。

三、建筑石膏的技术性质

根据《建筑石膏》(GB/T 9776—2008)，建筑石膏按 2 h 强度(抗折)分为 3.0、2.0、1.6 三个等级。质量等级也相应分为三级，即优等品、一等品、合格品。建筑石膏技术指标应符合表 3-7 中的规定。

表 3-7　建筑石膏技术指标

等级	细度(0.2 mm 方孔筛筛余)/%	凝结时间/min		2 h 强度/MPa	
		初凝	终凝	抗折	抗压
3.0				≥3.0	≥6.0
2.0	≤10	≥3	≤30	≥2.0	≥4.0
1.6				≥1.6	≥3.0

1. 凝结硬化快

建筑石膏加水后 10 min 可完成初凝，30 min 可完成终凝。因初凝时间较短，为了有足够的时间进行搅拌等施工操作，可掺入缓凝剂以延长凝结时间。可掺入石膏用量 0.1%～0.2% 的动物胶，或掺入 1% 的酒精，也可掺入柠檬酸或硼砂等。

2. 硬化后体积微膨胀，装饰性好

石膏浆体凝结硬化后体积产生微膨胀，其膨胀率为 0.5%～1.0%，而且不开裂。石膏的这一性质使石膏制品造型清晰饱满，尺寸精确，加之石膏质地细腻，颜色洁白，特别适合制作建筑装饰件及石膏模型等。

3. 孔隙率大，质量小

为使石膏浆体满足必要的可塑性，通常要加过量的水。凝结硬化后，由于大量多余水分蒸发，石膏制品的孔隙率较大。由于石膏制品的孔隙率较大，石膏制品的表观密度小，热导率小，吸声性、吸湿性好，可调节室内温度和湿度。

4. 防火性好，耐火性差

石膏制品遇火时，石膏中的结晶水吸收热量蒸发，形成水蒸气带，可有效地阻止火的蔓延，具有良好的防火效果，但二水石膏脱水后强度下降，所以耐火性变差。

5. 可加工性能好

建筑石膏硬化后具有微孔结构，硬度也较低，所以石膏制品可锯、可刨、可钉，易于连接，为安装施工提供了很大方便，具有良好的可加工性。

6. 强度低，耐水性差

由于石膏制品的孔隙率较大，二水石膏又微溶于水，所以石膏制品具有很强的吸湿性和吸水性，但如果处于潮湿环境中，晶体间的黏结力削弱，强度显著降低，通常石膏硬化后的抗压强度只有 3～5 MPa。且遇水后晶体溶解产生破坏，所以石膏制品的耐水性差，软化系数只有0.2～0.3，不宜用于潮湿环境和水中。

四、建筑石膏的应用

1. 室内抹灰与粉刷

建筑石膏加水、砂拌和成石膏砂浆，可用于室内抹灰。抹灰后的墙面光滑、细腻、洁白美观，给人以舒适感。建筑石膏加水及缓凝剂，拌和成石膏浆体，可作为室内的粉刷涂料。

2. 石膏板、石膏装饰制品

石膏板具有质轻、保温、隔热、吸声、防火、调湿、尺寸稳定、可加工性好、成本低等优良性能，应用较为广泛，是良好的室内装饰材料。常用的石膏板有纸面石膏板、石膏纤维板、石膏刨花板、石膏空心板等，可用于建筑物的内墙、顶棚等部位。

石膏浮雕装饰件包括石膏装饰线脚、花饰系列、艺术顶棚、灯圈、浮雕壁画等。石膏装饰线脚为长条状装饰构件，多用高强石膏或加筋建筑石膏制作，表面呈雕花形或弧形，主要用于建筑物室内装饰。

3. 其他应用

建筑石膏可作为生产某些硅酸盐制品时的增强剂，如粉煤灰砖；在水泥的生产过程中加入适量石膏能延缓水泥的凝结时间；石膏也可用于油漆或粘贴墙纸等的基层找平。

五、建筑石膏的验收和储运

建筑石膏在储存与运输时，不得受潮和混入杂质，不同等级的应分别储运，不得混杂；建筑石膏自生产之日起，在正常运输与储存条件下，储存期为 3 个月。超过 3 个月的石膏应重新进行质量检验，以确定等级。

第三节 水 玻 璃

水玻璃俗称泡花碱，是由碱金属氧化物和二氧化硅组成的能溶于水的一种金属硅酸盐物质。根据碱金属氧化物种类的不同，水玻璃有硅酸钠水玻璃（$Na_2O \cdot nSiO_2$）和硅酸钾水玻璃（$K_2O \cdot nSiO_2$）等，工程中以硅酸钠水玻璃最为常用。

一、水玻璃的生产

硅酸钠水玻璃的主要原料是石英砂、纯碱。将原料磨细，按比例配合，在玻璃熔炉内熔融生成硅酸钠，冷却后得到固态水玻璃，然后在水中加热溶解而成液体水玻璃。

水玻璃分子式中的 n，即二氧化硅与碱金属氧化物的摩尔比，称为水玻璃的模数，一般在 1.5～3.5 之间，建筑工程中常用水玻璃的模数为 2.6～2.8。水玻璃的模数越大，黏结力越强，越难溶于水。

【小提示】 液体水玻璃常含杂质而呈青灰色、绿色或淡黄色，以无色透明的液体水玻璃为最好。液体水玻璃可以与水按任意比例混合，使用时可用水稀释。

二、水玻璃的硬化

水玻璃在空气中与二氧化碳作用，析出二氧化碳凝胶，凝胶因干燥而逐渐硬化。水玻璃的凝结硬化速度缓慢，常加入促硬剂氟硅酸钠（Na_2SiF_6）来加快其硬化速度，氟硅酸钠的适宜掺量为水玻璃质量的 12％～15％。氟硅酸钠有毒，操作时应注意安全。

三、水玻璃的性质

（1）水玻璃有良好的黏结性能，硬化时析出的硅酸凝胶能堵塞毛细孔，能起到阻止水分渗透的作用。

（2）水玻璃有很强的耐酸性能，能经受大多数有机酸和无机酸的作用，用于配制水玻璃耐酸混凝土、耐酸砂浆、耐酸胶泥等。

（3）水玻璃有良好的耐热性，在高温下不燃烧，不分解，且强度不降低，甚至有所提高。所以水玻璃常用于配制耐热混凝土、耐热砂浆等。

（4）耐碱性、耐水性较差，由于水玻璃可溶于碱和水，并且硬化后的产物均可溶于水，所以水玻璃硬化后不耐碱和水。

四、水玻璃的应用

（1）耐酸材料。以水玻璃为胶凝材料的耐酸胶泥、耐热混凝土、耐热砂浆及耐热混凝土广泛用于防腐工程中。

（2）涂刷或浸渍材料。用水玻璃涂刷建筑材料表面，能提高材料的密实性、抗水性和抗风化能力，增加材料的耐久性。但石膏制品表面不能涂刷水玻璃，因为硅酸钠与硫酸钙反应生成体积膨胀的硫酸钠，会导致制品胀裂破坏。

（3）加固土壤。将液态水玻璃与氯化钙溶液交替注入土壤中，两者反应析出的硅酸胶体起到胶结和填充孔隙的作用，能阻止水分渗透，提高土壤的密实度和强度。

（4）耐热材料。在水玻璃中加入促凝剂和耐热的填料、集料，可配制成耐热砂浆和耐热混凝土，用于高炉基础、热工设备基础及围护结构等耐热工程。

（5）防水堵漏工程。在水玻璃中加入 2～5 种矾，可配制成各种快凝防水剂。掺入水泥砂浆或混凝土中，可用于结构物的修补、堵漏、局部抢修等。

➤ 本章小结

（1）石灰是工程中使用较早的胶凝材料之一。由于生产石灰的原材料广泛，生产工艺简单，成本低廉，使用方便，具有特定的工程性能，所以石灰在建筑工程中一直得到广泛应用。

(2)石膏是以硫酸钙为主要成分的气硬性胶凝材料。当石膏中含有的结晶水不同时，可形成多种性能不同的石膏，主要有建筑石膏、无水石膏、生石膏等。

(3)水玻璃俗称泡花碱，是由碱金属氧化物和二氧化硅组成的能溶于水的一种金属硅酸盐物质。根据碱金属氧化物种类的不同，水玻璃有硅酸钠水玻璃和硅酸钾水玻璃等，工程中以硅酸钠水玻璃最为常用。

➤ 思考与练习

1. 什么是过火石灰和欠火石灰？对石灰质量有何影响？

2. 什么是石灰的熟化？生石灰为什么要充分熟化后方可使用？

3. 石灰的主要技术性质有哪些？

4. 石灰主要应用在哪些方面？为什么石灰本身不耐水，但用石灰配制的灰土和三合土有较高的强度和耐水性？

5. 建筑石膏的主要技术性质有哪些？

6. 为什么建筑石膏板是一种较好的室内装饰材料？

7. 水玻璃的性质和应用有哪些？

第四章　水泥

学习目标

通过本章的学习，了解硅酸盐水泥的生产和矿物组成，硅酸盐水泥的水化和凝结硬化过程，其他品种水泥的技术性质及应用；掌握通用硅酸盐水泥的技术性质及应用。

能力目标

能够根据工程实际情况合理选用水泥的品种，并能对水泥进行正常的验收与保管。

第一节　硅酸盐水泥

一、通用硅酸盐水泥的概念

通用硅酸盐水泥是由硅酸盐水泥熟料、0～5%石灰石或粒化高炉矿渣、适量石膏磨细制成的水硬性胶凝材料。硅酸盐水泥分为两种类型，即不掺入混合材料的称为Ⅰ型硅酸盐水泥，代号为P·Ⅰ；掺入不超过水泥质量5%的石灰石或粒化高炉矿渣混合材料的称为Ⅱ型硅酸盐水泥，代号为P·Ⅱ。其按照混合材料的品种和掺量分为普通硅酸盐水泥、矿渣硅酸盐水泥、火山灰质硅酸盐水泥、粉煤灰硅酸盐水泥和复合硅酸盐水泥。各种水泥的组分见表4-1。

表 4-1　通用硅酸盐水泥的组分　　　　　　　　　　　　　%

品种	代号	组分（质量分数）				
		熟料＋石膏	粒化高炉矿渣	火山灰质混合材料	粉煤灰	石灰石
硅酸盐水泥	P·Ⅰ	100	—	—	—	—
	P·Ⅱ	≥95	≤5	—	—	—
		≥95		—	—	≤5
普通硅酸盐水泥	P·O	≥80且<95	>5且≤20[a]			—
矿渣硅酸盐水泥	P·S·A	≥50且<80	>20且≤50[b]	—	—	—
	P·S·B	≥30且<50	>50且≤70[b]	—	—	—
火山灰质硅酸盐水泥	P·P	≥60且<80	—	>20且≤40[c]		

品种	代号	组分(质量分数)				
		熟料＋石膏	粒化高炉矿渣	火山灰质混合材料	粉煤灰	石灰石
粉煤灰硅酸盐水泥	P·F	≥60且<80	—	—	—	—
复合硅酸盐水泥	P·C	≥50且<80	>20且≤50c			

注：a 本组分材料的活性混合材料，允许用不超过水泥质量8％且符合标准的非活性混合材料或不超过水泥质量5％且符合标准的窑灰代替。

b 本组分材料中允许用不超过水泥质量8％且符合标准的活性混合材料、非活性混合材料或窑灰中的任一种材料代替。

c 本组分材料由两种(含)以上符合标准的活性混合材料或者符合标准的非活性混合材料组成，其中允许用不超过水泥质量8％且符合标准的窑灰代替。掺矿渣时混合材料掺量不得与矿渣硅酸盐水泥重复。

二、硅酸盐水泥的生产和矿物组成

1. 原材料与生产

硅酸盐水泥是以石灰质原料(如石灰石等)和黏土质原料(如黏土、页岩等)为主，有时加入少量铁矿粉，按照一定的比例配合，磨细成生料粉(干法生产)或生浆料(湿法生产)，经均化后送入回转窑或者立窑中煅烧至部分熔化，得到黑色颗粒状的水泥熟料，再与适量的石膏共同磨细，即可得到P·Ⅰ型硅酸盐水泥，俗称"两磨一烧"，如图4-1所示。

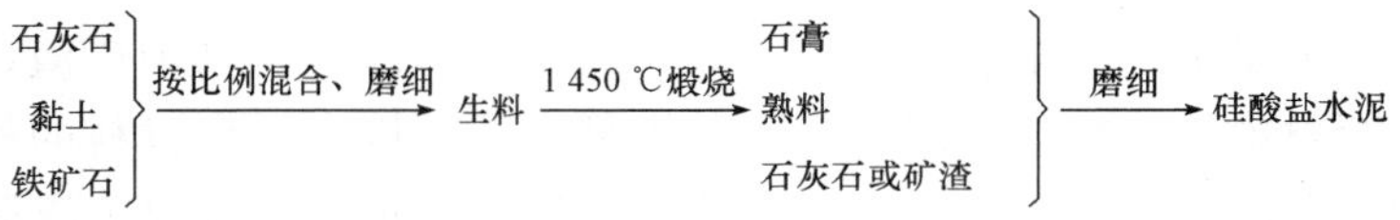

图 4-1　硅酸盐水泥的生产流程

目前，以悬浮预热和预分解技术为核心的新型干法生产工艺在国内外得到大力发展，它具有节能、产量高、质量稳定、环保、生产率高等特点。

2. 硅酸盐水泥熟料的矿物组成

硅酸盐水泥熟料中的各种矿物及其相对含量(质量分数)范围：硅酸三钙($3CaO \cdot SiO_2$，简写为C_3S)，含量(质量分数)37％～60％；硅酸二钙($2CaO \cdot SiO_2$，简写为C_2S)，含量(质量分数)15％～37％；铝酸三钙($3CaO \cdot Al_2O_3$，简写为C_3A)，含量(质量分数)7％～15％；铁铝酸四钙($4CaO \cdot Al_2O_3 \cdot Fe_2O_3$，简写为$C_4AF$)，含量(质量分数)10％～18％。

除以上四种主要熟料矿物外，水泥中还含有少量游离CaO、游离MgO和碱，其总含量一般不超过水泥质量的10％。

三、硅酸盐水泥的水化和凝结硬化

1. 硅酸盐水泥的水化

硅酸盐水泥熟料加水拌和后，在常温下，四种主要熟料矿物与水反应如下：

(1)硅酸三钙(C_3S)的水化。

$$2(3CaO \cdot SiO_2) + 6H_2O \rightarrow 3CaO \cdot 2SiO_2 \cdot 3H_2O + 3Ca(OH)_2$$
水化硅酸钙　　　　氢氧化钙

C_3S 与水作用后，反应速度较快，主要产物为水化硅酸钙（$3CaO \cdot 2SiO_2 \cdot 3H_2O$）和氢氧化钙[$Ca(OH)_2$]。

（2）硅酸二钙（C_2S）的水化。

$$2(2CaO \cdot SiO_2) + 4H_2O \rightarrow 3CaO \cdot 2SiO_2 \cdot 3H_2O + Ca(OH)_2$$

C_2S 的水化产物与 C_3S 相同，但 C_2S 的水化速度很慢。

（3）铝酸三钙（C_3A）的水化。

$$3CaO \cdot Al_2O_3 + 6H_2O \rightarrow 3CaO \cdot Al_2O_3 \cdot 6H_2O$$
水化铝酸钙

C_3A 水化速度快、放热快，其水化产物受液相 CaO 浓度和温度的影响较大，最终转化为水化铝酸钙（$3CaO \cdot Al_2O_3 \cdot 6H_2O$，简化为 C_3AH_6，又称为水石榴石）。为了克服 C_3A 水化速度快而使水泥浆产生速凝等负面影响，粉磨水泥时需加入适量的石膏（$CaSO_4 \cdot 2H_2O$）。在有石膏存在的情况下，C_3A 水化的最终产物与石膏掺量有关，最初水化产物为三硫型水化硫铝酸钙（$3CaO \cdot Al_2O_3 \cdot 3CaSO_4 \cdot 31H_2O$，简化为 AFt），简称钙矾石，若石膏不够，在 C_3A 完全水化前耗尽，则钙矾石与 C_3A 作用生成单硫型水化硫铝酸钙（$3CaO \cdot Al_2O_3 \cdot CaSO_4 \cdot 12H_2O$，简化为 AFm）。

（4）铁铝酸四钙（C_4AF）的水化。

$$4CaO \cdot Al_2O_3 \cdot Fe_2O_3 + 7H_2O \rightarrow 3CaO \cdot Al_2O_3 \cdot 6H_2O + CaO \cdot Fe_2O_3 \cdot H_2O$$
水化铝酸钙　　　　　水化铁酸钙

C_4AF 的水化速度比 C_3A 慢，水化热也较低，主要产物为水化铝酸钙（$3CaO \cdot Al_2O_3 \cdot 6H_2O$，简化为 C_3AH_6，它与石膏反应生成 AFt 或 AFm）和水化铁酸钙（$CaO \cdot Fe_2O_3 \cdot H_2O$）。

上述熟料矿物的水化产物不同，它们的反应速度也有很大差别，铝酸三钙的凝结速度最快，水化时放热量也最大，其主要作用是促进早期（1～3 d）强度的增大，而对水泥石后期强度贡献较小。硅酸三钙凝结硬化较快，水化放热也较大，在凝结硬化的前 4 周内贡献最大。硅酸二钙水化产物与硅酸三钙相同，但它的水化反应速度慢，水化放热量也小，它对水泥石大约 4 周后才发挥强度作用，约 1 年后它对水泥石的强度影响类似硅酸三钙。目前，认为铁铝酸四钙对水泥石强度的贡献居中。

纯水泥熟料磨细后与水反应，因凝结时间很短，不便使用。为了调节水泥的凝结硬化时间，在熟料磨细时，掺适量石膏，这些石膏与反应最快的熟料矿物铝酸三钙水化产物作用生成难溶的水化硫铝酸钙，其覆盖于未水化的铝酸三钙的周围，阻止继续水化，延缓水泥的凝结时间。

2. 硅酸盐水泥的凝结硬化

硅酸盐水泥的凝结硬化过程可以分为以下过程，如图 4-2 所示。水泥加水拌和以后，水泥颗粒表面开始与水发生化学反应[图 4-2（a）]，逐渐形成水化物膜层，此时的水泥浆既具有可塑性又具有流动性[图 4-2（b）]。随着水化反应的持续进行，水化产物的膜层增多、增厚，其相互连接，形成疏松的空间网格。此时水泥浆失去流动性和部分可塑性，但未具有强度，称为"初凝"[图 4-2（c）]。当水化不断深入并加速进行，生成较多的凝胶和晶体水化产物，相互贯穿使网格结构不断加强，终至浆体完全失去可塑性，并具有一定的强度时，称为"终凝"[图 4-2（d）]。

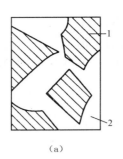 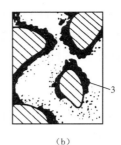 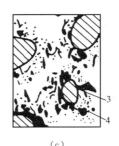 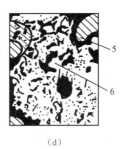

(a)　　　　　　　　(b)　　　　　　　　(c)　　　　　　　　(d)

图 4-2　水泥凝结硬化过程示意

(a)分散在水中未水化的水泥颗粒；(b)水泥颗粒表面形成水化物膜层；

(c)膜层长大并相互连接(凝结)；(d)水化物进一步发展，填充毛细孔(硬化)

1—水泥颗粒；2—水；3—凝胶；4—晶体；5—水泥颗粒的未水化内核；6—毛细孔

上述水泥的凝结硬化过程是人为划分的，实际上它是一个连续、复杂的物理化学变化过程，这些物理化学变化决定了水泥石的某些性质，并对水泥的应用具有重要意义。

按照水泥硬化过程中放热率随时间变化的关系，可将水泥的凝结硬化过程分为四个主要阶段，各主要阶段的持续时间及物理化学变化特征见表 4-2。

表 4-2　水泥凝结硬化主要阶段的特征

凝结硬化阶段	一般持续时间	放热反应速度/$[J \cdot (g \cdot h)]^{-3}$	主要物理化学变化
初始反应期	5～10 min	168	初始溶解和水化
潜伏期	1～2 h	4.2	凝胶体膜层围绕水泥颗粒增长
凝结期	6 h	在 24 h 内逐渐增加到 21	膜层增厚，水泥颗粒进一步水化
硬化期	6 h～若干年	在 24 h 内逐渐降低到 4.2	凝胶体填充毛细孔

【小提示】　硬化后的水泥石是由晶体、凝胶、未完全水化的熟料颗粒、游离水和大小不等的孔隙组成的不均质结构体。在水泥硬化过程的不同龄期，水泥石中各组成成分的比例直接影响着水泥石的强度及其他性质。

3. 影响水泥凝结硬化的因素

水泥的凝结硬化也是水泥强度发展的过程，影响强度发展的因素有以下几个方面：

(1)熟料矿物的组成。不同的熟料与水发生水化作用时，反应速度、强度的增长、水化热都是不同的，因此，改变水泥的组成成分，可改变其凝结硬化的速度。

(2)细度。水泥颗粒的粗细直接影响水泥的水化、凝结硬化、强度及水化热等。水泥颗粒越细，其总表面积越大，与水的接触面积也越大，凝结硬化也相应加快，早期强度也高。但过细的水泥硬化时产生的收缩也较大。同时，水泥磨得越细，耗能越多，成本越高。

(3)水胶比。在水泥用量不变的情况下，增加拌和用水量，会增加硬化水泥石中的毛细孔，降低水泥石的强度，同时延长水泥的凝结时间。在实际工程中，调整水泥混凝土流动性大小时，常在不改变水胶比的情况下，增减水和水泥的用量。

(4)石膏掺量。石膏是水泥中不可缺少的组分，主要用于调节水泥的凝结时间，在不加入石膏的情况下，水泥熟料加水拌和会立即凝结，无法使用。但石膏的掺量必须严格控制，否则在水泥浆硬化后还会继续生成钙矾石，产生体积膨胀致使水泥石开裂。

(5)养护条件(温度、湿度)。足够的温度和湿度有利于水泥的水化、凝结硬化和水泥的早期强度发展。干燥环境下水泥浆中的水分蒸发快，导致水泥不能充分水化，同时硬化也将停止，严重时会使水泥石产生裂缝。

通常，养护时温度升高，水泥的水化加快，早期强度发展也快。若在较低的温度下硬化，虽强度发展较慢，但最终强度不受影响。当温度低于 0 ℃时，水泥的水化停止，甚至会因水结冰而导致水泥石结构破坏。在实际工程中，常通过蒸汽或蒸压养护来加快水泥制品的凝结硬化过程。

（6）养护龄期。水泥的水化、硬化是一个较长时期内不断进行的过程，随着水泥熟料矿物水化程度的提高，水泥一般在 28 d 内强度发展较快，28 d 后则增长缓慢。

（7）外加剂。加入促凝剂（$CaCl_2$、Na_2SO_4 等）能促进水泥水化、硬化，提高早期强度。相反，掺入缓凝剂（木钙、糖类等）会延缓水泥的水化、硬化，影响水泥早期强度的发展。

四、硅酸盐水泥的技术性质

根据《通用硅酸盐水泥》（GB 175—2007）的规定，硅酸盐水泥的技术性质要求如下。

1. 化学指标

（1）不溶物。水泥燃烧过程中存留的残渣，主要来自原料中的黏土和结晶 SiO_2，因煅烧不良、化学反应不充分而未能形成熟料矿物。不溶物含量高会影响水泥的黏结质量。P·Ⅰ型水泥中不溶物不得超过 0.75％，P·Ⅱ型水泥中不溶物不得超过 1.50％。

（2）烧失量。烧失量是指水泥煅烧不佳或受潮使得水泥在规定温度加热时产生的质量损失。烧失量常用来控制石膏和混合材料中的杂质，以保证水泥质量。

（3）MgO、SO_3 或碱。水泥中游离 MgO、SO_3 过高时，会引起水泥的体积安定性不良，其含量必须限定在一定的范围之内。水泥中碱含量过高，在混凝土中遇到活性集料时，会发生碱-集料反应。碱含量（按 $Na_2O+0.685K_2O$ 计算值表示）不得大于 0.60％或由供需双方商定。当使用活性集料时，要使用低频水泥。

（4）氯离子。水泥中的 Cl^- 是引起混凝土中钢筋锈蚀的因素之一，要求限制其含量（质量分数）在 0.06％以内。

硅酸盐水泥及其他品种的通用硅酸盐水泥的化学指标要求见表 4-3。

表 4-3　通用硅酸盐水泥的化学指标要求（GB 175—2007）　　　　　　　　％

品种	代号	不溶物（质量分数）	烧失量（质量分数）	SO_3（质量分数）	MgO（质量分数）	Cl^-（质量分数）
硅酸盐水泥	P·Ⅰ	≤0.75	≤3.0	≤3.5	≤5.0[a]	≤0.06[c]
	P·Ⅱ	≤1.50	≤3.5			
普通硅酸盐水泥	P·O	—	≤5.0			
矿渣硅酸盐水泥	P·S·A		—	≤4.0	≤6.0[b]	
	P·S·B				—	
火山灰质硅酸盐水泥	P·P			≤3.5	≤6.0[b]	
粉煤灰硅酸盐水泥	P·F					
复合硅酸盐水泥	P·C					

注：a 如果水泥压蒸试验合格，则水泥中 MgO 的含量（质量分数）允许放宽至 6.0％。

b 如果水泥中 MgO 的含量（质量分数）大于 6.0％，需进行水泥压蒸安定性试验并合格。

c 当有更低要求时，该指标由供需双方协商确定。

2. 细度

细度是指水泥的粗细程度。水泥细度的评定可采用筛分法和比表面积法。筛分法是指用方孔边长为 80 m 的标准筛对水泥试样进行筛分试验，用筛余百分比表示。比表面积法是指单位质量的水泥粉末所具有的总表面积，用 m^2/kg 表示，可用勃氏比表面积仪测定。该方法主要是根据一定量的空气通过具有一定空隙率和固定厚度的水泥层时，所受的阻力不同而引起流速的变化来测定水泥的比表面积。粉料越细，空气透过时的阻力越大，比表面积越大。根据《通用硅酸盐水泥》(GB 175—2007)的规定，硅酸盐水泥比表面积不应小于 $300\ m^2/kg$。

3. 凝结时间

水泥的凝结时间是指水泥从加水拌和开始到失去流动性，即从可塑状态发展到固体状态所需要的时间。水泥的凝结时间是影响混凝土施工难易程度和速度的重要指标，分为初凝时间和终凝时间。从加入拌合水至水泥浆开始失去可塑性所需的时间，称为初凝时间。从加入拌合水至水泥浆完全失去可塑性，并开始具有一定结构强度所需的时间，称为终凝时间。

水泥的凝结时间在施工中具有重要的意义。初凝不宜过快，以保证在水泥初凝之前有足够的时间完成混凝土成型等各工序的操作；终凝不宜过迟，以使混凝土在浇捣完毕后水泥能尽早完成凝结硬化，以利于下一道工序及早进行。《通用硅酸盐水泥》(GB 175—2007)规定，硅酸盐水泥的初凝时间不得小于 45 min，终凝时间不得大于 390 min。水泥的凝结时间用凝结时间测定仪测定。

如上所述，水泥浆凝结硬化的快慢与用水量有关，为使所测结果具有可比性，检测凝结时间和体积安定性时，需用统一规定稠度的水泥净浆，达到这一稠度水泥浆的用水量称为标准稠度用水量。水泥熟料的矿物成分不同时，其标准稠度用水量也有所差别。磨得越细的水泥，标准稠度用水量越大，硅酸盐水泥的标准稠度用水量一般为 24%～30%。

4. 体积安定性

水泥的体积安定性是指水泥浆硬化后体积变化是否均匀的性质，水泥浆体在硬化过程中体积发生不均匀变化时导致的膨胀开裂、翘曲等现象，称为体积安定性不良。安定性不良的水泥会使混凝土构件产生膨胀性裂缝，从而降低建筑物质量，引起安全事故。

引起水泥体积安定性不良的原因，一般是熟料中所含的游离 CaO 过多，也可能是熟料中所含的游离 MgO 过多或磨细熟料时掺入的石膏过量。熟料中所含的游离 CaO 和游离 MgO 都是过烧的，熟化很慢，它们在水泥凝结、硬化后才慢慢熟化，并且在熟化过程中产生体积膨胀，使水泥石开裂。过量的石膏将与已固化的 C_3AH_6 作用生成钙矾石晶体，体积将增加 1.5 倍，造成已硬化的水泥石开裂。

游离 CaO 引起的水泥体积安定性不良可采用沸煮法检验，包括试饼法和雷氏法两种。试饼法是用标准稠度的水泥净浆做成试饼，经养护及沸煮一定时间后，检查试饼有无裂缝或弯曲；雷氏法是用标准稠度的水泥净浆填满雷氏夹的圆环，经养护及沸煮一定时间后，检查雷氏夹两根指针针尖距离的变化，以判断水泥体积安定性是否合格。当试饼法与雷氏法两者结论矛盾时，以雷氏法为准。

5. 强度与等级

水泥强度是表明水泥质量的重要技术指标，也是划分水泥强度等级的依据。《水泥胶砂强度检验方法(ISO 法)》(GB/T 17671—1999)规定，采用水泥胶砂法测定水泥强度，将按质量计的 1 份水泥、3 份中国 ISO 标准砂，按照 0.5 的水胶比拌制的塑性胶砂，制成 40 mm×40 mm×160 mm 的试件，在湿气养护 24 h 后，再脱模放在标准温度(20±1)℃的水中养护，分别测定 3 d 和 28 d 的抗压强度和抗折强度，根据测定结果可测定硅酸盐水泥的强度等级。根据《通用硅酸盐水泥》(GB 175—2007)的规定，各强度等级的硅酸盐水泥及其他品种的水泥在不同龄期的强度，应符合表 4-4 中的规定。

表 4-4　通用硅酸盐水泥的强度指标　　　　　　　　　　　　　　　　MPa

品种	强度等级	抗压强度		抗折强度	
		3 d	28 d	3 d	28 d
硅酸盐水泥	42.5	≥17.0	≥42.5	≥3.5	≥6.5
	42.5 R	≥22.0		≥4.0	
	52.5	≥23.0	≥52.5	≥4.0	≥7.0
	52.5 R	≥27.0		≥5.0	
	62.5	≥28.0	≥62.5	≥5.0	≥8.0
	62.5 R	≥32.0		≥5.5	
普通硅酸盐水泥	42.5	≥17.0	≥42.5	≥3.5	≥6.5
	42.5 R	≥22.0		≥4.0	
	52.5	≥23.0	≥52.5	≥4.0	≥7.0
	52.5 R	≥27.0		≥5.0	
矿渣硅酸盐水泥、火山灰质硅酸盐水泥、粉煤灰硅酸盐水泥、复合硅酸盐水泥	32.5	≥10.0	≥32.5	≥2.5	≥5.5
	32.5R	≥15.0		≥3.5	
	42.5	≥15.0	≥42.5	≥3.5	≥6.5
	42.5R	≥19.0		≥4.0	
	52.5	≥21.0	≥52.5	≥4.0	≥7.0
	52.5R	≥23.0		≥4.5	

6. 水化热

水泥在水化过程中放出的热量称为水化热。硅酸盐水泥熟料中 C_3S 和 C_3A 的含量(质量分数)高，所以水化热大，放热周期长，一般水化 3 d 内放出的热量约占总水化热的 50%，7 d 内放出的热量为 75%，其余的水化热需要一年甚至更长的时间才能放出。因此，硅酸盐水泥不能用于大体积混凝土工程。

出厂检验结果中化学指标、凝结时间、体积安定性、强度均符合要求的水泥为合格品。若上述各项中任一项技术指标不符合要求，特别是 MgO、SO_3、初凝时间、安定性中任一项不符合标准规定，水泥均为废品。其余的任一项不符合相关技术指标要求，则视为不合格品。废品水泥在工程中严禁使用。

五、硅酸盐水泥的防腐

水泥制品在一般使用条件下具有较好的耐久性，但在某些侵蚀介质(软水、含酸或盐的水等)的作用下，水泥石的结构遭到破坏、强度降低甚至全部溃裂，这种现象称为水泥石的腐蚀。水泥石的抗腐蚀能力用耐蚀系数表示，它是以同一龄期浸在侵蚀溶液中的水泥试体强度与在淡水中养护的水泥试体强度之比来表示的。耐蚀系数越大，水泥的抗腐蚀能力越强。

水泥石的腐蚀实际上是一个极为复杂的物理化学作用的过程，且很少为单一的腐蚀作用，常常是几种作用同时存在并相互影响。发生水泥石受腐蚀的基本原因是水泥石中存在易受腐蚀的氢氧化钙和水化铝酸钙，水泥石本身不密实而使侵蚀性介质易于进入其内部，还有外界因素的影响，如腐蚀介质的存在，环境湿度、温度、介质浓度的影响等。

根据以上对腐蚀原因的分析，可采取下列防腐蚀措施：

(1)根据侵蚀环境的特点，合理选择水泥的品种。如选用水化物中氢氧化钙含量较少的水泥，可以提高对软水等侵蚀作用的抵抗能力。为了抵抗硫酸盐的腐蚀，可使用铝酸三钙含量低于5％的抗硫酸盐的水泥等。

(2)提高水泥石的密实度。为了使有害物质不易渗入内部，水泥石的孔隙应越少越好。为了提高水泥混凝土的密实度，应合理设计混凝土的配合比，尽可能采用低水胶比和选择最优的施工方法。另外，在水泥石表面进行碳化或者氟硅酸处理，使之生成难溶的碳酸钙外壳或氟硅酸及硅胶薄膜，以提高表面的密实度，进而减少外界杂质侵入而带来的破坏。

(3)制作保护层。用耐腐蚀性的陶瓷、石料、塑料、沥青等覆盖于水泥石的表面，以防止腐蚀介质与水泥石直接接触。

六、硅酸盐水泥的性质

由于硅酸盐水泥不掺或少掺混合材料，且含有相应的熟料矿物较多，故具有以下一些特性：

(1)快凝、快硬、高强。硅酸盐水泥凝结、硬化快，强度高，尤其早期强度高。由于决定水泥石28 d以内强度的C_3S含量高以及凝结、硬化速率快，因此，对水泥早期强度有利的C_3A含量也较高。

(2)抗冻性好。硅酸盐水泥比掺大量混合材料的水泥硬化后密实度高，故抗冻性好。

(3)水化热大。这是由水化热大的C_3S和C_3A含量较高所致。

(4)耐腐蚀性差。水泥石中存在很多不耐腐蚀的$Ca(OH)_2$和较多的水化铝酸钙，故耐软水侵蚀和耐化学腐蚀性差。

(5)耐高温性能差。水泥石受热到约300 ℃时，水泥的水化产物开始脱水，体积收缩，强度开始下降；温度达700 ℃~1 000 ℃时，将引起$Ca(OH)_2$的分解，强度降低很多，甚至完全破坏，故硅酸盐水泥不耐高温。

七、硅酸盐水泥的应用与存放

硅酸盐水泥适用于重要结构的高强度混凝土及预应力混凝土工程、早期强度要求高的工程，以及冬期施工的工程和严寒地区、遭受反复冻融的工程及干湿交替的部位。其不宜用于海水和有侵蚀性介质存在的工程、大体积混凝土和处于高温环境的工程。

硅酸盐水泥运输和储存期间应特别注意防水、防潮。工地储存水泥应有专用仓库，库房要干燥。水泥要按不同品种、强度等级及出厂日期分别存放，袋装水泥存放时，地面垫板要离地30 cm，四周离墙30 cm，堆放高度不应超过10袋。水泥的储存应考虑先存先用，防止存放过久。水泥存放期一般不应超过 3 个月，超过 6 个月的水泥必须经试验合格后才能使用。

第二节　掺混合材料的硅酸盐水泥

凡在硅酸盐水泥熟料中掺入一定量的混合材料和适量石膏，共同磨细制成的水硬性胶凝材料，均属掺混合材料的硅酸盐水泥。在硅酸盐水泥中掺入一定量的混合材料，能改善原水泥的性能，增加品质，提高产量，节约熟料，降低成本，扩大水泥的使用范围。按掺入混合材料的品种和数量，硅酸盐水泥可分为普通硅酸盐水泥、矿渣硅酸盐水泥、火山灰质硅酸盐水泥、粉煤灰硅酸盐水泥、复合硅酸盐水泥等。上述掺混合材料的水泥也是工程中常见的水泥品种。

一、水泥混合材料

在水泥生产过程中，为了改善水泥的性能，调节水泥的强度，而加入水泥中的矿物质材料称为混合材料。用于水泥中的混合材料可分为活性混合材料和非活性混合材料两大类。

1. 活性混合材料

活性混合材料是指具有火山灰性或潜在水硬性，或兼有火山灰性和潜在水硬性的矿物质材料。其包括符合国家相关标准要求的粒化高炉矿渣、火山灰质混合材料和粉煤灰等。

火山灰性是指磨细的矿物质材料和水拌和成浆后，单独不具有水硬性，但在常温下与外加的石灰一起和水拌和后的浆体，能形成具有水硬性化合物的性能，如火山灰、粉煤灰、硅藻土等。

潜在水硬性是指该类矿物质材料只需在少量外加剂的激发条件下，即可利用自身溶出的化学成分，生成具有水硬性的化合物的性能，如粒化高炉矿渣即有此性能。

水泥中常用的活性混合材料有以下几种：

(1)粒化高炉矿渣。高炉冶炼生铁时所得，以硅酸盐为主要成分的熔融物，经淬冷成粒后具有潜在水硬性的材料，即粒化高炉矿渣。

粒化高炉矿渣中的活性成分主要是活性 Al_2O_3 和活性 SiO_2，其在常温下能与 $Ca(OH)_2$ 起化学反应并产生强度。矿渣的活性不仅取决于化学成分，而且在很大程度上取决于内部结构。高炉矿渣熔体采用水淬方法急冷成粒时，阻止了熔体向结晶结构转变，形成的玻璃体储有较高的潜在化学能，具有较高的潜在活性。在含 CaO 较多的碱性矿渣中，因其中还含有 C_3S 等成分，故本身具有较弱的水理性。

(2)火山灰质混合材料。具有火山灰性的天然的或人工的矿物质材料，其活性成分以 SiO_2 和 Al_2O_3 为主，如天然的火山灰、凝灰岩、沸石岩、浮石、硅藻土或硅藻石等，人工的煤矸石、烧页岩、烧黏土、煤渣、硅质渣等。

(3)粉煤灰。电厂煤粉炉烟道气体中收集的粉末称为粉煤灰，其主要化学成分是活性 Al_2O_3 和活性 SiO_2，含有少量 CaO，具有火山灰性。

上述的活性混合材料都含有大量的活性 SiO_2 和活性 Al_2O_3，它们在 $Ca(OH)_2$ 溶液中会发生水化反应，在饱和的 $Ca(OH)_2$ 溶液中水化反应更快，生成水化硅酸钙和水化铝酸钙。

$$xCa(OH)_2 + SiO_2 + mH_2O \rightarrow xCaO \cdot SiO_2 \cdot nH_2O$$
$$yCa(OH)_2 + Al_2O_3 + mH_2O \rightarrow yCaO \cdot Al_2O_3 \cdot nH_2O$$

当液体中有石膏存在时，其将与水化铝酸钙反应生成水化硫铝酸钙。水泥熟料的水化产物 $Ca(OH)_2$ 和熟料中的石膏具备使活性混合材料发挥活性的条件，即 $Ca(OH)_2$ 和石膏起着激发水化、促进水泥硬化的作用，故称为激发剂。常用的激发剂有碱性激发剂和硫酸盐激发剂两类。硫酸盐激发剂必须在有碱性激发剂的条件下，才能充分发挥激发作用。

2. 非活性混合材料

非活性混合材料是指在水泥中主要起填充作用而又不损害水泥性能的矿物质材料。其本身不具有(或具有微弱的)水硬性或火山灰性，与水泥矿物成分不起化学作用(即无化学活性)或化学作用很小，将其掺入水泥熟料中仅起到提高水泥产量、降低水泥强度等级和减少水化热等作用。

3. 混合材料在建筑材料中的应用

将适量的混合材料按一定比例和水泥熟料、石膏共同磨细，可制得普通硅酸盐水泥、矿渣硅酸盐水泥、火山灰质硅酸盐水泥、粉煤灰硅酸盐水泥及复合硅酸盐水泥；或在活性混合材料中掺入适量石灰和石膏共同磨细，可制成各种无熟料或少熟料水泥。

在拌制混凝土或砂浆时掺入适量的混合材料，可节约水泥或石灰并改善施工性能，而且能改善混凝土硬化后的某些性能。

二、普通硅酸盐水泥

普通硅酸盐水泥由硅酸盐水泥熟料、5%～20%的活性混合材料和适量石膏磨细而成，代号为 P·O。掺活性混合材料时，允许用不超过水泥质量5%的窑灰或不超过水泥质量8%的非活性混合材料来代替，掺非活性混合材料时，最大掺量不得超过水泥质量的10%。

按照《通用硅酸盐水泥》(GB 175—2007)的规定，普通硅酸盐水泥可分为42.5、42.5 R、52.5、52.5 R 四个强度等级。各强度等级水泥的强度不得低于表4-4中的数值。普通硅酸盐水泥的技术要求、性能和选用见表4-5、表4-6。

表 4-5 通用硅酸盐水泥的技术要求

品种	代号	凝结时间	安定性	强度等级	细度
硅酸盐水泥	P·Ⅰ	初凝≥45 min 终凝≤390 min	沸煮法合格	42.5、42.5 R、52.5、52.5 R、62.5、62.5 R	比表面积≥ 300 m²/kg
	P·Ⅱ				
普通硅酸盐水泥	P·O			42.5、42.5 R、52.5、52.5 R	
矿渣硅酸盐水泥	P·S·A	初凝≥45 min 终凝≤600 min			通过80 μm方孔筛的筛余≤ 10%或通过45 m方孔筛的筛余≤30%
	P·S·B			32.5、32.5 R、42.5、42.5 R、52.5、52.5 R	
火山灰质硅酸盐水泥	P·P				
粉煤灰硅酸盐水泥	P·F				
复合硅酸盐水泥	P·C				
品质判断原则：检验结果不符合化学指标、凝结时间、体积安定性、强度中任一项技术要求的水泥为废品或不合格品。					

表 4-6　通用硅酸盐水泥的性能和选用

特性 ＼ 水泥	P·I、P·II	P·O	P·S	P·P	P·F	P·C
硬化	快	较快	慢			快
早期强度	高	较高	低			较高
水化热	高	高	低			高
耐蚀性	差	较差	较好			差
抗冻性	好	较好	较差			好
耐热性	差	较差	好	较差	较差	差
抗渗性	较好	较好	差	好	较好	较好
干缩性	小	小	大	较大	较小	小
泌水性	较小	较小	较大	较小	较小	较小
适用工程	一般气候环境的混凝土；在干燥环境中的混凝土；快硬、高强度混凝土；严寒地区的露天混凝土；严寒地区处于水位升降范围内的混凝土；有抗渗要求的混凝土；有耐磨要求的混凝土		有耐热要求的混凝土 高湿度环境、长期处于水中的混凝土；大体积混凝土；海港混凝土；耐腐蚀要求较高的混凝土；经蒸汽养护的混凝土	有抗渗要求的混凝土	承载较晚的混凝土	早期强度要求较高的混凝土
不适用工程	大体积混凝土；耐腐蚀要求较高的混凝土		处于干燥环境的混凝土；有早强要求的混凝土；有抗冻要求的混凝土；有耐磨要求的混凝土			大体积混凝土；耐腐蚀要求较高的混凝土

　　普通硅酸盐水泥中掺入少量混合材料的作用主要是调节水泥的强度等级，以利于工程中的合理选用。普通硅酸盐水泥中绝大部分是硅酸盐水泥熟料，共性与硅酸盐水泥相近。但因掺入了少量的混合材料，与硅酸盐水泥相比，其早期硬化速度稍慢，3 d 的抗压强度稍低，抗冻性与耐磨性也稍差。普通硅酸盐水泥是建筑工程中应用最为广泛的水泥品种。

三、矿渣硅酸盐水泥

　　矿渣硅酸盐水泥是由硅酸盐水泥熟料和粒化高炉矿渣、适量石膏磨细而制成的，代号为 P·S。矿渣硅酸盐水泥分为 A 型和 B 型两大类型。其中 A 型矿渣掺量＞20％且≤50％，代号为 P·S·A；B 型矿渣掺量＞50％且≤70％，代号为 P·S·B。允许用不超过水泥质量 8％的活性混合材料、非活性混合材料和窑灰中任一种材料代替部分矿渣。

　　矿渣硅酸盐水泥分为 32.5、32.5 R、42.5、42.5 R、52.5 和 52.5 R 六个强度等级，其水泥的各龄期强度不得低于表 4-4 中的规定。凝结时间和体积安定性的要求均与普通硅酸盐水泥相同，细度要求通过 0.08 mm 方孔筛的筛余≤10％或通过 0.045 mm 方孔筛的筛余≤30％。矿渣硅酸盐水泥技术要求见表 4-5。

　　矿渣硅酸盐水泥中熟料的含量比硅酸盐水泥少，掺入的粒化高炉矿渣较多，与硅酸盐水泥相比有以下几个方面的特点：

（1）凝结硬化慢。矿渣硅酸盐水泥的水化过程与硅酸盐水泥相比更为复杂。首先是水泥熟料矿物与水反应生成水化硅酸钙、水化铝酸钙、水铁酸钙和 $Ca(OH)_2$。其中，$Ca(OH)_2$ 和掺入水泥中的石膏作为矿渣的碱性激发剂和硫酸盐激发剂，与矿渣中的活性 SiO_2、Al_2O_3 进行二次化学反应，生成 C-S-H 凝胶、C_3AH_6 和 AFt 晶体等水化物。由于矿渣硅酸盐水泥中熟料矿物含量减少，且水化分两步进行，故凝结硬化速度较慢。

（2）早期强度低，后期强度增长较快。由于矿渣硅酸盐水泥凝结硬化速度慢，故早期（3 d、7 d）强度低，但二次反应后生成的 C-S-H 凝胶逐渐增多，故后期（28 d 后）强度发展较快，甚至超过硅酸盐水泥。

（3）水化热较低。矿渣硅酸盐水泥中熟料的减少，使水泥中水化时发热量高的 C_3S 和 CV_3A 矿物的含量相对减少，故水化热较低，可优先用于大体积混凝土工程。

（4）保水性差、泌水性大、干缩性大。粒化高炉矿渣因难以磨得很细，加上矿渣玻璃体亲水性差，在拌制混凝土时泌水性大，易形成毛细管通道和粗大孔隙，硬化时易产生较大的干缩。所以，矿渣水泥的抗渗性、抗冻性及抵抗干湿交替循环作用均不及普通水泥，使用过程中应严格控制用水量，加强早期养护。

（5）抗碳化能力差。水泥水化产物中氢氧化钙含量少，碱度较低，在相同的二氧化碳的含量中，碳化进行得较快，因此，其抗碳化能力差。

（6）耐热性强。硬化后的矿渣水泥中氢氧化钙含量少，且矿渣本身又是高温形成的耐火材料，故矿渣水泥的耐热性好，适用于高温车间、高炉基础及热气体通道等耐热工程。

（7）敏感性强，适合蒸汽养护。矿渣水泥在低温下水化明显减慢，强度较低，采用蒸汽养护可加速活性混合材料的水化，并可加速熟料的水化，故可大大提高早期强度，且不影响后期强度的发展。

（8）抗冻性差、耐磨性差。水泥中由于加入较多的混合材料，水泥的需水量增加，水分蒸发后易形成毛细管道或粗大孔隙，使水泥石的孔隙率较大，导致抗冻性和耐磨性较差。

四、火山灰质硅酸盐水泥

由硅酸盐水泥熟料和火山灰质混合材料、适量石膏磨细可制成火山灰质硅酸盐水泥，代号为 P·P。水泥中火山灰质混合材料掺量＞20％且≤40％。火山灰质硅酸盐水泥的技术要求同矿渣硅酸盐水泥。

火山灰质硅酸盐水泥和矿渣硅酸盐水泥在性能方面基本相同（表 4-6），如水化、凝结硬化慢，早期强度低，后期强度增长率较大，水化热低，耐蚀性强，抗冻性差，易碳化等。火山灰质硅酸盐水泥需水量大，在硬化过程中的干缩较矿渣硅酸盐水泥更为显著，在干热环境中易产生干缩裂缝。使用时必须加强养护，使其在较长时间内保持潮湿状态。火山灰质硅酸盐水泥颗粒较细、泌水性小，故具有较高的抗渗性，适用于有抗渗要求的混凝土工程。

五、粉煤灰硅酸盐水泥

粉煤灰硅酸盐水泥由硅酸盐水泥熟料和粉煤灰、适量石膏磨细制成，代号为 P·F。水泥中粉煤灰掺量＞20％且≤40％。粉煤灰硅酸盐水泥的凝结时间及体积安定性等技术要求与普通硅酸盐水泥相同。粉煤灰硅酸盐水泥的水化、硬化过程与火山灰质硅酸盐水泥相同，其性能也与火山灰质硅酸盐水泥有很多相似之处，具体见表 4-6。

粉煤灰硅酸盐水泥的主要特点为干缩性较小，甚至比硅酸盐水泥及普通硅酸盐水泥还小，抗渗性较好。由于粉煤灰多呈球形微粒，吸水率小，故粉煤灰硅酸盐水泥的需水量小，配制的混凝土和易性较好。

六、复合硅酸盐水泥

复合硅酸盐水泥是由硅酸盐水泥熟料、两种或两种以上规定的混合材料、适量石膏磨细制成的水硬性胶凝材料，代号为 P·C。水泥中混合材料总掺入量按质量分数计应>20%且≤50%。允许用质量分数不超过8%的窑灰代替部分混合材料，掺入矿渣时混合材料掺量不得与矿渣硅酸盐水泥重复。

复合硅酸盐水泥各强度等级的各龄期强度不得低于表 4-4 中的数值。复合硅酸盐水泥的性能与矿渣硅酸盐水泥、火山灰质硅酸盐水泥和粉煤灰硅酸盐水泥有不同程度的相似之处，具体见表 4-6。

上述几种通用硅酸盐水泥的技术要求及判定原则见表 4-6。

七、通用硅酸盐水泥的应用

火山灰质硅酸盐水泥、粉煤灰硅酸盐水泥及复合硅酸盐水泥都是在硅酸盐水泥熟料的基础上加入大量的活性混合材料和适量的石膏磨细而制成的，所加的活性混合材料在化学组成与化学活性上基本相同，并且在加水调试后经历了非常相似的水化过程，因而在性质上存在很多共性，如早期强度发展慢、后期强度发展快、水化热低、耐腐蚀性好、温度敏感性强、抗碳化能力差、抗冻性差等。但每种活性混合材料自身又有性质和特征的差异，使得这三种水泥又有各自的特性。

(1)火山灰质硅酸盐水泥抗渗性好。因为火山灰颗粒较细，比表面积大，可使水泥石结构密实，又因在潮湿环境下使用时，水化过程中产生较多的水化硅酸钙可增加结构致密程度，因此，火山灰质硅酸盐水泥适用于有抗渗要求的混凝土工程。火山灰质硅酸盐水泥水化产物中含有大量胶体，长期处于干燥环境时，胶体会脱水产生严重的收缩，导致干缩裂缝，并且使水泥石的表面产生"起粉"现象。因此，火山灰质硅酸盐水泥不宜在长期干燥的环境中使用。

(2)粉煤灰硅酸盐水泥干缩性较小，抗裂性高。粉煤灰颗粒呈球形，比表面积小，吸附水的能力小，与其他掺混合材料的水泥相比，标准稠度需水量较小。因而，这种水泥的干缩性小，抗裂性高。但致密的球形颗粒保水性差，易泌水。粉煤灰由于比表面积小，不易水化，所以，活性主要在后期发挥。因此，粉煤灰硅酸盐水泥早期强度、水化热比矿渣硅酸盐水泥和火山灰质硅酸盐水泥要求低，特别适用于大体积混凝土工程。

(3)复合硅酸盐水泥综合性能较好。复合硅酸盐水泥由于使用了复合混合材料，改变了水泥石的微观结构，促进水泥熟料的水化，其早期强度大于同强度等级的矿渣硅酸盐水泥、粉煤灰硅酸盐水泥、火山灰质硅酸盐水泥，因而，复合硅酸盐水泥的用途较普通硅酸盐水泥、矿渣硅酸盐水泥、火山灰质硅酸盐水泥等更为广泛，是一种被大力发展的新型水泥。

八、水泥包装、标志与存放

水泥是一种粉状物，在运输和储存方面需用不同形式的容器，我国出厂水泥一般有袋装和散装两种,国外还有桶装和集装袋装等。袋装水泥一般采用纸装或塑料编织袋包装,每袋净质量为 50 kg,且应不少于标志质量的 99%。散装水泥一般有罐车、火车及船运散装等。散装水泥可节约包装用纸,并可实现清洁生产和现代化施工,应大力发展散装水泥。

水泥包装袋应标明执行标准、水泥品种、代号、强度等级、生产者名称、生产许可证标志(QS)及编号、出厂编号、包装日期和净含量等。包装袋两侧应根据水泥的品种,采用不同的颜色印刷水泥名称和强度等级。硅酸盐水泥和普通硅酸盐水泥采用红色,矿渣硅酸盐水泥采用绿色,火山灰质硅酸盐水泥、粉煤灰硅酸盐水泥和复合硅酸盐水泥采用黑色或蓝色。散装水泥发运时,应提交与袋装水泥标志内容相同的卡片。

水泥在运输与储存时不得受潮和混入杂物,不同品种和强度等级的水泥在储运过程中应避免混杂。

第三节　其他品种水泥

一、白色和彩色硅酸盐水泥

1. 白色硅酸盐水泥

由硅酸盐水泥熟料加入适量的石膏经磨细而制成的水硬性胶凝材料称为白色硅酸盐水泥(简称白水泥),代号为 P·W。它与常用水泥的主要区别在于其氧化铁含量少,因而呈白色。

白水泥要求使用含着色杂质(铁、铬、锰等)极少的较纯原料,如纯净的高岭土、纯石英砂、纯石灰石、白垩等。在煅烧、粉磨、运输、包装过程中,应防止着色杂质混入。同时,要求球磨机衬板采用质坚的花岗岩、陶瓷或优质耐磨的特殊钢等;研磨体应采用硅质卵石或人造瓷球等;燃料应为无灰分的天然气或液体燃料。

白色硅酸盐水泥的技术性能与硅酸盐水泥基本相同。按照《白色硅酸盐水泥》(GB/T 2015—2005)的规定,白色硅酸盐水泥分为 32.5、42.5 和 52.5 三个强度等级。白色硅酸盐水泥的白度值要求不低于 87。各强度等级的各龄期强度及其他物理化学性质要求见表 4-7。

2. 彩色硅酸盐水泥

由硅酸盐水泥熟料及适量石膏(或白色硅酸盐水泥)、混合材料及着色剂磨细或混合制成的带有色彩的水硬性胶凝材料,称为彩色硅酸盐水泥。水泥中掺入的着色剂应符合相应的国家标准要求,并对水泥性能无害。彩色硅酸盐水泥的基本色有红色、黄色、蓝色、绿色、棕色和黑色等。

根据《彩色硅酸盐水泥》(JC/T 870—2012)的规定,彩色硅酸盐水泥分为 27.5、32.5 和 42.5 三个强度等级,各强度等级的各龄期强度及其他物理化学性质要求见表 4-7。

白色和彩色硅酸盐水泥主要用于建筑装饰工程,配制各类彩色水泥浆、水泥砂浆,用于饰面刷浆或陶瓷铺贴的勾缝;配制装饰混凝土、彩色水刷石、人造大理石及水磨石等制品;以其特有的色彩装饰性,用于雕塑艺术和各种装饰部件等。

表 4-7　白色和彩色硅酸盐水泥强度要求(GB/T 2015—2005、JC/T 870—2012)

品种	凝结时间		细度 0.08 m 筛余/%(≤)	安定性	强度等级	抗压强度/MPa(≥)		抗折强度/MPa(≥)	
	初凝/min(≥)	终凝/h(≤)				3 d	28 d	3 d	28 d
白色硅酸盐水泥(P・W)	45	10	10	沸煮法合格	32.5	12.0	32.5	3.0	6.0
					42.5	17.0	42.5	3.5	6.5
					52.5	22.0	52.5	4.0	7.0
彩色硅酸盐水泥	60		6.0		27.5	7.5	27.5	2.0	5.0
					32.5	10.0	32.5	2.5	5.5
					42.5	15.0	42.5	3.5	6.5

二、道路硅酸盐水泥

由道路硅酸盐水泥熟料、适量的石膏，加入符合规定的混合材料，磨细制成的水硬性胶凝材料，称为道路硅酸盐水泥(简称道路水泥)，代号为 P・R。道路水泥熟料中 C_3A 的含量(质量分数)≤5.0%，C_4AF 的含量(质量分数)≥16.0%。

按照《道路硅酸盐水泥》(GB 13693—2005)的规定，道路水泥可分为 32.5、42.5 和 52.5 三个强度等级。MgO 的含量(质量分数)≤5.0%，SO_3 的含量(体积分数)≤3.5%，28 d 干缩率≤0.10%，28 d 磨耗量≤3.00 kg/m^2。道路水泥各强度等级的各龄期强度及其他物理化学性质要求见表 4-8。

表 4-8　道路水泥的强度等级与各龄期强度(GB/T 13693—2005)

凝结时间		细度，比表面积/(m² · kg⁻¹)	体积安定性	强度等级	抗折强度/MPa(≥)		抗压强度/MPa(≥)	
初凝/h(≥)	终凝/h(≤)				3 d	28 d	3 d	28 d
1.5	10	300~450	沸煮法合格	32.5	3.5	6.5	16.0	32.5
				42.5	4.0	7.0	21.0	42.5
				52.5	5.0	7.5	26.0	52.5

用道路硅酸盐水泥配制的路面混凝土具有早强、高抗折强度、低抗折弹性模量、耐磨、低收缩、抗冻融和抗硫酸盐侵蚀等优良性能，能满足不同等级道路路面工程的技术要求。

三、中、低热水泥和低热矿渣水泥

以适当成分的硅酸盐水泥熟料，加入适量石膏，磨细制成的具有中等水化热的水硬性胶凝材料，称为中热硅酸盐水泥(简称中热水泥)，代号为 P・MH。

以适当成分的硅酸盐水泥熟料，加入适量石膏，磨细制成的具有低水化热的水硬性胶凝材料，称为低热硅酸盐水泥(简称低热水泥)，代号为 P・LH。

以适当成分的硅酸盐水泥熟料，加入粒化高炉矿渣、适量石膏，磨细制成的具有低水化热的水硬性胶凝材料，称为低热矿渣硅酸盐水泥(简称低热矿渣水泥)，代号为 P・SLH。粒化高炉矿渣掺入量为 20%~60%，允许用不超过混合材料总数的 50% 的粒化电炉磷渣或粉煤灰代替部分粒化高炉矿渣。

中热水泥和低热水泥的强度等级为 42.5，低热矿渣水泥的强度等级为 32.5。它们的强度和水化热指标要求见表 4-9。

表 4-9　中、低热水泥和低热矿渣水泥的技术要求（GB 200—2003）

品种	强度等级	抗压强度/MPa（≥）			抗折强度/MPa（≥）			水化热/(kJ·kg⁻¹)（≤）	
		3 d	7 d	28 d	3 d	7 d	28 d	3 d	7 d
中热水泥(P·MH)	42.5	12.0	22.0	42.5	3.0	4.5	6.5	251	293
低热水泥(P·LH)	42.5	—	13.0	42.5	—	3.5	6.5	230	260
低热矿渣水泥(P·SLH)	32.5	—	12.0	32.5	—	3.0	5.5	197	230

上述三种水泥的其他技术要求：SO_3 的含量（体积分数）≤3.5%，比表面积≥250 m^2/kg，初凝时间不小于 60 min，终凝时间不大于 12 h。体积安定性用沸煮法检验应合格。中、低热水泥还要求 MgO 的含量（质量分数）≤5.0%，烧失量≤3.0%。

中热水泥水化热较低，抗冻性与耐磨性较高，适用于大体积水工建筑物水位变动区的覆面层及大坝溢流面以及其他要求低水化热、高抗冻性和耐磨性的混凝土工程；低热水泥和低热矿渣水泥的水化热更低，适用于大体积混凝土或大坝内部要求水化热更低的部位。另外，这两种水泥具有一定的抗硫酸盐侵蚀能力，可用于抗硫酸盐侵蚀的混凝土工程。

四、铝酸盐水泥

凡是以铝酸钙为主的铝酸盐水泥熟料，磨细制成的水硬性胶凝材料，都称为铝酸盐水泥（又称高铝水泥），代号为 CA。根据需要也可在磨制 Al_2O_3 含量大于 68% 的水泥时掺入适量的 Al_2O_3 粉。

根据《铝酸盐水泥》（GB/T 201—2015）的规定，按 Al_2O_3 含量分为 CA—50、CA—60、CA—70 和 CA—80 四类。细度要求比表面积不小于 300 m^2/kg 或 0.045 mm 筛余≤20%，凝结时间应符合表 4-10 中的要求。

表 4-10　铝酸盐水泥凝结时间（GB/T 201—2015）

类型		凝结时间	
		初凝/min（≥）	终凝/h（≤）
CA—50		30	6
CA—60	CA—60—Ⅰ	30	6
	CA—60—Ⅱ	60	18
CA—70		30	6
CA—80			

铝酸盐水泥具有快凝、早强、高强、低收缩、耐热性好和抗硫酸盐腐蚀性强等特点，其主要用于紧急工程、抢修工程、冬期施工工程，以及配制耐热混凝土、抗海水和硫酸盐混凝土等；但铝酸盐水泥的水化热大、耐碱性差、长期强度会降低，故不宜用于大体积混凝土工程、接触碱性溶液的工程、长期承重的结构及以处于高温、高湿环境的工程中。

【小提示】　铝酸盐水泥制品不能进行蒸汽养护，不得与硅酸盐水泥或石灰混用，以免引起闪凝和强度下降，也不得与还未硬化的硅酸盐水泥接触使用。

五、硫铝酸盐水泥

硫铝酸盐水泥是以适当成分的生料，经煅烧所得以无水硫铝酸钙和 C_2S 为主要矿物成分的水泥熟料，掺入不同量的石灰石、适量的石膏共同磨细制成的水硬性胶凝材料。

根据《硫铝酸盐水泥》(GB 20472—2006)的规定，硫铝酸盐水泥分为快硬硫铝酸盐水泥(代号为 R·SAC)、低碱度硫铝酸盐水泥(代号为 L·SAC)和自应力硫铝酸盐水泥(代号为 S·SAC)。

快硬硫铝酸盐水泥按 3 d 抗压强度分为 42.5、52.5、62.5 和 72.5 四个强度等级；低碱度硫铝酸盐水泥按 7 d 抗压强度分为 32.5、42.5 和 52.5 三个强度等级；自应力硫铝酸盐水泥以 28 d 自应力值分为 3.0、3.5、4.0 和 4.5 四个自应力等级。这三种硫铝酸盐水泥的物理力学性能指标见表 4-11。

表 4-11　硫铝酸盐水泥的物理力学性能指标

项目		指标		
		快硬硫铝酸盐水泥	低碱度硫铝酸盐水泥	自应力硫铝酸盐水泥
石灰石掺量、水泥质量/%		≤15	15～35	—
比表面积/($m^2 \cdot kg^{-1}$)(≥)		350	400	370
凝结时间/min	初凝(≥)	25		40
	终凝(≤)	180		240
碱度 pH 值(≤)		—	≤10.5	—
28 d 自由膨胀率/%		—	0～0.15	—
自由膨胀率/%	7 d(≤)	—		1.30
	28 d(≤)	—		1.75
水泥中的碱含量 ($Na_2O+0.658K_2O$)/%(<)		—		0.50
28 d 自应力增进率/ ($MPa \cdot d^{-1}$)(≤)		—		0.010

与其他水泥相比，快硬硫铝酸盐水泥具有早强和高强的特点，3 d 抗压强度可达 40～80 MPa。同时，其抗渗性、抗冻性、抗碳化及耐腐蚀等性能也均明显改善。主要用于配制早强、抗渗和抗硫酸盐等混凝土，适用于冬期施工、浆锚、拼装、抢修、堵漏、喷射混凝土等特殊工程。由于水化放热快，不宜用于大体积混凝土工程；由于碱度低，对钢筋的保护能力差，不适用于重要钢筋混凝土结构。

低碱度硫铝酸盐水泥的碱度低、早期强度高且能适当补偿收缩。主要用于制作玻璃纤维增强水泥制品，用于配制有纤维、钢筋、钢丝网、钢埋件等混凝土制品和结构时，所用钢材应为不锈钢。

自应力硫铝酸盐水泥自由膨胀率较小，自应力值较高，抗渗性和抗化学侵蚀性能优良，主要用于制造输水、输油、输气用自应力水泥钢筋混凝土压力管。

六、膨胀水泥和自应力水泥

通用硅酸盐水泥在空气中硬化时体积会收缩，使得水泥石产生轻微裂纹，造成混凝土构件的强度、抗渗、抗冻和抗腐蚀等性能发生劣化。膨胀水泥在硬化过程中体积不会收缩，还略有膨胀，可解决通用硅酸盐水泥收缩带来的不利后果。

膨胀水泥需借助膨胀组分的化学反应才能产生体积膨胀，能使水泥产生膨胀的反应主要有 CaO 水化生成 $Ca(OH)_2$、MgO 水化生成 $Mg(OH)_2$ 以及形成钙矾石三种。因为前两种反应产生的膨胀不易控制，目前广泛使用的是以钙矾石为膨胀组分的各种膨胀水泥。

当水泥的体积膨胀受到混凝土中钢筋等的约束时，会在混凝土中产生压应力，这种水泥水化本身预先产生的压应力称为"自应力"。按膨胀值的大小可分为膨胀水泥和自应力水泥。

膨胀水泥的线膨胀率一般在 1% 以下，所产生的自应力大致抵消干缩所引起的拉压力，可补偿收缩，故又称为补偿收缩水泥或无收缩水泥。自应力水泥的线膨胀率一般为 1%～3%，其膨胀在抵消干缩后仍能使混凝土有较大的自应力值(>2.0 MPa)。不同类型的膨胀水泥及自应力水泥的组成、技术要求及工程应用情况见表 4-12。

膨胀水泥适用于配制补偿收缩混凝土，用于构件的接缝及管道接头、混凝土结构的加固和修补、防渗堵漏工程、机器底座及地脚螺丝的固定等。自应力水泥适用于制造需要低预应力值的构件，如钢筋混凝土压力管、墙板和楼板等。

📁 ➤ 本章小结

(1)通用硅酸盐水泥是由硅酸盐水泥熟料、0～5%石灰石或粒化高炉矿渣、适量石膏磨细制成的水硬性胶凝材料。硅酸盐水泥分为两种类型，即不掺入混合材料的称为Ⅰ型硅酸盐水泥，代号为 P·Ⅰ；掺入不超过水泥质量 5%的石灰石或粒化高炉矿渣混合材料的称为Ⅱ型硅酸盐水泥，代号为 P·Ⅱ。

(2)硅酸盐水泥具有以下一些特性：快凝、快硬、高强，抗冻性好，水化热大，耐腐蚀性差，耐高温性能差。

(3)凡在硅酸盐水泥熟料中掺入一定量的混合材料和适量石膏，共同磨细制成的水硬性胶凝材料，均属掺混合材料的硅酸盐水泥。按掺入混合材料的品种和数量，硅酸盐水泥可分为普通硅酸盐水泥、矿渣硅酸盐水泥、火山灰质硅酸盐水泥、粉煤灰硅酸盐水泥、复合硅酸盐水泥等。

(4)由硅酸盐水泥熟料加入适量的石膏经磨细而制成的水硬性胶凝材料称为白色硅酸盐水泥(简称白水泥)，代号为 P·W。它与常用水泥的主要区别在于其氧化铁含量少，因而呈白色。

(5)由硅酸盐水泥熟料及适量石膏(或白色硅酸盐水泥)、混合材料及着色剂磨细或混合制成的带有色彩的水硬性胶凝材料，称为彩色硅酸盐水泥。

(6)由道路硅酸盐水泥熟料、适量的石膏，加入符合规定的混合材料，磨细制成的水硬性胶凝材料，称为道路硅酸盐水泥(简称道路水泥)，代号为 P·R。

(7)以适当成分的硅酸盐水泥熟料，加入适量石膏，磨细制成的具有中等水化热的水硬

表 4-12　膨胀水泥及自应力水泥的组成、技术要求及工程应用

水泥品种	标准代号	组成	28 d 强度/MPa	28 d 自应力值/MPa	线膨胀率/%	凝结时间		细度	工程应用
						初凝/min	终凝/h		
硅酸盐膨胀水泥	建标 55—1961	用硅酸盐水泥、高铝水泥和石膏按一定比例共同磨细或分别粉磨再混匀而成	400 500 600	—	≥0.3(1 d) ≤1.0(28 d)	≥20	≤10	0.080 mm 筛余≤10%	适用于防水砂浆、防水混凝土、构件、管道、机器底座、地脚螺栓及修补工程
低热微膨胀水泥(LHEC)	GB 2938—2008	以粒化高炉矿渣为主要成分,加入适量硅酸盐水泥熟料和石膏,磨细制成的具有低水化热和微膨胀性能的水硬性胶凝材料	32.5	—	≥0.05(1 d) ≥0.10(7 d) ≤0.60(28 d)	≥45	≤12	比表面积≥300 m²/kg	适用于要求较低水化热和要求补偿收缩的混凝土、大体积混凝土,也适用于要求抗硫酸盐侵蚀的工程
明矾石膨胀水泥(A. EC)	JC/T 311—2004	以硅酸盐水泥熟料为主,与明矾石和粒化高炉矿渣(粉煤灰),按适当比例磨细制成的具有膨胀性能的水硬性胶凝材料	32.5 42.5 52.5	—	≥0.015(3 d) ≤0.1(28 d)	≥45	≤6	比表面积≥400 m²/kg	适用于补偿收缩混凝土结构、防渗抗裂混凝土工程,补强面抹面工程、大口径混凝土排水管以及接缝、梁柱和管道接头、固接机器底座和地脚螺栓
自应力铁铝酸盐水泥(SFAC)	JC/T 437—2010	以适当的生料,经煅烧所得以无水硫铝酸钙、铁相和硅酸二钙为主要矿物成分的熟料,加适量石膏磨细制成的强膨胀性水硬性胶凝材料	42.5	3.0 3.5 4.0 4.5	≤1.30(7 d) ≤1.75(28 d)	≥40	≤4	比表面积≥370 m²/kg	适用于制造水、输油、输气自应力水泥钢筋混凝土压力管

性胶凝材料，称为中热硅酸盐水泥(简称中热水泥)，代号为 P·MH。以适当成分的硅酸盐水泥熟料，加入适量石膏，磨细制成的具有低水化热的水硬性胶凝材料，称为低热硅酸盐水泥(简称低热水泥)，代号为 P·LH。以适当成分的硅酸盐水泥熟料，加入粒化高炉矿渣、适量石膏，磨细制成的具有低水化热的水硬性胶凝材料，称为低热矿渣硅酸盐水泥(简称低热矿渣水泥)，代号为 P·SLH。

(8)凡是以铝酸钙为主的铝酸盐水泥熟料，磨细制成的水硬性胶凝材料，都称为铝酸盐水泥(又称高铝水泥)，代号为 CA。

(9)硫铝酸盐水泥是以适当成分的生料，经煅烧所得以无水硫铝酸钙和 C_2S 为主要矿物成分的水泥熟料，掺入不同量的石灰石、适量的石膏共同磨细制成的水硬性胶凝材料。

> 思考与练习

1. 硅酸盐水泥熟料是由哪几种矿物组成的？它们的水化产物是什么？

2. 制作硅酸盐水泥为什么必须掺入适量的石膏？掺入太多或太少石膏时，将产生什么后果？

3. 什么是水泥的体积安定性？产生安定性不良的原因是什么？

4. 影响硅酸盐水泥强度发展的主要因素有哪些？

5. 什么是水泥的混合材料？在硅酸盐水泥中掺混合材料能起到哪些作用？

6. 试分析硅酸盐水泥、普通硅酸盐水泥、矿渣硅酸盐水泥、火山灰质硅酸盐水泥及粉煤灰硅酸盐水泥性质的异同点，并说明产生差异的原因。

7. 水泥受潮后应如何处理？

8. 铝酸盐水泥的特性如何？使用时应注意哪些问题？

第五章　混凝土

学习目标

通过本章的学习，了解混凝土的定义、分类和优缺点，特种混凝土的特性及应用；熟悉普通混凝土组成材料的种类、技术要求；掌握混凝土拌合物的和易性、硬化混凝土的力学性质、混凝土的变形和耐久性，混凝土的质量控制和评定方法，普通混凝土配合比设计的方法。

能力目标

能够进行普通混凝土主要技术性质的检测，能够进行普通混凝土配合比设计，能够进行混凝土质量的评定。

第一节　混凝土概述

一、混凝土的定义、分类

混凝土是由胶凝材料、粗细集料、水以及其他材料，按适当的比例混合并硬化而成的具有所需形状、强度和耐久的人造石材。

混凝土可按其组成、特性和功能等从不同角度进行分类。

1. 按胶凝材料分类

(1)无机胶凝材料混凝土，如普通混凝土、石膏混凝土、硅酸盐混凝土和水玻璃混凝土等。

(2)有机胶凝材料混凝土，如沥青混凝土和聚合物混凝土等。

2. 按表观密度分类

(1)重混凝土，是表观密度大于 2 500 kg/m³，用特别密实和特别重的集料制成的混凝土。例如重晶石混凝土、钢屑混凝土等，它们具有不透 X 射线和 γ 射线的性能。

(2)普通混凝土，是建筑中常用的混凝土，表观密度为 1 900～2 500 kg/m³，集料为砂、石。

(3)轻质混凝土，是表观密度小于 1 900 kg/m³ 的混凝土。它可以分为三类：

1)轻集料混凝土，其表观密度为 800～1 950 kg/m³，轻集料包括浮石、火山渣、陶粒、膨胀珍珠岩和膨胀矿渣等。

2)多孔混凝土(泡沫混凝土、加气混凝土)，其表观密度为 300～1 000 kg/m³。泡沫混凝土是由水泥浆或水泥砂浆与稳定的泡沫制成的；加气混凝土是由水泥、水与发气剂制成的。

3)大孔混凝土(普通大孔混凝土、轻集料大孔混凝土)，其组成中无细集料。普通大孔混凝土的表观密度为 1 500～1 900 kg/m³，是用碎石、软石和重矿渣作为集料配制的；轻集料大孔混凝土的表观密度为 500～1 500 kg/m³，是用陶粒、浮石、碎砖和矿渣等作为集料配制的。

3. 按使用功能分类

根据使用功能的不同，混凝土可分为结构混凝土、保温混凝土、装饰混凝土、防水混凝土、耐火混凝土、水工混凝土、海工混凝土、道路混凝土和防辐射混凝土等。

4. 按施工工艺分类

根据施工工艺的不同，混凝土可分为离心混凝土、真空混凝土、灌浆混凝土、喷射混凝土、碾压混凝土、挤压混凝土和泵送混凝土等。

二、混凝土的优点、缺点与发展趋势

1. 优点

(1)就地取材，比较经济。

(2)易成型，混凝土拌合物有良好的可塑性和浇筑性。

(3)匹配性好，材料之间结合良好，钢筋与混凝土之间有摩擦力、黏结力和机械啮合力。

(4)可根据使用性能的要求与设计来配制相应的混凝土。

(5)代替木、钢等结构材料。

(6)耐久性好。

2. 缺点

混凝土自重大，比强度小，抗拉强度低，变形能力差，易开裂等。

3. 混凝土的发展趋势

(1)大中城市发展商品混凝土，对提高技术质量有利。

(2)高性能混凝土。

(3)环保混凝土，如再生混凝土。

三、混凝土的质量要求

工程中，混凝土需满足以下质量要求：

(1)满足施工所需的和易性。

(2)满足设计要求的强度。

(3)满足与环境相适应的耐久性。

(4)经济上应合理，即水泥用量应少。

要满足上述要求，就必须合理选择原材料并控制原材料质量，合理设计混凝土的配合比，严格控制和管理施工质量。

【知识连接】

商品混凝土

商品混凝土是指以集中搅拌、远距离运输的方式向建筑工地供应的具有一定要求的混凝土。它包括混凝土搅拌、运输、泵送和浇筑等工艺过程。严格地讲，商品混凝土是指混凝土的工艺和产品，而不是混凝土的品种，它包括大流动性混凝土、流态混凝土、泵送混凝土、高强度混凝土、大体积混凝土、防渗抗裂混凝土或高性能混凝土等。因此，商品混凝土是现代混凝土与现代化施工工艺的结合，它的普及程度能代表一个国家或地区的混凝土施工水平和现代化程度。集中搅拌的商品混凝土主要用于现浇混凝土工程，混凝土从搅拌、运输到浇灌需1～2 h，有时超过2 h，因此商品混凝土搅拌站合理的供应半径应在10 km之内。

商品混凝土的特点：

(1)由于是集中搅拌，因此能严格控制原材料质量和配合比，能保证混凝土的质量要求。

(2)拌合物具有良好的和易性，即高流动性、坍落度损失小，不泌水、不离析、可泵性好。

(3)经济性好，成本低，性价比高。

第二节　普通混凝土的组成材料

普通混凝土的基本组成是水泥、粗集料、细集料和水。凝结前，水泥浆起到黏结和润滑作用，使混凝土拌合物具有一定的和易性；硬化后，水泥则起到了胶结作用，将粗、细集料胶结为一整体。粗、细集料在混凝土中起到了骨架作用，可提高混凝土的抗压强度和耐久性，并可减少混凝土的变形和降低造价。现代混凝土中，为了调节和改善其工艺性能和力学性能，还加入各种化学外加剂(减水剂、引气剂等)及矿物外加剂(矿粉、粉煤灰等)。

一、水泥

(1)水泥品种的选择：应根据工程特点及混凝土所处气候与环境条件选择。

(2)水泥强度等级：应与混凝土设计强度等级相对应，低强度时，水泥强度等级为混凝土设计强度等级的1.5～2.0倍；高强度时，比例可降至0.9～1.5倍，但一般不能低于0.8。即低强度混凝土应选择低强度等级的水泥，高强度混凝土应选择高强度等级的水泥。因为若采用低强度水泥配制高强度混凝土会增加水泥用量，同时引起混凝土收缩和水化热增大；若采用高强度水泥配制低强度混凝土，会因水泥用量过少而影响混凝土拌合物的和易性与密实度，导致混凝土强度和耐久性下降。具体强度等级对应关系推荐见表5-1。

表5-1　不同强度混凝土所选用的水泥强度等级

混凝土强度等级	所选水泥强度等级	混凝土强度等级	所选水泥强度等级
C7.5～C25	32.5	C50～C60	52.5
C30	32.5, 42.5	C65	52.5, 62.5
C35～C45	42.5	C70～C80	62.5

二、细集料

混凝土用细集料一般采用粒径小于4.75 mm的级配良好、质地坚硬、颗粒洁净的天然砂(如河砂、海砂、山砂)，也可采用机制砂。根据《建设用砂》(GB/T 14684—2011)和《普通混凝土用砂、石质量及检验方法标准》(JGJ 52—2006)，砂按技术要求分为Ⅰ类、Ⅱ类、Ⅲ类。Ⅰ类砂用于强度等级大于 C60 的混凝土，Ⅱ类砂用于强度等级等于 C30～C60 的混凝土，Ⅲ类砂用于强度等级小于 C30 的混凝土。普通混凝土所用细集料需满足的技术要求如下：

1. 有害杂质含量

集料中含有妨碍水泥水化或降低集料与水泥石黏附性以及能与水泥水化产物产生不良化学反应的各种物质，称为有害杂质。细集料中常含的有害杂质主要有泥土、泥块、云母、轻物质、硫酸盐、硫化物以及有机质等。

(1)含泥量、石粉含量及泥块含量。含泥量是指天然砂中粒径小于 0.075 mm 的颗粒含量。石粉含量是指人工砂中粒径小于 0.075 mm 的颗粒含量。泥块含量是指粒径大于 1.18 mm，经水浸洗、手捏后小于 60 μm 的颗粒含量。这些颗粒的存在影响混凝土的强度和耐久性。天然砂含泥量和泥块含量应符合表 5-2 中的规定。人工砂石粉含量和泥块含量应符合表 5-3 中的规定。

表 5-2　天然砂含泥量和泥块含量

项目	指标		
	Ⅰ类	Ⅱ类	Ⅲ类
含泥量(按质量计)/%	≤1.0	≤3.0	≤5.0
泥块含量(按质量计)/%	0	≤1.0	≤2.0

表 5-3　人工砂石粉含量和泥块含量

	项目		指标		
			Ⅰ类	Ⅱ类	Ⅲ类
1	亚甲蓝试验	MB 值＜1.40 或快速试验合格	MB 值	≤0.5	≤1.0	≤1.4 或合格
			石粉含量(按质量计)/%	≤10.0		
			泥块含量(按质量计)/%	0	≤1.0	≤2.0
2		MB 值≥1.40 或快速试验不合格	石粉含量(按质量计)/%	≤1.0	≤3.0	≤5.0
			泥块含量(按质量计)/%	0	≤1.0	≤2.0

(2)云母含量。云母呈薄片状，表面光滑，极易沿节理开裂，与水泥石黏附性极差，对混凝土拌合物的和易性及硬化后混凝土的抗冻性和抗渗性都有不利影响。

(3)轻物质含量。细集料中轻物质是指表观密度小于 2 000 kg/m³ 的颗粒，如煤、褐煤等。

(4)有机物含量。天然砂中有时混杂有机物质，如动植物的腐殖质、腐殖土等，会延缓水泥的硬化过程，降低混凝土强度，特别是早期强度。

(5)硫化物与硫酸盐含量。天然砂中常掺有硫铁矿(FeS_2)或石膏($CaSO_4 \cdot 2H_2O$)的碎屑，如含量过多，将在已硬化的混凝土中与水化铝酸钙发生反应，生成水化硫铝酸钙晶体，导致体积膨胀，在混凝土内部产生破坏作用。

砂中云母、轻物质、有机物、硫化物及硫酸盐、氯盐等含量应符合表 5-4 中的规定。

表 5-4　部分有害物质含量

项目	指标		
	Ⅰ类	Ⅱ类	Ⅲ类
云母(按质量计)/%	1.0	2.0	3.0
轻物质(按质量计)/%	≤1.0		
有机物(比色法)	合格		
硫化物及硫酸盐(按 SO_3 质量计)/%	≤0.5		
氯化物(以氯离子质量计)/%	≤0.01	≤0.02	≤0.03
贝壳(按质量计)/%	≤3.0	≤5.0	≤8.0

2. 坚固性

混凝土中细集料应具备一定的强度和坚固性。天然砂采用硫酸钠溶液法进行试验,砂样经 5 次循环后测定其质量损失,具体规定见表 5-5;人工砂采用压碎指标法进行试验,具体规定见表 5-6。

表 5-5　坚固性指标

项目	指标		
	Ⅰ类	Ⅱ类	Ⅲ类
质量损失/%	≤8		≤10

表 5-6　压碎指标

项目	指标		
	Ⅰ类	Ⅱ类	Ⅲ类
单级最大压碎指标/%	≤20	≤25	≤30

3. 表观密度、堆积密度、空隙率

砂表观密度、堆积密度、空隙率应符合如下规定:表观密度大于 2 500 kg/m³;松散堆积密度大于 1 350 kg/m³;空隙率小于 47%。

4. 粗细程度与颗粒级配

砂的粗细程度和颗粒级配会使所配制混凝土达到设计强度等级和节约水泥的目的。

(1)粗细程度。细集料的粗细程度用细度模数 M_x 来表示,由标准筛(筛孔尺寸为 4.75 mm、2.36 mm、1.18 mm、0.60 mm、0.30 mm、0.15 mm)各筛上的累计筛余百分率按下式计算,得出细度模数值后进行评定。

$$M_x = \frac{A_2 + A_3 + A_4 + A_5 + A_6 - 5A_1}{100 - A_1} \quad (5-1)$$

式中　M_x——细度模数;

A_1,A_2,$\cdots$,A_6——筛孔尺寸为 4.75 mm、2.36 mm、1.18 mm、0.60 mm、0.30 mm、0.15 mm 筛的累计筛余百分率。

集料越粗大,则集料的比表面积越小,所需用水量和水泥浆的数量越少。若保持用水量不变,混凝土拌合料的流动性会提高;若保持流动性和水泥用量不变,可以减少拌和用水量,从而使硬化后混凝土的强度和耐久性提高,变形值降低。若强度不变,可降低水泥用量，减少水化热和变形值。砂过粗时，会引起混凝土拌合物离析、分层。砂过细，则又会增加水泥用量或降低混凝土的强度，同时对混凝土拌合物的流动性也不利。宜优先采用中砂（$M_x = 2.3 \sim 3.0$）和粗砂（$M_x = 3.1 \sim 3.7$），前者适合配制各种流动性的混凝土，特别适合配制流动性大的混凝土（如流态混凝土、泵送混凝土等），后者则更宜配制低流动性的混凝土或富混凝土（水泥用量多的混凝土）。

（2）集料的级配。级配表示大小颗粒的搭配程度。级配好，即搭配好，也即大小颗粒间的空隙率小。因此，级配好的集料可降低水泥用量和用水量，有利于改善混凝土拌合物的和易性，提高混凝土的强度、耐久性，减小混凝土的变形。粗集料级配对性质的影响大于细集料级配的影响。

混凝土用砂的级配根据《建设用砂》（GB/T 14684—2011）的规定划分为三个级配区，砂的级配区应符合表 5-7 或图 5-1 任何一个级配区所规定的级配范围。

表 5-7 砂的分区及级配范围

级配区	筛孔尺寸/mm						
	9.50	4.75	2.36	1.18	0.60	0.30	0.15
	累计筛余/%						
Ⅰ（粗）	0	10～0	35～5	65～35	85～71	95～80	100～90
Ⅱ（中）	0	10～0	25～0	50～10	70～41	92～70	100～90
Ⅲ（细）	0	10～0	15～0	25～0	40～16	85～55	100～90

注：1. 砂的实际颗粒级配与表中所列数字相比，除 4.75 mm 和 0.60 mm 筛挡外，可以略有超出，但超出总量应小于 5%。

2. Ⅰ区人工砂中 0.15 mm 筛孔的累计筛余可以放宽到 100%～85%；Ⅱ区人工砂中 0.15 mm 筛孔的累计筛余可以放宽到 100%～80%；Ⅲ区人工砂中 0.15 mm 筛孔的累计筛余可以放宽到 100%～75%。

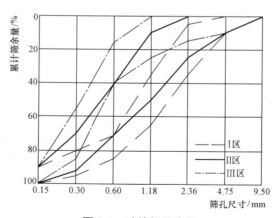

图 5-1 砂的级配分区

Ⅰ区砂属于粗砂范畴，用Ⅰ区砂配制混凝土时应采用比Ⅱ区大的砂率，否则新拌混凝土内摩阻力较大、保水性差、不易捣实；Ⅱ区砂由中砂和一部分偏粗的细砂组成；Ⅲ区砂是由细砂和一部分偏细的中砂组成的。用Ⅲ区砂配制混凝土时，应采用比Ⅱ区小的砂率。因用Ⅲ区砂配制的新拌混凝土黏性略大，较细软，易振捣成型，但由于Ⅲ区砂级配偏细，比表面积大，所以对新拌混凝土的和易性及硬化后混凝土的强度及耐久性影响均比较敏感。

三、粗集料

普通混凝土常用的粗集料主要是指粒径大于 4.75 mm 的卵石(砾石)和碎石。卵石是指由自然形成的岩石颗粒，分为河卵石、海卵石和山卵石；碎石是由天然岩石经机械破碎、筛分而得，表面粗糙有棱角，与水泥石黏结比较牢固。根据《建设用卵石、碎石》(GB/T 14685—2011)和《普通混凝土用砂、石质量及检验方法标准》(JGJ 52—2006)，卵石、碎石按技术要求分为Ⅰ类、Ⅱ类、Ⅲ类。Ⅰ类用于强度等级大于 C60 的高强度混凝土；Ⅱ类用于强度等级等于 C30～C60 的中强混凝土及有抗冻、抗渗或其他要求的混凝土；Ⅲ类砂石用于强度等级小于 C30 的低强混凝土。普通混凝土所用粗集料需满足的技术要求如下：

1. 有害杂质含量

粗集料中常含有一些有害杂质，如黏土、淤泥、硫酸盐、硫化物和有机物等，其危害与在细集料中的作用相同。混凝土用粗集料有害杂质含量规定见表 5-8。

表 5-8　碎石和卵石技术要求

技术指标	技术要求		
	Ⅰ类	Ⅱ类	Ⅲ类
泥块含量/%	0	≤0.2	≤0.5
含泥量/%	≤0.5	≤1.0	≤1.5
针片状颗粒含量/%	≤5	≤10	≤15
碎石压碎指标/%	≤10	≤20	≤30
卵石压碎指标/%	≤12	≤14	≤16
有机物含量(比色法)	合格	合格	合格
硫化物及硫酸盐含量(按 SO_3 质量计)/%	≤0.5	≤1.0	≤1.0
坚固性(质量损失)/%	<5	<8	<12
岩石抗压强度/MPa	在水饱和状态下，其抗压强度火成岩应不小于 80 MPa，变质岩应不小于 60 MPa，水成岩应不小于 30 MPa		
密度与空隙率	表观密度大于 2 500 kg/m³，松散堆积密度大于 1 350 kg/m³，空隙率小于 47%		
碱-集料反应	经碱-集料反应试验后，由卵石、碎石制备的试件无裂缝、酥裂、胶体外溢等现象，在规定的试验龄期的膨胀率应小于 0.10%		

2. 强度与坚固性

(1)强度。为保证混凝土的强度要求，粗集料必须具有足够的强度。碎石和卵石的强度采用岩石立方体抗压强度和压碎指标两种方法表示。混凝土用粗集料强度规定见表 5-8。

(2)坚固性。为保证混凝土的耐久性要求，粗集料必须具有足够的坚固性，以抵抗冻融等自然因素的风化作用。《建设用卵石、碎石》(GB/T 14685—2011)规定，用硫酸钠溶液进行坚固性试验，经 5 次循环后测其质量损失，具体规定见表 5-8。

3. 最大粒径及颗粒级配

(1)最大粒径。粗集料公称粒径的上限称为该粒级的最大粒径。集料粒径越大,总表面积越小,有利于降低水泥用量;和易性与水泥用量一定时,则能减少用水量,提高混凝土强度。所以,粗集料最大粒径在条件容许的前提下,越大越好。但受工程结构及施工条件影响,《混凝土结构工程施工质量验收规范》(GB 50204—2015)规定:混凝土用粗集料的最大粒径不得大于结构截面最小尺寸的1/4,同时不得大于钢筋最小净距的3/4;对于混凝土实心板,允许采用最大粒径达1/3板厚的颗粒级配,但最大粒径不得超过 40 mm;对泵送混凝土,碎石最大粒径不应大于输送管内径的1/3,卵石不应大于2/5。

(2)颗粒级配。粗集料的颗粒级配与细集料颗粒级配的原理相同。采用级配良好的粗集料,可以减少孔隙率,增强密实度,从而节约水泥,保证混凝土拌合物的和易性以及混凝土强度。

粗集料的颗粒级配,可采用连续粒级或连续粒级与单粒级配合使用。特殊情况下,通过试验证明混凝土无离析现象时,也可采用单粒级。粗集料颗粒级配范围规定见表5-9。

表 5-9 碎石和卵石的颗粒级配范围

级配情况	公称粒径/mm	筛孔尺寸(圆孔筛)/mm											
		2.36	4.74	9.50	16.0	19.0	26.5	31.5	37.5	53.0	63.0	75.0	90.0
		累计筛余(按质量计)/%											
连续粒级	5~10	95~100	80~100	0~15	0	—	—	—	—	—	—	—	—
	5~16	95~100	85~100	30~60	0~10	0	—	—	—	—	—	—	—
	5~20	95~100	90~100	40~80	—	0~10	0	—	—	—	—	—	—
	5~25	95~100	90~100	—	30~70	—	0~5	0	—	—	—	—	—
	5.0~31.5	95~100	90~100	70~90	—	15~45	—	0~5	0	—	—	—	—
	5~40	95~100	95~100	75~90	—	30~65	—	—	0~5	0	—	—	—
单粒级	10~20	—	95~100	85~100	—	0~15	0	—	—	—	—	—	—
	16.0~31.5	—	95~100	—	85~100	—	—	0~10	0	—	—	—	—
	20~40	—	—	95~100	—	80~100	—	—	0~10	0	—	—	—
	31.5~63.0	—	—	—	95~100	—	—	75~100	45~75	—	0~10	0	—
	40~80	—	—	—	95~100	—	—	—	70~100	—	30~60	0~10	0

4. 颗粒形状及表面特征

粗集料的颗粒形状可分为棱角形、卵形、针状和片状。一般来说，比较理想的颗粒形状是接近正立方体，而针状、片状颗粒含量不宜过多。针状颗粒是指颗粒长度大于集料平均粒径的 2.4 倍的颗粒；片状颗粒是指颗粒厚度小于集料平均粒径的 40% 的颗粒。当针、片状颗粒含量超过一定界限时，集料空隙会增加，混凝土拌合物的和易性会变差，混凝土强度会降低。所以混凝土粗集料中针、片状颗粒含量应当限制。

集料表面特征主要指集料表面粗糙程度及孔隙特征等。碎石表面粗糙且具有吸收水泥浆的孔隙特征，因此它与水泥石的黏结性能较强；卵石表面光滑，因此与水泥石的黏结能力较差，但有利于混凝土拌合物的和易性。一般情况下，当混凝土水泥用量与用水量相同时，碎石混凝土的强度比卵石混凝土的强度高 10% 左右。

5. 碱活性检验

对于重要的混凝土工程用粗集料，应进行集料碱活性检验，即混凝土碱-硅酸盐反应和碱-硅酸反应的可能性检验，可采用方法如下：

（1）用岩相法检验确定哪些集料可能与水泥中的碱发生反应。当集料中下列材料含量为 1% 或更多即有可能成为有害反应的集料，主要包括以下形式的二氧化硅：蛋白石、玉髓、鳞石英、方石英；在流纹岩、安石岩或英安岩中可能存在的中性、中酸性（富硅）的火山玻璃、某些沸石和千枚岩等。

（2）用砂浆长度法检验集料可能产生有害反应的可能性。如果用高碱硅酸盐水泥制成的砂浆长度膨胀率 3 个月低于 0.05% 或者 6 个月低于 0.10%，即可判定为非活性集料。超过上述指标时，应通过混凝土试验结果作出最终评定。

四、混凝土拌和及养护用水

混凝土拌和及养护用水中，不得含有影响混凝土的和易性及凝结、有损于强度发展、降低混凝土耐久性、加快钢筋腐蚀及导致预应力钢筋脆断、污染混凝土表面等的酸类、盐类或其他物质。有害物质（主要指硫酸盐、硫化物、氯化物、不溶物和可溶物等）的含量及 pH 值需满足表 5-10 中的要求。

表 5-10　混凝土拌和用水水质要求

项目	预应力混凝土	钢筋混凝土	素混凝土
pH 值	≥5.0	≥4.5	≥4.5
不溶物/(mg·L^{-1})	≤2 000	≤2 000	≤5 000
可溶物/(mg·L^{-1})	≤2 000	≤5 000	≤10 000
Cl$^-$/(mg·L^{-1})	≤500	≤1 200	≤3 500
SO$_4^{2-}$/(mg·L^{-1})	≤600	≤2 000	≤2 700
碱含量/(mg·L^{-1})	≤1 500	≤1 500	≤1 500
注：碱含量按 Na$_2$O+0.658K$_2$O 计算值来表示。采用非碱活性集料时，可不检验碱含量。			

五、混凝土外加剂

混凝土外加剂是指在拌制混凝土过程中，掺入的能显著改善混凝土拌合物或硬化混凝土性能的物质，常被称为混凝土的第五组分，其掺量一般不大于水泥质量的 5%。通常包含减水剂、早强剂、引气剂、缓凝剂、速凝剂、膨胀剂、防冻剂、阻锈剂、加气剂、防水剂、泵送剂、泡沫剂和保水剂等，下面介绍前六种。

1. 减水剂

在混凝土拌合物流动性不变的情况下可显著减小用水量，或在用水量不变的情况下可显著增加混凝土拌合物流动性的物质，称为减水剂。

(1)减水剂的减水机理。绝大多数减水剂属于表面活性剂。可溶于水并定向排列于界面上，从而显著降低表面张力或界面张力的物质，称为表面活性剂。表面活性剂分子由亲水基团和憎水基团两个部分组成。常用的表面活性剂是溶于水后亲水基团带负电的阴离子型表面活性剂。由于减水剂具有表面活性，其定向排列于(或吸附于)水泥颗粒表面，使水泥颗粒表面能降低，且均带有相同电性的电荷，产生静电斥力，使水泥浆中的絮状结构中原来没有起到增大流动性作用的水释放出来；同时减水剂的亲水基团又吸附了大量的水分子，增加了水泥颗粒表面水膜的厚度，使润滑作用增强；此外减水剂也增强了湿润能力，因而起到了提高流动性或减水的作用(图 5-2)。

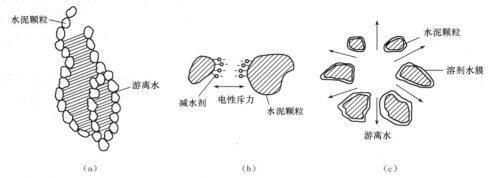

图 5-2　减水剂对水泥颗粒的分散作用
(a)吸附水泥颗粒；(b)静电斥力释放水；(c)增加水泥颗粒表面水膜厚度

(2)减水剂的效能。

1)若用水量不变，可不同程度增大混凝土拌合物的坍落度。

2)若混凝土拌合物的坍落度及水泥用量不变，可减水 10%～20%，降低水胶比，提高混凝土强度 15%～20%，特别是早期强度，同时提高耐久性。

3)若混凝土拌合物的流动性与混凝土的强度不变，可减水 10%～20%，节约水泥 10%～20%，降低混凝土成本。

4)减少混凝土拌合物的分层、离析、泌水，减缓水化放热速度和降低最高温度。

5)可配制特殊混凝土或高强度混凝土。

(3)常用减水剂。

1)木质素系减水剂(M 型)。木质素系减水剂主要使用木质素磺酸钙(木钙)，属于阴离子表面活性剂，为普通减水剂，其适宜掺量为 0.2%～0.3%，减水率为 10%左右。对混凝土有缓凝作用，一般缓凝 1～3 h。其适用于各种预制混凝土、大体积混凝土、泵送混凝土。

2)萘系减水剂。萘系减水剂属高效减水剂，其主要成分为 β-萘磺酸盐甲醛缩合物，属阴离子表面活性剂，可减水 10%～20%，或坍落度提高 100～150 mm，或强度提高 20%～

30%。萘系减水剂适宜掺量为0.5%~1.0%，缓凝性很小，大多为非引气型。其适用于日最低气温在0℃以上的所有混凝土工程，尤其适用于配制高强度、早强、流态等混凝土。

3）树脂类减水剂。树脂类减水剂属早强非引气型高效减水剂，为水溶性树脂，主要为磺化三聚氰胺甲醛树脂减水剂，简称密胺树脂减水剂，为阴离子表面活性剂。我国产品有SM树脂减水剂，为非引气型早强高效减水剂，其各项功能与效果均比萘系减水剂好。

4）糖蜜类减水剂。糖蜜类减水剂属普通减水剂。它是以制糖工业的糖渣、废蜜为原料，采用石灰中和而成，为棕色粉状物或糊状物，其中含糖较多，属非离子表面活性剂，其适宜掺量为0.2%~0.3%，减水率为10%左右，属缓凝减水剂。

2. 早强剂

早强剂是指掺入混凝土中能够提高混凝土早期强度，对后期强度无明显影响的外加剂。常用早强剂的品种、掺量及作用效果见表5-11。

表5-11　常用早强剂的品种、掺量及作用效果

种类	无机盐类早强剂	有机物类早强剂	复合早强剂
主要品种	氯化钙、硫酸钠	三乙醇胺、三异丙醇胺、尿素等	二水石膏＋亚硝酸钠＋三乙醇胺
适宜掺量	氯化钙1%~2%；硫酸钠0.5%~2.0%	0.02%~0.05%	2%二水石膏＋1%亚硝酸钠＋0.05%三乙醇胺
作用效果	氯化钙：可使2~3d强度提高40%~100%，7d强度提高25%		能使3d强度提高50%
注意事项	氯盐会锈蚀钢筋，掺量必须符合有关规定	对钢筋无锈蚀作用	早强效果显著，适用于严格禁止使用氯盐的钢筋混凝土

3. 引气剂

引气剂是指在混凝土搅拌过程中，能引入大量分布均匀的微小气泡，以减少混凝土拌合物的泌水、离析，改善和易性，并能显著提高硬化混凝土抗冻性、耐久性的外加剂。目前，应用较多的引气剂为松香热聚物、松香皂和烷基苯磺酸盐等。引气剂的掺量极小，为0.005%~0.010%，引气量为3%~6%。

4. 缓凝剂

能延缓混凝土的凝结时间，并对混凝土后期强度发展无不利影响的外加剂，称为缓凝剂。缓凝剂主要有四类：糖类，如糖蜜；木质素磺酸盐类，如木钙、木钠；羟基羧酸及其盐类，如柠檬酸、酒石酸；无机盐类，如锌盐、硼酸盐等。常用的缓凝剂是木钙和糖蜜，其中糖蜜的缓凝效果最好。

缓凝剂主要用于大体积工程、水工工程、滑模施工、炎热夏季施工的混凝土以及搅拌与浇筑成型时间间隔较长的工程。

5. 速凝剂

能使混凝土速凝，并能改善混凝土与基底黏结性和稳定性的外加剂，称为速凝剂。速凝剂主要用于喷射混凝土、堵漏等。对喷射混凝土的抗渗性、抗冻性有利，但不利于耐腐蚀性。

6. 膨胀剂

膨胀剂是指能使混凝土产生补偿收缩膨胀的外加剂。常用的品种为 U 形（明矾石型）膨胀剂，掺量为 10%～15%。掺量较大时可在钢筋混凝土内产生自应力。掺入后对混凝土力学性能影响不大，可提高抗渗性，并使抗裂性大幅度提高。

六、混凝土掺合料

在混凝土拌合物制备时，为了节约水泥、改善混凝土性能和调节混凝土强度等级而加入的天然或人造的矿物材料，统称为混凝土掺合料。用于混凝土中的掺合料，常见的有磨细的粉煤灰、硅灰、粒化高炉矿渣以及火山灰质（如硅藻土、黏土、页岩和火山凝灰岩）等。

第三节　混凝土的技术性能

混凝土的技术性能主要包含混凝土拌合物的和易性、硬化混凝土的力学性质、混凝土的变形和耐久性。

一、混凝土拌合物的和易性

1. 混凝土拌合物和易性的含义

混凝土拌合物的和易性也称为工作性，是指混凝土拌合物易于施工操作（拌和、运输、浇筑、振捣）且成型后质量均匀、密实的性质，主要包括流动性、黏聚性和保水性三个方面。

（1）流动性：指混凝土拌合物在自身重力或机械振动作用下易于流动、输送、均匀密实充满混凝土模板的性质，对强度有较大的影响。

（2）黏聚性：指混凝土拌合物在施工过程中保持其整体均匀一致的能力。黏聚性好可保证混凝土拌合物在输送、浇灌、成型等过程中不发生分层、离析，即保证硬化后混凝土内部结构均匀。此项性质对混凝土的强度和耐久性有较大的影响。

（3）保水性：指混凝土拌合物在施工过程中保持水分的能力。保水性好可保证混凝土拌合物在输送、成型及凝结过程中不发生大的或严重的泌水。保水性对混凝土的强度和耐久性有较大的影响。

2. 新拌混凝土和易性的测定方法

目前，仅能测定混凝土拌合物在自重作用下的流动性，而黏聚性和保水性则凭经验观察和评定。混凝土拌合物流动性的测定方法有坍落度法和维勃稠度法。

（1）坍落度法。坍落度法只适用于集料公称最大粒径不大于 31.5 mm、坍落度大于 10 mm 的混凝土的坍落度测定。按规定拌和混凝土混合料，将坍落度筒按要求润湿，然后分三层将拌合物装入筒内，每层装料高度为筒高的 1/3，每层用捣棒捣实 25 次，装满刮平后，立即将筒垂直提起，提筒在 5～10 s 内完成。新拌混凝土拌合物在自重作用下的坍落高度 H(mm)即坍落度，以此作为流动性指标，如图 5-3 所示。

试验的同时，还需观察稠度、含砂情况、黏聚性、保水性，以评定新拌混凝土的和易性。

(2)维勃稠度法。维勃稠度法只适用于集料公称最大粒径不大于 31.5 mm 及维勃稠度时间在 5～30 s 的干硬性混凝土的稠度测定。测定方法是将坍落度筒放在直径为 240 mm、高为 200 mm 的圆筒中，圆筒安装在专用的振动台上，按坍落度试验方法将新拌混凝土装于坍落度筒中，小心垂直提起坍落度筒，在新拌混凝土顶上置一透明圆盘，开动振动台并记录时间，从开始振动至透明圆盘底面布满水泥浆的瞬间所经历时间，即新拌混凝土的维勃稠度值，以 s 计。维勃稠度试验仪如图 5-4 所示。

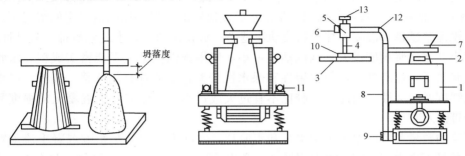

图 5-3　坍落度测定　　　　　图 5-4　维勃稠度试验仪

1—容器；2—坍落度筒；3—圆盘；4—滑棒；5—套筒；
6，13—螺栓；7—漏斗；8—支柱；9—定位螺丝；
10—荷重；11—元宝螺丝；12—旋转架

3. 新拌混凝土流动性(坍落度)的选择

混凝土的坍落度宜根据构件截面尺寸大小、钢筋的疏密程度和施工工艺等要求确定。流动性大的混凝土拌合物，虽施工容易，但水泥浆用量多，不利于节约水泥，易产生离析和泌水现象，对硬化后混凝土的性质不利；流动性小的混凝土拌合物，施工较困难，但水泥浆用量少有利于节约水泥，对硬化后混凝土的性质较为有利。因此，在不影响施工操作和保证密实成型的前提下，应尽量选择较小的流动性。对于混凝土结构断面较大、配筋较疏且采用机械振捣的，应尽量选择流动性小的混凝土。依据《混凝土结构工程施工质量及验收规范》(GB 50204—2015)，坍落度可参照表 5-12 选用。

表 5-12　混凝土浇筑入模时的坍落度

结构类别	坍落度(振动器振动)/mm
小型预制块及便于浇筑振动的结构	0～20
桥涵基础、墩台等无筋或少筋的结构	10～30
普通配筋率的钢筋混凝土结构	30～50
配筋较密、断面较小的钢筋混凝土结构	50～70
配筋极密、断面高而窄的钢筋混凝土结构	70～90

注：1. 本表建议的坍落度未考虑掺用外加剂而产生的作用。
　　2. 水下混凝土、泵送混凝土的坍落度不在此列。
　　3. 用人工捣实时，坍落度宜增加 20～30 mm。
　　4. 浇筑较高结构物混凝土时，坍落度宜随混凝土浇筑高度上升而分段变动。

4. 新拌混凝土和易性的影响因素

(1)水泥浆的用量。水泥浆包裹集料表面、填充集料间空隙的同时应略有富余，以使混凝土拌合物具有一定的流动性。在水胶比一定的条件下，水泥浆用量越多则流动性越大，但水泥浆过多会造成混凝土拌合物流浆、泌水、分层和离析，使黏聚性和保水性变差，混凝土的强度和耐久性降低；若水泥浆用量过少，则无法很好地包裹集料表面及填充集料间空隙，会造成混凝土拌合物崩塌，失去稳定性。因此，水泥浆的数量应以满足流动性为宜。

(2)水泥浆的稠度。水泥浆的稠度是由水胶比决定的。在水泥用量一定的情况下，水胶比越小，水泥浆越稠，混凝土拌合物流动性越小；水胶比越大，水泥浆越稀，流动性越大；水胶比过小，水泥浆稠度过大，则流动性过小，使得难以成型或不能密实成型。水胶比过大则水泥浆较稀，流动性大，但黏聚性和保水性较差，会使拌合物流浆、离析，严重影响混凝土的强度及耐久性。因此，水胶比不宜过大或过小，一般应根据混凝土的强度和耐久性选择合理的水胶比。

水泥浆的数量和稠度取决于用水量和水胶比。实际上用水量是影响混凝土流动性最大的因素，并且当用水量一定，水泥用量适当变化(增减$50\sim100\ kg/m^3$)时，基本上不影响混凝土拌合物的流动性，即流动性基本上保持不变。这种关系称为固定用水量法则。由此可知，在用水量相同的情况下，采用不同的水胶比可配制出流动性相同而强度不同的混凝土。该法则在配合比的调整中会经常用到。用水量可根据集料的品种与规格及要求的流动性，参考表 5-25、表 5-26 选取。

(3)砂率。砂率是指砂用量与砂、石总用量的质量百分率。砂率过大则集料的比表面积和空隙率小，在水泥浆数量一定时，相对减小了起到润滑集料作用的水泥浆层厚度，使流动性减小。砂率过小，集料的空隙率大，混凝土拌合物中砂浆数量不足，造成流动性变差，特别是黏聚性和保水性很差，即易崩坍、离析，此外对混凝土的强度及耐久性也不利。合理的砂率应是砂子体积填满石子的空隙后略有富余，此时可获得最大的流动性和良好的黏聚性与保水性，或在流动性一定的情况下可获得最小的水泥用量。砂率对坍落度的影响如图 5-5(水与水泥用量一定)所示。

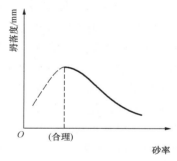

图 5-5　砂率与坍落度的关系

合理砂率可通过集料的品种(碎石、卵石)和规格(最大粒径、细度模数)以及水胶比参照表 5-22 确定。工程量较大时，应通过试验确定，以节约水泥用量和提高流动性。

(4)原材料的品种、规格、质量。采用卵石、河砂时，混凝土拌合物的流动性优于碎石、破碎砂、山砂拌和的混凝土。

水泥品种对流动性也有一定的影响，但相对较小。水泥品种对保水性的影响较大，如矿渣水泥的泌水性大。

(5)时间和温度。新拌混凝土随时间推移，部分拌合水蒸发或被集料吸收，同时水泥水化进而导致混凝土拌合物变稠，流动性变小，造成坍落度损失，影响混凝土施工质量。

新拌混凝土的和易性还受温度的影响，在不同施工环境温度下会发生变化。尤其是当前推广使用的商品混凝土，需经过长距离的运输才能到达施工面，在这个过程中，空气湿度、温度、风速均会导致混凝土拌合物的和易性因失水而产生变化。

(6)外加剂与掺合材料。使用外加剂，可在不增加用水量及水泥用量的前提下，有效地改善新拌混凝土的和易性，同时提高混凝土的强度和耐久性，如减水剂等。

掺加粉煤灰、矿粉等混合材料时，也可改善混凝土拌合物的和易性。

5. 新拌混凝土和易性的改善措施

根据影响新拌混凝土和易性的因素，可采取以下措施改善新拌混凝土的和易性。

(1)调节材料组成。在保证混凝土强度、耐久性和经济性的前提下，合理调整配合比，使之具有较好的和易性。

(2)掺加外加剂(如减水剂、引气剂等)。合理地利用外加剂，改善混凝土的和易性。

(3)提高振捣机械的效能。振捣效能的提高，可降低施工条件对混凝土拌合物和易性的要求，因而保持原有和易性也能达到捣实的性能。

二、硬化混凝土的力学性质

1. 强度简介

强度是混凝土凝结、硬化后的主要力学性能，按我国《普通混凝土力学性能试验方法标准》(GB/T 50081—2002)规定，混凝土强度包括立方体抗压强度、轴心抗压强度和立方体劈裂抗拉强度等。

(1)立方体抗压强度。

1)立方体抗压强度的测定。按标准的制作方法制作边长为 150 mm 的立方体试件，在标准养护条件(温度 20 ℃±2 ℃，相对湿度 95％以上)下，养护至 28 d 龄期，按标准测定方法测得的抗压强度值称为混凝土立方体试件抗压强度，用 f_{cu} 表示，按式(5-2)计算。

$$f_{cu} = \frac{F}{A} \tag{5-2}$$

式中　F——试件破坏荷载(N)；

　　　A——试件承压面积(mm^2)。

以三个试件为一组，以三个试件强度的算术平均值作为强度代表值。

若按非标准尺寸试件测得的立方体抗压强度，应乘以换算系数，见表5-13。

表5-13　试件尺寸及其强度换算系数

试件尺寸/mm	100×100×100	150×150×150	200×200×200
换算系数	0.95	1.00	1.05
最大粒径/mm	≤31.5	≤40.0	≤65.0

2)立方体抗压强度标准值。混凝土立方体抗压强度标准值是指按标准的制作方法制作和养护边长为 150 mm 的立方体试件，在 28 d 龄期，按标准测定方法测得的具有 95％保证率的抗压强度，用 $f_{cu,k}$ 表示。

3)强度等级。混凝土强度等级是根据立方体抗压强度标准值来确定的强度等级表示方法，用符号 C 和立方体抗压强度标准值来表示。例如"C40"即混凝土立方体抗压强度标准值 $f_{cu,k} = 40$ MPa。《混凝土结构设计规范(2015 年版)》(GB 50010—2010)规定，混凝土强度等级分为 C15、C20、C25、C30、C35、C40、C45、C50、C55、C60、C65、C70、C75、C80 十四个强度等级。

(2)轴心抗压强度。混凝土的立方体抗压强度只是评定强度等级的标志，不能直接作为结构设计的依据。为符合实际情况，在结构设计中混凝土受压构件的计算采用混凝土的轴心抗压强度（棱柱体强度）。

按《普通混凝土力学性能试验方法标准》（GB/T 50081—2002）规定，采用尺寸为 150 mm×150 mm×300 mm 的棱柱体作为标准试件，轴心抗压强度（f_{cp}）按式(5-3)计算。一般情况下，轴心抗压强度与立方体抗压强度的比值为 0.7～0.8。

$$f_{cp} = \frac{F}{A} \tag{5-3}$$

式中　F——试件破坏荷载(N)；

　　　A——试件承压面积(mm^2)。

（3）立方体劈裂抗拉强度。混凝土在直接受拉时，很小的变形就会开裂。混凝土抗拉强度只有抗压强度的 1/20～1/10，且随强度等级的提高比值有所降低。因此，混凝土在工作时一般不依靠其抗拉强度，但抗拉强度对开裂有重要意义，是确定混凝土抗裂度的重要指标。

按《普通混凝土力学性能试验方法标准》（GB/T 50081—2002）规定，采用尺寸为 150 mm×150 mm×150 mm 的立方体作为标准试件，在立方体试件中心面内用圆弧状钢垫条辅助上下压板施加两个方向相反、均匀分布的压应力。当压力增大至一定程度时，试件就沿此平面劈裂破坏，这样测得的强度称为立方体劈裂抗拉强度，简称劈拉强度，用 f_{ts} 表示，按式(5-4)计算。

$$f_{ts} = \frac{2F}{\pi A} = \frac{0.637F}{A} \tag{5-4}$$

式中　F——试件破坏荷载(N)；

　　　A——试件承压面积(mm^2)。

2. 影响混凝土强度的因素

（1）水泥强度及水胶比。观察由于受力而破坏的混凝土时，可以发现破坏主要发生于水泥石与集料的界面及水泥石本身，很少见到集料破坏而导致混凝土破坏的现象。进一步观察发现，混凝土在受力前，由于水泥凝结、硬化时产生的收缩受到集料的约束，水泥石产生拉应力，在水泥石与集料的界面上或水泥石本身就已经存在微细的裂缝。同时，由于水泥泌水，在振捣过程中上升的水分受到集料阻止后，会在集料底部形成水隙或裂缝。混凝土受力后，这些微细裂缝逐渐开展、延长并连通，最后使混凝土失去连续性而破坏，如图5-6所示。由此得出结论：混凝土的强度主要取决于水泥石的强度及水泥石与集料的胶结强度。

图5-6　混凝土受压破坏裂缝

水泥的强度反映水泥胶结能力的大小，所以，水泥石及水泥石与集料的胶结强度与水泥强度有关。水泥强度越高，混凝土的强度也越高。当水泥强度等级相同时，随着水胶比的增大，混凝土强度会有规律地降低。

水泥水化所需的水量（即转化为水化物的化学结合水），一般只占水泥质量的 25% 左右，但为了获得必要的流动性，拌混凝土时要加较多的水（一般塑性混凝土的水胶比为 0.4～0.7）。多余的水分形成水泡或蒸发后成为气孔，减小了混凝土承受荷载的有效截面，而且在小孔周围产生应力集中。水胶比大，泌水多，水泥石的收缩也大，集料底部聚集的水分也多，这些都是造成混凝土中微细裂缝的原因。因此，在一定范围内，水胶比越大，混凝土的强度越低。

试验证明，在其他条件相同的情况下，混凝土拌合物能被充分振捣密实时，混凝土的强度随水胶比的增大而有规律地降低；而胶水比（水胶比的倒数）增大时，强度也随之提高，二者呈直线关系，如图 5-7 所示。但若水胶比过小，水泥浆过于干稠，在一定的振捣条件下，混凝土无法振实，强度反而降低，如图 5-7(a) 中虚线所示。

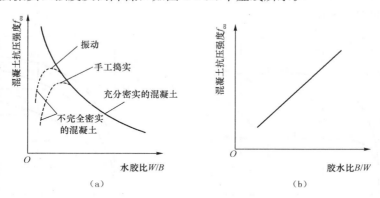

图 5-7　混凝土强度与水胶比的关系
(a)强度与水胶比的关系；(b)强度与胶水比的关系

根据大量的试验，可以得到混凝土强度与水泥强度及水胶比关系的经验公式（又称为鲍罗米公式）：

$$f_{cu} = \alpha_a f_{ce} \left(\frac{B}{W} - \alpha_b \right) \qquad (5-5)$$

式中　f_{cu}——混凝土 28 d 龄期的抗压强度(MPa)；

　　　f_{ce}——水泥 28 d 抗压强度实测值，当无实测资料时，在水泥的有效期（3 个月）内，可按 $f_{ce} = \gamma_c f_{ce,g}$ 计算，$f_{ce,g}$ 为水泥的强度等级值，γ_c 为水泥强度等级值的富裕系数，可按实际统计资料确定；

　　　$\frac{B}{W}$——胶水比；

　　　α_a，α_b——经验系数，与集料种类、水泥品种等有关。有条件时可以通过试验测定，无试验条件时，可采用以下数值：碎石混凝土：$\alpha_a = 0.53$，$\alpha_b = 0.20$；卵石混凝土：$\alpha_a = 0.49$，$\alpha_b = 0.13$［根据《普通混凝土配合比设计规程》(JGJ 55—2011)］。

利用以上经验公式可以解决两类问题：一是已知水泥强度等级及水胶比，推算混凝土的 28 d 抗压强度；二是已知水泥强度等级及要求的混凝土强度等级来估算应采用的水胶比。

（2）集料种类及级配。碎石表面粗糙，有棱角，与水泥的胶结力较强，而且相互之间有嵌固作用，所以，在其他条件相同时，碎石混凝土的强度高于卵石混凝土。当集料中有害杂质含量过多且质量较差时，会使混凝土的强度降低。

（3）养护条件（温度、湿度）。混凝土拌合物浇捣完毕后，必须保持适当的湿度和温度，使水泥充分水化，以保证混凝土的强度不断提高。

混凝土浇筑后，必须有较长时间在潮湿环境下养护。当湿度适当时，水泥水化才能顺利进行，混凝土强度才能充分发展；如果湿度不够，混凝土会失水干燥，影响水泥水化正常进行甚至停止水化。这会严重降低混凝土的强度，同时因为水泥水化未完成，使混凝土结构疏松，渗水性增大或产生干缩裂缝，从而影响混凝土的耐久性。具体影响规律如图5-8所示。

一般来说，水泥水化和混凝土强度发展的速度随环境温度的上升而增加，如图5-9所示。当温度降至0℃时，混凝土中水分大部分结冰，水泥水化基本停止，混凝土强度停止增长，严重时由于孔隙内水分结冰引起体积膨胀，特别是水化初期，混凝土强度较低时，遭遇严寒会引起混凝土崩溃。

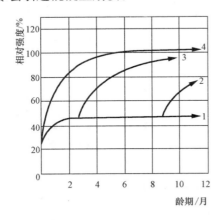

图 5-8　湿度条件对混凝土强度的影响

1—空气中养护；2—九个月后水中养护；
3—三个月后水中养护；4—标准湿度下养护

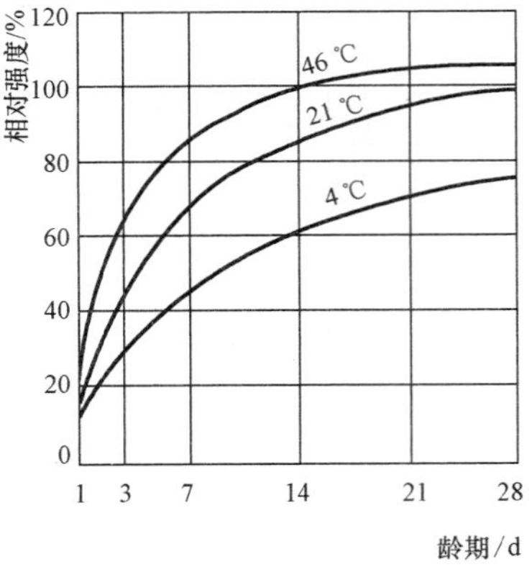

图 5-9　养护温度对混凝土强度的影响

（4）龄期。混凝土在正常养护条件下，强度随龄期的增长而增长，初期增长较快，后期增长缓慢，但在空气中养护时，后期强度会略有降低。

在标准养护条件下，混凝土强度与龄期的对数大致成正比，如图5-10所示。工程中常利用这一关系，根据混凝土早期强度估算其后期强度，具体关系式见式(5-6)。

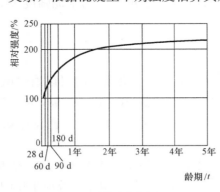

龄期为常数坐标　　　　　　　　　龄期为对数坐标

图 5-10　混凝土强度与龄期关系

$$f_n = f_{28} \cdot \frac{\lg n}{\lg 28} \tag{5-6}$$

式中　　f_n——n d 龄期的混凝土抗压强度(MPa)；

f_{28}——28 d 龄期的混凝土抗压强度(MPa)；

n——养护龄期(d)，$n \geqslant 3$。

(5)试验条件。同一批次混凝土，如果试验条件不同，所测得的混凝土强度值仍会有所差异，试验条件主要是指试件形状与尺寸、试件湿度、试件温度、支承条件和加载方式等。一般情况下，试件尺寸越大，测得的强度值越小；试件表面与压板之间摩擦越小，测得的强度值越小；加荷速度越快，测得的强度越大。

【知识链接】

环箍效应

测定混凝土立方体试件抗压强度，也可以按粗集料最大粒径的尺寸选用不同试件的尺寸。但是试件尺寸不同、形状不同，会影响试件的抗压强度测定结果。因为混凝土试件在压力机上受压时，在沿加荷方向发生纵向变形的同时，也按泊松比效应产生横向膨胀。而钢制压板的横向膨胀较混凝土小，因而在压板与混凝土试件受压面形成摩擦力，对试件的横向膨胀起着约束作用，这种约束作用称为"环箍效应"。

3. 提高混凝土强度的措施

(1)采用高强度等级或早强型水泥。在混凝土配合比相同的条件下，水泥强度等级越高，混凝土 28 d 龄期的强度值就越大；采用早强型水泥可提高混凝土的早期强度，加快施工进程。

(2)采用较小的水胶比，增加混凝土密实度。降低水胶比，增加混凝土的密实度，则混凝土的强度明显提高；但降低水胶比会导致混凝土拌合物的和易性降低，因此，必须有相应的技术措施配合，如采用机械强力振捣、掺加提高和易性的外加剂等。

(3)采用蒸汽养护、蒸压养护。蒸汽养护是将混凝土放在温度低于 100 ℃的常压蒸汽中养护，一般混凝土经过 16～20 h 蒸汽养护后，其强度可达正常混凝土 28 d 强度的 70%～80%。蒸汽养护最适宜的温度随水泥品种不同而变化，用普通水泥时，最适宜温度为 80 ℃左右，而用矿渣水泥和火山灰水泥时，则为 90 ℃左右。蒸汽养护方法主要用于提高混凝土的早期强度。

蒸压养护是将浇筑完的混凝土构件静停 8～10 h 后，放入蒸压釜内，通入高温高压饱和蒸汽养护使水泥水化加速、硬化加快，提高混凝土强度。

(4)掺加外加剂。在混凝土中掺加外加剂可改善混凝土的技术性质。掺加早强剂可以提高混凝土的早期强度。掺加减水剂可减少混凝土拌合物的用水量，降低水胶比，提高混凝土的强度。还可采取掺加细度大且活性高的混合材料(如硅灰、粉煤灰、磨细矿渣粉等)或树脂，并严格控制混凝土的施工工艺等措施。

(5)采用机械搅拌、振捣成型。机械施工更有利于混凝土拌合物均匀及流动性增大，以更好地充满模板，提高混凝土的密实度和强度。在水胶比较小的情况下，效果显著。

【知识链接】

同条件养护是指试块和构件在同样温度、湿度环境下进行养护，作为构件的拆模、出池、出厂、吊装、张拉、放张、临时负荷和继续施工及结构验收的依据。同条件养护试件应在达到等效养护龄期时进行强度试验，等效养护龄期可取按日平均温度逐日累计达到 600 ℃时所对应的龄期，0 ℃及以下温度不计入；等效养护龄期不应小于 14 d，也不宜大于 60 d。

自然养护是在室外自然环境中(自然温湿度条件下)养护,但混凝土表面要洒水或覆盖保湿材料,防止水分从混凝土表面蒸发损失。

三、混凝土的变形

混凝土在凝结硬化过程中,受各种因素作用,会产生各种变形。混凝土的变形直接影响混凝土的强度及耐久性,特别是对裂缝的产生有直接的影响。硬化后混凝土的变形主要包含非荷载作用下的化学收缩、干湿变形、温度变形以及荷载作用下的弹-塑性变形和徐变。

1. 非荷载作用变形

(1)化学收缩。混凝土在硬化过程中,由于水泥水化产物平均密度比反应前物质的平均密度大些,因而混凝土产生收缩,称为化学收缩。其特点是收缩量随混凝土龄期的延长而增加,在 40 d 左右趋于稳定,化学收缩是不可恢复的,一般对结构没什么影响。

(2)干湿变形。这种变形主要表现为干缩湿胀。混凝土在干燥空气中硬化时,随着水分逐渐蒸发,体积逐渐发生收缩;当在水中或潮湿环境中养护时,混凝土干缩将随之减少或产生微膨胀。干缩的主要危害是引起混凝土表面开裂,使混凝土的耐久性受损。干缩主要与水胶比,水泥用量或砂、石用量,集料的质量(杂质多少、级配好坏等)和规格(大小或粗细),养护温度和湿度,特别是与养护初期的湿度等有关。此外与水泥品种、强度等级、细度等也有一定的关系。因此,可通过调整集料级配、增大粗集料的粒径或减少水泥浆用量、适当选择水泥品种以及采用振动捣实、早期养护等措施来降低混凝土的干缩值。

(3)温度变形。混凝土具有热胀冷缩的性能。混凝土的温度膨胀系数为$(1.0 \sim 1.5) \times 10^{-5}/℃$,即温度每升高 1 ℃,每米胀缩 $1.0 \sim 1.5$ mm。温度变形包括两个方面:一方面是混凝土在正常使用情况下的温度变形;另一方面是混凝土在成型和凝结硬化阶段由于水化热引起的温度变形。温度变形对于大体积混凝土工程、纵向很长的混凝土结构及大面积混凝土工程极为不利,容易引起混凝土温度裂缝。为避免这种危害,对于上述混凝土工程,应尽量降低其内部热量,如选用低热水泥、减少水泥用量、掺加缓凝剂及采用人工降温等。对纵向或面积大的混凝土结构,应设置伸缩缝。

2. 荷载作用变形

(1)弹-塑性变形与弹性模量。混凝土是一种弹-塑性体,在持续荷载作用下,既产生弹性变形,也产生塑性变形,即应力与应变为曲线关系,而非直线关系,但在应力较小时近似为直线关系,如图 5-11 所示。

混凝土在弹性变形阶段,其应力和应变成正比例关系,其比例系数称为弹性模量。计算钢筋混凝土结构的变形、裂缝开展及大体积混凝土的温度应力时,均需用到混凝土的弹性模量。混凝土强度越高、集料含量越多且弹性模量越大,则混凝土的弹性模量越高;混凝土的水胶比较小、养护得较好、龄期较长,则混凝土的弹性模量较大。

(2)徐变。混凝土在长期恒定荷载作用下,沿受力方向随时间而增加的塑性变形称为徐变。徐变初期增长较快,以后逐渐变慢,2~3 年后,徐变才趋于稳

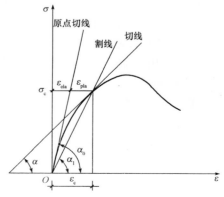

图 5-11 混凝土应力-应变曲线

定。产生徐变的原因一般被认为是水泥石中凝胶体在长期荷载作用下产生黏性流动，使凝胶孔中的水向毛细孔迁移。混凝土的徐变与许多因素有关，混凝土水胶比大，龄期短，徐变大；荷载应力大，徐变大；混凝土水泥用量多时，徐变大；混凝土弹性模量小，徐变大。徐变对结构物的影响既有利又有弊，有利的是它可以减弱钢筋混凝土内的应力集中，使应力重新分布，并能减小大体积混凝土的温度应力；不利的是，它会使预应力钢筋混凝土的预加应力受到损失。

四、混凝土的耐久性

混凝土的耐久性是指在外部和内部不利因素的长期作用下，混凝土保持其原有设计性能和使用功能的性质，是混凝土结构经久耐用的重要指标。外部因素指的是酸、碱、盐的腐蚀作用，冰冻破坏作用，水压渗透作用，碳化作用，干湿循环引起的风化作用，荷载应力作用和振动冲击作用等。内部因素主要指的是碱-集料反应和自身体积变化。通常用混凝土的抗渗性、抗冻性、抗碳化性能、抗腐蚀性能和碱-集料反应综合评价混凝土的耐久性。

《混凝土结构设计规范(2015 年版)》(GB 50010—2010)对混凝土结构耐久性作了明确界定，共分为五大环境类别，见表 5-14。

表 5-14　混凝土结构耐久性设计的环境类别

环境类别		条件
一		室内干燥环境；永久的无侵蚀性静水浸没环境
二	a	室内潮湿环境；非严寒和非寒冷地区的露天环境；非严寒和非寒冷地区与无侵蚀性的水或土直接接触的环境；寒冷和寒冷地区的冰冻线以下与无侵蚀性的水或土直接接触的环境
	b	干湿交替环境；水位频繁变动区环境；严寒和寒冷地区的露天环境；寒冷和寒冷地区冰冻线以上与无侵蚀性的水或土直接接触的环境
三	a	严寒和寒冷地区冬季水位变动区环境；受除冰盐影响环境；海风环境
	b	盐渍土环境；受除冰盐作用环境；海岸环境
四		海洋环境
五		受人为或自然的侵蚀性物质影响的环境

注：1. 室内潮湿环境是指经常暴露在湿度大于 75％的环境。
2. 严寒和寒冷地区的划分应符合现行国家标准《民用建筑热工设计规范》(GB 50176—2016)的有关规定。
3. 海岸环境为距海岸线 100 m 以内；室内潮湿环境为距海岸线 100 m 以外、300 m 以内，但应考虑主导风向及结构所处迎风、背风部位等因素的影响。
4. 受除冰盐影响环境为受到除冰盐盐雾影响的环境；受除冰盐作用环境指被除冰盐溶液溅射的环境以及使用除冰盐地区的洗车房、停车楼等建筑。

1. 抗渗性

混凝土的抗渗性是指抵抗压力液体渗透作用的能力，是决定混凝土耐久性最主要的技术指标。混凝土抗渗性好、混凝土密实性高，外界腐蚀介质不易侵入混凝土内部，从而抗腐蚀性能就好。同样水不易进入混凝土内部，冰冻破坏作用和风化作用就小。因此混凝土的抗渗性可以认为是混凝土耐久性指标的综合体现。对一般混凝土结构，特别是地下建筑、水池、水塔、水管、水坝、排污管渠、油罐以及港工、海工混凝土结构，更应保证混凝土具有足够的抗渗性能。混凝土的抗渗性能用抗渗等级表示。抗渗等级是根据《普通混凝土长期性能和耐久性能试验方法标准》(GB 50082—2009)的规定，通过试验确定的，分为 P4、P6、P8、P10 和 P12 五个等级，分别表示混凝土能抵抗 0.4 MPa、0.6 MPa、0.8 MPa、1.0 MPa 和 1.2 MPa 的水压力而不渗漏。

水胶比和水泥用量是影响混凝土抗渗透性能的最主要指标。水胶比越大，多余水分蒸发后留下的毛细孔道就越多，也即孔隙率越大，又多为连通孔隙，故混凝土抗渗性能越差。特别是当水胶比大于 0.6 时，抗渗性能急剧下降。因此，为了保证混凝土的耐久性，对水胶比必须加以限制。如某些工程从强度计算出发可以选用较大的水胶比，但为了保证耐久性又必须选用较小的水胶比，此时只能提高强度、服从耐久性要求。为保证混凝土的耐久性，水泥用量的多少，在某种程度上可由水胶比表示。因为混凝土达到一定流动性的用水量基本一定，水泥用量少，即水胶比大。我国《普通混凝土配合比设计规程》(JGJ 55—2011)对混凝土工程最大水胶比和最小水泥用量的限制条件见表 5-15、表 5-16。

2. 抗冻性

混凝土抗冻性是指混凝土在吸水饱和状态下，能经受多次冻融循环而不破坏，同时也不严重降低其各种性能的能力，用抗冻等级来表示。混凝土抗冻等级是以 100 mm×100 mm×400 mm 的棱柱体作为标准试件，养护 28 d 吸水饱和后，于(−18±2) ℃～(−5±2) ℃的条件下快速冻结和融化循环，以抗压强度损失不超过 25%，且质量损失不大于 5%时所能抵抗的最多冻融循环次数来确定。混凝土抗冻等级用 F 表示，共有 F10、F15、F25、F50、F100、F150、F200、F250、F300 九个级别，即抗压强度损失不超过 25%，且质量损失不大于 5%时可承受最大冻融循环次数为 10、15、25、50、100、150、200、250 和 300 次。

3. 抗侵蚀性

抗侵蚀性主要与所用水泥品种、混凝土的孔隙率，特别是开口孔隙率有关。

4. 抗碳化性

混凝土的碳化是指空气中二氧化碳与水泥石中氢氧化钙的作用，反应的产物是碳酸钙和水。碳化过程是二氧化碳由表及里向混凝土内部扩散的过程，在相对湿度为 50%～75%时碳化速度最快。碳化会降低碱度，减弱混凝土对钢筋的保护作用，另外还会增加混凝土的体积收缩，导致混凝土表面产生应力而出现微裂缝，从而降低混凝土抗拉、抗折及抗渗能力。

混凝土碳化速度与环境二氧化碳浓度、水胶比、水泥品种、环境湿度等因素相关。为提高混凝土抗碳化能力可采取以下措施：合理选择水泥品种；采用较小水泥用量及水胶比；使用减水剂等外加剂，改善孔隙结构；保证振捣质量，加强养护以提高密实度。

5. 碱-集料反应

水泥中的碱(Na_2O、K_2O)与集料中的活性 SiO_2 发生化学反应，在集料表面生成复杂的碱-硅酸凝胶，吸水、体积膨胀(体积可增加 3 倍以上)，从而导致混凝土产生膨胀开裂而破坏，这种现象称为碱-集料反应。碱-集料反应是引发混凝土破损的主要原因之一，会导致混凝土的开裂和破坏，并且这种破坏会继续发展下去，维修困难。

碱-集料反应必须具备三个条件：混凝土中集料具有活性；混凝土中含有一定量可溶性碱；有一定湿度。

为防止碱-集料反应的危害，现行规范规定：应使用含碱量低于 0.6% 的水泥，或采用抑制碱-集料反应的掺合料；当使用含钾、钠离子的混凝土外加剂时，必须进行专门试验。

6. 提高耐久性的措施

耐久性影响因素很多，主要包含材料本身的性质以及混凝土的密实度、强度等。故可采取以下措施来提高混凝土的耐久性：

(1)合理选择水泥品种或强度等级，适量掺加活性混合材料，以有利于抗冻性、抗渗性、耐磨性、抗碳化性和抗侵蚀性等。

(2)采用较小的水胶比，限制最大水胶比和最小水泥用量，以保证混凝土的孔隙率较小，见表 5-15 和表 5-16。

(3)采用杂质少、粒径较大、级配好、坚固性好的砂、石。

(4)掺加减水剂和引气剂。

(5)加强养护，特别是早期养护。

(6)采用机械施工，改善施工操作方法。

其中一类、二类和三类环境中，设计使用年限为 50 年的结构混凝土应符合表 5-15 中的规定。

表 5-15　混凝土结构材料的耐久性基本要求

环境类别		最大水胶比	最低强度等级	最大氯离子含量/%	最大碱含量/(kg·m^{-3})
一		0.60	C20	0.30	不限制
二	a	0.55	C25	0.20	3.0
	b	0.50(0.55)	C30(C25)	0.15	
三	a	0.45(0.50)	C35(C30)	0.15	
	b	0.40	C40	0.10	

注：1. 预应力构件混凝土中的氯离子含量不得超过 0.06%，最低混凝土强度等级应按表中规定提高两个等级。
　　2. 素混凝土构件的水胶比及最低强度等级的要求可适当放松。
　　3. 有可靠的工程经验时，二类环境中的最低混凝土强度等级可降低一个等级。
　　4. 处于严寒和寒冷地区二 b、三 a 类环境中的混凝土应使用引气剂，并可采用括号中的有关参数。
　　5. 当使用非碱活性集料时，对混凝土中的碱含量可不作限制。
　　6. 氯离子引起的钢筋电化学腐蚀是混凝土结构最严重的耐久性问题，氯离子能破坏钢筋表面钝化膜而引起钢筋局部腐蚀，对腐蚀过程具有催化作用。

《普通混凝土配合比设计规程》(JGJ 55—2011)规定，除配间 C15 及其以下强度等级的混凝土外，混凝土最小胶凝材料用量应符合表 5-16 中的规定。

表 5-16　混凝土最小胶凝材料用量

最大水胶比	最小胶凝材料用量/(kg·m⁻³)		
	素混凝土	钢筋混凝土	预应力混凝土
0.60	250	280	300
0.55	280	300	300
0.50	320		
≤0.45	330		

第四节　普通混凝土的质量控制与评定

混凝土的质量是影响钢筋混凝土结构可靠性的一个重要因素，为保证结构可靠地使用，必须对混凝土的生产和合格性进行控制。生产控制是对混凝土生产过程中的各个环节进行有效质量控制，以保证产品质量可靠。合格性控制是对混凝土质量进行准确判断，目前采用的是数理统计的方法，通过对混凝土强度的检验评定来完成。

一、混凝土生产的质量控制

混凝土的生产是配合比设计、配料搅拌、运输浇筑、振捣养护等一系列过程的综合。要保证生产出的混凝土质量合格，必须在各个环节给予严格的质量控制。

1. 原材料的质量控制

混凝土是由多种材料混合制作而成的，任何一种组成材料的质量偏差或不稳定都会造成混凝土整体质量的波动。水泥要严格按其技术质量标准进行检验，并按有关条件进行品种的合理选用，特别要注意水泥的有效期；粗、细集料应控制其杂质和有害物质含量，若不符合要求应经处理并检验合格后方能使用；采用天然水现场进行拌和的混凝土，对拌和用水的质量应按标准进行检验。水泥、砂、石、外加剂等主要材料应检查产品合格证、出厂检验报告或进场复验报告。

2. 配合比设计的质量控制

混凝土应按行业标准《普通混凝土配合比设计规程》(JGJ 55—2011)的有关规定，根据混凝土的强度等级、耐久性与和易性等要求进行配合比设计。首次使用的混凝土配合比应进行开盘鉴定，其和易性应满足设计配合比的要求。开始生产时应至少留置一组标准养护试件，作为检验配合比的依据。混凝土拌制前，应测定砂、石含水率，根据测试结果及时调整材料用量，提出施工配合比。生产时应检验配合比设计资料、试件强度试验报告、集料含水率测试结果和施工配合比通知单。

3. 生产、使用、养护等过程的控制

混凝土的原材料必须称量准确，每盘称量的允许偏差应控制在水泥、掺合料±2%，粗、细集料±3%，水、外加剂±1%。每工作班抽查不少于一次，各种衡器应定期检验。

混凝土运输、浇筑完毕后，应按施工技术方案及时采取有效的养护措施，应随时观察并检查施工记录。

混凝土的运输、浇筑及间歇的全部试件不应超过混凝土的初凝时间。要实际观察、检查施工记录。在运输、浇筑过程中要防止离析、泌水、流浆等不良现象发生，并分层按顺序振捣，严防漏振。

混凝土浇筑完毕后，应按施工技术方案及时采取有效的养护措施，应随时观察并检查施工记录。

二、混凝土的质量评定

在混凝土施工中，既要保证混凝土达到设计要求的性能，又要保持其质量的稳定性。但实际上，混凝土的质量不可能是均匀稳定的。造成其质量波动的因素比较多：水泥、集料等原材料质量的波动；原材料计量的误差；水胶比的波动；搅拌、浇筑、振捣和养护条件的波动；取样方法、试件制作、养护条件和试验操作等因素。

在正常施工条件下，这些影响因素是随机的，混凝土的性能也是随机变化的，因此，可采用数理统计方法来评定混凝土强度和性能是否达到质量要求。混凝土的抗压强度与其他性能有较好的相关性，能反映混凝土的质量，所以通常是以混凝土抗压强度作为评定混凝土质量的一项重要指标。

1. 混凝土强度的波动规律

在施工条件一定的情况下，对同一批混凝土进行随机抽样，制作成型，养护 28 d，测其抗压强度并绘出强度概率分布曲线，该曲线符合正态分布规律，如图 5-12 所示。正态分布曲线呈钟形，以平均强度为对称轴，两边对称，距对称轴越远，出现的概率越小，最后逐渐趋向于零；在对称轴两侧曲线上各有一个拐点，拐点距对称轴的距离为标准差 σ；曲线和横坐标之间围成的面积为概率总和

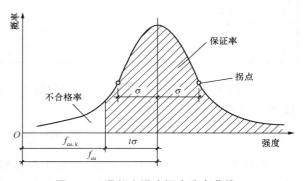

图 5-12　混凝土强度概率分布曲线

（100%）。用数理统计方法评定混凝土质量时，常用强度平均值、标准差、变异系数和强度保证率统计参数进行综合评定。

（1）强度平均值。强度平均值的计算式如下：

$$\mu = \overline{f_{cu}} = \frac{1}{n}\sum_{i=1}^{n} f_{cu,i} \tag{5-7}$$

式中　n——试件组数；

　　　$f_{cu,i}$——第 i 组抗压强度值（MPa）。

强度平均值只能反映该批混凝土总体强度的平均水平，而不能反映混凝土强度波动性的情况。

（2）标准差。标准差的计算式如下：

$$\sigma = \sqrt{\frac{\sum_{i=1}^{n}(f_{cu,i}-\overline{f_{cu}})^2}{n-1}} = \sqrt{\frac{\sum_{i=1}^{n}f_{cu,i}^2 - n\overline{f_{cu}}^2}{n-1}} \tag{5-8}$$

标准差也称为均方差，是评定混凝土质量均匀性的指标。它是强度分布曲线上拐点距

平均强度的差距。σ 值越小，曲线高而窄，说明强度值分布较集中，混凝土质量越稳定，均匀性越好。

（3）变异系数。变异系数计算式如下：

$$C_v = \frac{\sigma}{f_{cu}} \times 100\% \tag{5-9}$$

变异系数又称为离差系数。C_v 也是用来评定混凝土质量均匀性的指标。C_v 数值越小，说明混凝土质量越均匀。

（4）混凝土强度保证率。强度保证率 P 是指混凝土强度总体分布中，强度不低于设计强度等级 $f_{cu,k}$ 的概率，以图 5-12 所示的正态分布曲线的阴影部分面积来表示。由图可知

$$\overline{f}_{cu} = f_{cu,k} + t\sigma \tag{5-10}$$

式中　t——概率度。

由概率度，再根据正态分布曲线可求强度保证率 $P(\%)$，或利用表 5-17 查到 P 值。

$$P = \frac{1}{\sqrt{2\pi}} \int_t^\infty e^{\frac{t^2}{2}} dt \tag{5-11}$$

表 5-17　不同 t 值的保证率

t	0	0.50	0.80	0.84	1.00	1.04	1.20	1.28	1.40	1.50	1.60
$P/\%$	50.0	69.2	78.8	80.0	84.1	85.1	88.5	90.0	91.9	93.3	94.5
t	1.645	1.70	1.75	1.81	1.88	1.96	2.00	2.05	2.33	2.50	3.00
$P/\%$	95.0	95.5	96.0	96.5	97.0	97.5	97.7	98.0	99.0	99.4	99.87

在工程中，P 值可根据统计周期内混凝土试件强度不低于强度等级的组数 N_0 与试件总数 N 之比求得：

$$P = \frac{N_0}{N} \times 100\% \tag{5-12}$$

混凝土的生产质量水平，依据《混凝土强度检验评定标准》(GB/T 50107—2010)的规定，可根据统计周期内混凝土强度标准和试件强度不低于要求强度等级的百分率，按表 5-18 划分为三个等级。

表 5-18　混凝土生产质量水平

生产质量水平		优良		一般		差	
		<C20	≥C20	<C20	≥C20	<C20	≥C20
混凝土强度标准差 $\sigma/(N \cdot mm^{-2})$	预拌混凝土厂和预制混凝土构件厂	≤3.0	≤3.5	≤4.0	≤5.0	>4.0	>5.0
	集中搅拌混凝土的施工现场	≤3.5	≤4.0	≤4.5	≤5.5	>4.5	>5.5
强度不低于要求强度等级的百分率 $P/\%$	预拌混凝土厂和预制混凝土构件厂及集中搅拌混凝土的施工现场	≥95		>85		≤85	

2. 混凝土的配制强度

在配制混凝土时，由于各种因素的影响，混凝土的质量会出现不稳定现象。如果按设计强度等级配制混凝土，从图 5-12 中可知，混凝土强度保证率只有 50%，因此，配制混凝土时，为保证 95% 的强度保证率，必须使混凝土的配制强度大于设计强度。

根据《普通混凝土配合比设计规程》(JGJ 55—2011)规定，混凝土配制强度 $f_{cu,0}$ 应按下

式计算：

$$f_{\mathrm{cu},0}=f_{\mathrm{cu,k}}+1.645\sigma \tag{5-13}$$

（1）当施工单位具有近期同一品种混凝土资料时，混凝土强度标准差 σ 可按式（5-8）求得，且符合表 5-19 中的规定。

表 5-19　强度标准差　　　　　　　　　　　　　　　　MPa

生产场所	强度标准差 σ		
	＜C20	C20～C40	≥C45
预拌混凝土搅拌站 预制混凝土构件厂	≤3.0	≤3.5	≤4.0
施工现场搅拌站	≤3.5	≤4.0	≤4.5

当施工单位无统计资料时，σ 可按表 5-20 取值。

表 5-20　标准差 σ 值　　　　　　　　　　　　　　MPa

混凝土强度标准值	≤C20	C25～C45	C50～C55
σ	4.0	5.0	6.0

（2）当设计强度等级不小于 C60 时，配置强度应按下式确定：

$$f_{\mathrm{cu},0}=1.15f_{\mathrm{cu,k}} \tag{5-14}$$

3. 混凝土强度的评定

根据《混凝土强度检验评定标准》（GB/T 50107—2010），对混凝土强度应分批进行检验评定。一个验收批的混凝土应由强度等级相同、龄期相同以及生产工艺条件和配合比基本相同的混凝土组成。对施工现场的现浇混凝土，应按单位工程的验收项目划分验收批，每个验收项目应按照现行国家标准确定。

（1）统计方法一（已知标准差法）。当混凝土的生产条件在较长时间内能保持一致，且同一品种混凝土的强度变异性能保持稳定时，强度评定应由连续三组试件组成一个验收批，其强度应同时满足下列要求：

$$m_{f_{\mathrm{cu}}}\geq f_{\mathrm{cu,k}}+0.7\sigma_0 \tag{5-15}$$

$$f_{\mathrm{cu,min}}\geq f_{\mathrm{cu,k}}-0.7\sigma_0 \tag{5-16}$$

当混凝土强度等级不高于 C20 时，其强度的最小值尚应满足下式要求：

$$f_{\mathrm{cu,min}}\geq 0.85f_{\mathrm{cu,k}} \tag{5-17}$$

当混凝土强度等级高于 C20 时，其强度最小值尚应满足下式要求：

$$f_{\mathrm{cu,min}}\geq 0.90f_{\mathrm{cu,k}} \tag{5-18}$$

式中　$m_{f_{\mathrm{cu}}}$——同一验收批混凝土立方体抗压强度的平均值（MPa）；

　　　$f_{\mathrm{cu,k}}$——混凝土立方体抗压强度标准值（MPa）；

　　　σ_0——验收批混凝土立方体抗压强度的标准差（MPa）；

　　　$f_{\mathrm{cu,min}}$——同一验收批混凝土立方体抗压强度的最小值（MPa）。

验收批混凝土立方体抗压强度的标准差 σ_0，应根据前一个检验期内同一品种混凝土试件的强度数据，按下列公式计算：

$$\sigma_0 = \sqrt{\sum_{i=1}^{n} \frac{f_{cu,i}^2 - nm_{f_{cu}}^2}{n-1}} \tag{5-19}$$

式中 $f_{cu,i}$——第 i 组混凝土试件的立方体抗压强度值（MPa）；

n——前一检验批内的样本容量。

（2）统计方法二（未知标准差法）。当混凝土的生产条件在较长时间内不能保持一致，且混凝土强度变异性不能保持稳定，或前一个检验期内的同一品种混凝土没有足够的数据以确定验收批混凝土立方体强度的标准差时，应由不少于 10 组的试件组成一个验收批，其强度应同时满足下列要求：

$$m_{f_{cu}} \geqslant f_{cu,k} + \lambda_1 S_{f_{cu}} \tag{5-20}$$

$$f_{cu,min} \geqslant \lambda_2 f_{cu,k} \tag{5-21}$$

式中 $S_{f_{cu}}$——同一验收批混凝土立方体抗压强度标准差（MPa）；

λ_1，λ_2——合格判定系数，按表 5-21 取用。

表 5-21　混凝土强度的合格判定系数

试件组数	10～14	15～19	≥20
λ_1	1.15	1.05	0.95
λ_2	0.90	0.85	

混凝土立方体抗压强度的标准差 $S_{f_{cu}}$ 可按下列公式计算：

$$S_{f_{cu}} = \sqrt{\sum_{i=1}^{n} \frac{f_{cu,i}^2 - nm_{f_{cu}}^2}{n-1}} \tag{5-22}$$

式中 $f_{cu,i}$——第 i 组混凝土试件的立方体抗压强度值（MPa）；

n——试验批混凝土试件的组数。

（3）非统计方法。按非统计方法评定混凝土强度时，其强度应同时满足下列要求：

$$m_{f_{cu}} \geqslant \lambda_3 \cdot f_{cu,k} \tag{5-23}$$

$$f_{cu,min} \geqslant \lambda_4 \cdot f_{cu,k} \tag{5-24}$$

式中 λ_3，λ_4——合格评定系数，按表 5-22 取用。

表 5-22　混凝土强度非统计法合格判定系数

混凝土强度等级	<C60	≥C60
λ_3	1.15	1.10
λ_4	0.95	

（4）混凝土强度的合格性判定。混凝土强度分批检验结果能满足以上评定的规定时，则该批混凝土判为合格；否则为不合格。由不合格批混凝土制成的结构或构件，应进行鉴定。对不合格的结构或构件，必须及时处理。当对混凝土试件强度的代表性有怀疑时，可采用从结构或构件中钻取试件的方法或采用非破损检验方法，按有关标准的规定对结构或构件中混凝土的强度进行推定。

第五节　普通混凝土配合比设计

混凝土配合比设计是混凝土工艺中最重要的项目之一。其目的是在满足工程对混凝土的基本要求的情况下，找出混凝土组成材料间最合理的比例，以便生产出优质而经济的混凝土。混凝土配合比设计包括配合比的计算、试配和调整。

一、普通混凝土配合比设计的基本要求

(1)满足混凝土结构设计的强度等级要求。

(2)满足施工和易性要求。

(3)满足工程所处环境对混凝土耐久性的要求。

(4)满足经济要求，节约水泥，降低成本。

二、普通混凝土配合比设计基本参数的确定

混凝土的配合比设计，实际上就是单位体积混凝土拌合物中水、水泥、粗集料(石子)、细集料(砂)四种材料用量的确定。反映四种组成材料间关系的三个基本参数，即水胶比、单位用水量和砂率一旦确定，混凝土的配合比也就确定了。

1. 水胶比的确定

水胶比的确定，主要取决于混凝土的强度和耐久性。从强度角度看，水胶比应小些，水胶比可根据混凝土的强度公式来确定；从耐久性角度看，水胶比小些，水泥用量多些，混凝土的密度就高，耐久性则优良，这可通过控制最大水胶比和最小水泥用量来满足。由强度和耐久性分别决定的水胶比往往是不同的，此时应取较小值。但在强度和耐久性都已满足的前提下，水胶比应取较大值，以获得较高的流动性。

2. 单位用水量的确定

用水量的多少，是影响混凝土拌合物流动性大小的重要因素。单位用水量在水胶比和水泥用量不变的情况下，实际反映的是水泥浆量与集料用量之间的比例关系。水泥浆量要满足包裹粗、细集料表面并保持足够流动性的要求，但用水量过大，会降低混凝土的耐久性。水胶比在 0.40~0.80 范围内时，考虑粗集料的品种、最大粒径，单位用水量按表 5-25 和表 5-26 确定。

3. 砂率的确定

砂率的大小不仅影响拌合物的流动性，而且对黏聚性和保水性也有很大的影响，因此配合比设计应选用合理的砂率。砂率主要应从满足工作性和节约水泥两个方面考虑。在水胶比和水泥用量(即水泥浆量)不变的前提下，应取坍落度最大而黏聚性和保水性又好的砂率，即合理砂率，这可由表 5-23 初步决定，经试拌调整而最终确定。在工作性满足的情况下，砂率应尽可能取小值，以达到节约水泥的目的。

混凝土配合比的三个基本参数的确定原则，可由图 5-13 表达。

表 5-23　混凝土的砂率

水胶比	卵石最大公称粒径/mm			碎石最大公称粒径/mm		
	10.0	20.0	40.0	16.0	20.0	40.0
0.40	26～32	25～31	24～30	30～35	29～34	27～32
0.50	30～35	29～34	28～33	33～38	32～37	30～35
0.60	33～38	32～37	31～36	36～41	35～40	33～38
0.70	36～41	35～40	34～39	39～44	38～43	36～41

注：1. 本表数值是中砂的选用砂率，对细砂或粗砂，可相应地减小或增大砂率。
　　2. 采用人工砂配制混凝土时，砂率可适当增大。
　　3. 只用一个单粒级粗集料配制混凝土时，砂率应适当增大。

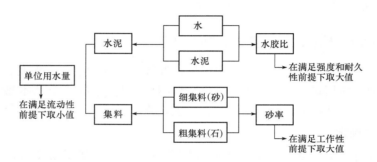

图 5-13　混凝土配合比设计的三个基本参数及确定原则

三、普通混凝土配合比设计的步骤

混凝土的配合比设计是一个计算、试配、调整的复杂过程，大致可分为四个设计阶段：首先，根据配合比设计的基本要求和原材料技术条件，利用混凝土强度经验公式和图表进行计算，得出"计算配合比"；其次，通过试拌、检测，进行和易性调整，得出满足施工要求的"试拌配合比"；再次，通过对水胶比微量调整，得出既满足设计强度又比较经济合理的"设计配合比"；最后，根据现场砂、石的实际含水率，对设计配合比进行修正，得出"施工配合比"。具体步骤如下。

(一)通过计算，确定计算配合比

计算配合比，是指按原材料性能、混凝土技术要求和施工条件，利用混凝土强度经验公式和图表进行计算所得到的配合比。

1. 确定混凝土配制强度

(1)混凝土配制强度应按下列规定确定：

1)当混凝土的设计强度等级小于 C60 时，配制强度应按下式确定：

$$f_{cu,0} \geqslant f_{cu,k} + 1.645\sigma \tag{5-25}$$

式中　$f_{cu,0}$——混凝土配制强度(MPa)；

　　　$f_{cu,k}$——混凝土立方体抗压强度标准值(MPa)，即混凝土的设计强度等级；

　　　σ——混凝土强度标准差(MPa)。

2)当混凝土的设计强度等级不小于 C60 时，配制强度应按下式确定：

$$f_{cu,0} \geqslant 1.15 f_{cu,k} \qquad (5\text{-}26)$$

（2）混凝土强度标准差应按下列规定确定：

1）当具有近 1～3 个月的同一品种、同一强度等级混凝土的强度资料，且试件组数不小于 30 时，其混凝土强度标准差 σ 应按下式计算：

$$\sigma = \sqrt{\frac{\sum\limits_{i=1}^{N} f_{cu,i}^2 - n m_{f_{cu}}^2}{n-1}} \qquad (5\text{-}27)$$

式中　σ——混凝土强度标准差；

　　　$f_{cu,i}$——第 i 组的试件强度（MPa）；

　　　$m_{f_{cu}}$——n 组试件的强度平均值（MPa）；

　　　n——试件组数。

对于强度等级不大于 C30 的混凝土，当混凝土强度标准差计算值不小于 3.0 MPa 时，应按式（5-27）的计算结果取值；当混凝土强度标准差计算值小于 3.0 MPa 时，应取 3.0 MPa。

对于强度等级大于 C30 且小于 C60 的混凝土，当混凝土强度标准差计算值不小于 4.0 MPa 时，应按式（5-27）的计算结果取值；当混凝土强度标准差计算值小于 4.0 MPa 时，应取 4.0 MPa。

2）当没有近期的同一品种、同一强度等级混凝土强度资料时，其强度标准差 σ 可按表 5-20 取值。

2. 确定水胶比

混凝土强度等级小于 C60 时，混凝土水胶比按下式计算：

$$W/B = \frac{\alpha_a f_b}{f_{cu,0} + \alpha_a \alpha_b f_b} \qquad (5\text{-}28)$$

式中　α_a，α_b——回归系数，应根据工程所使用的水泥、集料，通过试验建立的水胶比与混凝土强度关系式确定。当不具备试验统计资料时，回归系数可取：碎石，$\alpha_a = 0.53$，$\alpha_b = 0.20$；卵石，$\alpha_a = 0.49$，$\alpha_b = 0.13$；

　　　$f_{cu,0}$——混凝土的试配强度（MPa）；

　　　f_b——胶凝材料 28 d 胶砂抗压强度，可实测（MPa）；当无实测值时，f_b 可按下式确定：

$$f_b = \gamma_f \gamma_s f_{ce} \qquad (5\text{-}29)$$

式中　γ_f，γ_s——粉煤灰影响系数和粒化高炉矿渣粉影响系数，可按表 5-24 确定；

　　　f_{ce}——水泥 28 d 胶砂抗压强度（MPa），可实测，也可根据 3 d 强度或快测强度推定 28 d 强度关系式得出。

表 5-24　粉煤灰影响系数（γ_f）和粒化高炉矿渣粉影响系数（γ_s）

种类 掺量/%	粉煤灰影响系数 γ_f	粒化高炉矿渣粉影响系数 γ_s
0	1.00	1.00
10	0.85～0.95	1.00

种类 掺量/%	粉煤灰影响系数 γ_f	粒化高炉矿渣粉影响系数 γ_s
20	0.75～0.85	0.95～1.00
30	0.65～0.75	0.90～1.00
40	0.55～0.65	0.80～0.90
50	—	0.70～0.85

注：1. 采用Ⅰ级、Ⅱ级粉煤灰宜取上限值。
　　2. 采用 S75 级粒化高炉矿渣粉宜取下限值，采用 S95 级粒化高炉矿渣粉宜取上限值，采用 S105 级粒化高炉矿渣粉可取上限值加 0.05。
　　3. 当超出表中的掺量时，粉煤灰和粒化高炉矿渣粉影响系数应经试验确定。

【提示】 计算出的水胶比，应小于规定的最大水胶比。若计算得出的水胶比大于最大水胶比，则取最大水胶比，以保证混凝土的耐久性。

3. 确定用水量 m_{w0} 和外加剂用量（m_{a0}）

（1）干硬性和塑性混凝土用水量的确定。混凝土水胶比在 0.40～0.80 范围时，可按表 5-25 和表 5-26 选取；混凝土水胶比小于 0.40 时，可通过试验确定。

表 5-25　干硬性混凝土的用水量　　　　　　　　　　　kg/m³

拌合物稠度		卵石最大粒径/mm			碎石最大粒径/mm		
项目	指标	10.0	20.0	40.0	16.0	20.0	40.0
维勃稠度/s	16～20	175	160	145	180	170	155
	11～15	180	165	150	185	175	160
	5～10	185	170	155	190	180	165

表 5-26　塑性混凝土的用水量　　　　　　　　　　　kg/m³

拌合物稠度		卵石最大粒径/mm				碎石最大粒径/mm			
项目	指标	10.0	20.0	31.5	40.0	16.0	20.0	31.5	40.0
坍落度/mm	10～30	190	170	160	150	200	185	175	165
	35～50	200	180	170	160	210	195	185	175
	55～70	210	190	180	170	220	205	195	185
	75～90	215	195	185	175	230	215	205	195

注：1. 本表用水量是采用中砂时的取值。采用细砂时，每立方米混凝土用水量可增加 5～10 kg；采用粗砂时，可减少 5～10 kg。
　　2. 掺用矿物掺合料和外加剂时，用水量应相应调整。

(2)流动性和大流动性混凝土用水量的确定。掺外加剂时，每立方米流动性或大流动性混凝土的用水量（m_{w0}）可按下式计算：

$$m_{w0} = m'_{w0}(1-\beta) \tag{5-30}$$

式中　m_{w0}——计算配合比每立方米混凝土的用水量（kg/m³）；

　　　m'_{w0}——未掺外加剂时推定的满足实际坍落度要求的每立方米混凝土的用水量（kg/m³），以表 5-25 中 90 mm 坍落度的用水量为基础，按每增大 20 mm 坍落度相应增加 5 kg/m³ 用水量来计算；当坍落度增大到 180 mm 以上时，随坍落度相应增加的用水量可减少；

　　　β——外加剂的减水率（%），经混凝土试验确定。

(3)每立方米混凝土中外加剂用量（m_{a0}）应按下式计算：

$$m_{a0} = m_{b0}\beta_a \tag{5-31}$$

式中　m_{a0}——计算配合比每立方米混凝土中外加剂用量（kg/m³）；

　　　m_{b0}——计算配合比每立方米混凝土中胶凝材料用量（kg/m³）；

　　　β_a——外加剂掺量（%），应经混凝土试验确定。

4. 计算胶凝材料用量（m_{b0}）、矿物掺合料用量（m_{f0}）和水泥用量（m_{c0}）

(1)每立方米混凝土的胶凝材料用量（m_{b0}）按下式计算，并进行试拌调整，在拌合物性能满足的情况下，取经济、合理的胶凝材料用量。

$$m_{b0} = \frac{m_{w0}}{W/B} \tag{5-32}$$

式中　m_{b0}——计算配合比每立方米混凝土中胶凝材料用量（kg/m³）；

　　　m_{w0}——计算配合比每立方米混凝土的用水量（kg/m³）；

　　　W/B——混凝土水胶比。

(2)每立方米混凝土的矿物掺合料用量（m_{f0}）按下式计算：

$$m_{f0} = m_{b0}\beta_f \tag{5-33}$$

式中　m_{f0}——计算配合比每立方米混凝土中矿物掺合料用量（kg/m³）；

　　　β_f——矿物掺合料掺量（%）。

(3)每立方米混凝土的水泥用量（m_{c0}）按下式计算：

$$m_{c0} = m_{b0} - m_{f0} \tag{5-34}$$

式中　m_{c0}——计算配合比每立方米混凝土中水泥用量（kg/m³）。

5. 选取合理砂率值 β_s

根据《普通混凝土配合比设计规程》（JGJ 55—2011）有关规定，坍落度小于 10 mm 的混凝土，其砂率由试验确定；坍落度为 10～60 mm 的混凝土，其砂率根据粗集料的种类、最大粒径及混凝土的水灰比，由表 5-23 查得；坍落度为 10～60 mm 的混凝土，其砂率可由试验确定，也可在表 5-23 的基础上，坍落度每增大 20%，砂率增大 1% 确定。

6. 计算粗、细集料用量（m_{g0}、m_{s0}）

在已知砂率的情况下，粗、细集料的用量可用质量法或体积法求得。

(1)质量法：假定各组成材料的质量之和（即拌合物的体积密度）接近一个固定值。当采用质量法计算混凝土配合比时，粗、细集料用量应按式（5-35）计算，砂率应按式（5-36）计算。

$$m_{f0} + m_{c0} + m_{g0} + m_{s0} + m_{w0} = m_{cp} \tag{5-35}$$

$$\beta_s = \frac{m_{s0}}{m_{g0} + m_{s0}} \times 100\% \tag{5-36}$$

式中　m_{g0}——计算配合比每立方米混凝土的粗集料用量(kg/m^3);

　　　m_{s0}——计算配合比每立方米混凝土的细集料用量(kg/m^3);

　　　β_s——砂率(%);

　　　m_{cp}——每立方米混凝土拌合物的假定质量(kg),可取 2 350～2 450 kg/m^3。

(2)体积法:假定混凝土拌合物的体积等于各组成材料的体积与拌合物中所含空气的体积之和。当采用体积法计算混凝土配合比时,砂率应按式(3-36)计算,粗、细集料用量应按下式计算:

$$\frac{m_{c0}}{\rho_c} + \frac{m_{f0}}{\rho_f} + \frac{m_{g0}}{\rho_g} + \frac{m_{s0}}{\rho_s} + \frac{m_{w0}}{\rho_w} + 0.01\alpha = 1 \tag{5-37}$$

式中　ρ_c——水泥密度(kg/m^3),可按《水泥密度测定方法》(GB/T 208—2014)测定,也可取 2 900～3 100 kg/m^3;

　　　ρ_f——矿物掺合料密度(kg/m^3),可按《水泥密度测定方法》(GB/T 208—2014)测定;

　　　ρ_g——粗集料的表观密度(kg/m^3),应按《普通混凝土用砂、石质量及检验方法标准》(JGJ 52—2006)测定;

　　　ρ_s——细集料的表观密度(kg/m^3),应按《普通混凝土用砂、石质量及检验方法标准》(JGJ 52—2006)测定;

　　　ρ_w——水的密度(kg/m^3),可取 1 000 kg/m^3;

　　　α——混凝土的含气量百分数,在不使用引气剂或引气型外加剂时,α 可取 1。

经过上述计算,即可求出计算配合比。

(二)检测和易性,确定试拌配合比

按计算配合比进行混凝土试拌配合比的试配和调整。试配时,每盘混凝土试配的最小搅拌量应符合规定,并不应小于搅拌机公称容量的 1/4 且不应大于搅拌机公称容量。

试拌后立即测定混凝土的工作性。当试拌得出的拌合物坍落度比要求值小时,应在水胶比不变的前提下,增加用水量(同时增加水泥用量);当比要求值大时,应在砂率不变的前提下,增加砂、石用量;当黏聚性、保水性差时,可适当加大砂率。调整时,应及时记录调整后的各材料用量(m_{cb},m_{wb},m_{sb},m_{gb}),并实测调整后混凝土拌合物的体积密度 ρ_{oh}(kg/m^3),令工作性调整后的混凝土试样总质量 m_{Qb} 为

$$m_{Qb} = m_{cb} + m_{wb} + m_{sb} + m_{gb}(体积 \geqslant 1\ m^3) \tag{5-38}$$

由此得出基准配合比(调整后的 1 m^3 混凝土中各材料用量):

$$m_{cj} = \frac{m_{cb}}{m_{Qb}}\rho_{oh}$$

$$m_{wj} = \frac{m_{wb}}{m_{Qb}}\rho_{oh}$$

$$m_{sj} = \frac{m_{sb}}{m_{Qb}}\rho_{oh}$$

$$m_{gj} = \frac{m_{gb}}{m_{Qb}}\rho_{oh} \tag{5-39}$$

(三)检验强度，确定设计配合比

经过和易性调整得出的试拌配合比，不一定满足强度要求，应进行强度检验。既满足设计强度又比较经济、合理的配合比，就称为设计配合比（实验室配合比）。在试拌配合比的基础上做强度试验时，应采用三个不同的配合比，其中一个为试拌配合比中的水胶比，另外两个较试拌配合比的水胶比分别增加和减少 0.05。其用水量应与试拌配合比的用水量相同，砂率可分别增加和减少 1%。当不同水胶比的混凝土拌合物坍落度与要求值的差超过允许偏差时，可通过增、减用水量进行调整。

制作混凝土强度试验试件时，应检验混凝土拌合物的和易性及表观密度，并以此结果作为代表相应配合比的混凝土拌合物性能。每种配合比至少应制作一组（三块）试件，标准养护到 28 d 时试压。

根据试验得出的混凝土强度与其相对应的胶水比（B/W）关系，用作图法或计算法求出与混凝土配制强度（$f_{cu,0}$）相对应的胶水比，并应按下列原则确定每立方米混凝土的材料用量：

（1）用水量（m_w）应在基准配合比用水量的基础上，根据制作强度试件时测得的坍落度或维勃稠度进行调整确定。

（2）水泥用量（m_c）应以用水量乘以选定出来的胶水比计算确定。

（3）粗集料和细集料用量（m_g 和 m_s）应在基准配合比的粗集料和细集料用量的基础上，按选定的胶水比进行调整后确定。

经试配确定配合比后，还应按下列步骤进行校正：

据前述已确定的材料用量，按下式计算混凝土的表观密度计算值 $\rho_{c,c}$：

$$\rho_{c,c} = m_c + m_g + m_s + m_w \tag{5-40}$$

式中 $\rho_{c,c}$——混凝土拌合物的表观密度计算值（kg/m³）；

  m_c——每立方米混凝土的水泥用量（kg/m³）；

  m_g——每立方米混凝土的粗集料用量（kg/m³）；

  m_s——每立方米混凝土的细集料用量（kg/m³）；

  m_w——每立方米混凝土的用水量（kg/m³）。

再按下式计算混凝土配合比校正系数 δ：

$$\delta = \frac{\rho_{c,t}}{\rho_{c,c}} \tag{5-41}$$

式中 $\rho_{c,t}$——混凝土表观密度实测值（kg/m³）；

  $\rho_{c,c}$——混凝土表观密度计算值（kg/m³）。

当混凝土表观密度实测值 $\rho_{c,t}$ 与计算值 $\rho_{c,c}$ 之差的绝对值不超过计算值的 2% 时，上述配合比可不作校正；当两者之差超过 2% 时，应将配合比中每项材料用量均乘以校正系数 δ，即确定的设计配合比。

根据本单位常用的材料，可设计出常用的混凝土配合比备用。在使用过程中，应根据原材料情况及混凝土质量检验的结果予以调整。但遇有下列情况之一时，应重新进行配合比设计：

（1）对混凝土性能指标有特殊要求时。

（2）水泥、外加剂或矿物掺合料品种、质量有显著变化时。

（3）该配合比的混凝土生产间断半年以上时。

(四)根据含水率，换算施工配合比

实验室得出的设计配合比值中，集料是以干燥状态为准的，而施工现场集料含有一定的

水分，因此，应根据集料的含水率对配合比设计值进行修正，修正后的配合比为施工配合比。

经测定施工现场砂的含水率为 w_s，石子的含水率为 w_g，则施工配合比为

水泥用量 m_c'：$m_c' = m_c$

砂用量 m_s'：$m_s' = m_s(1 + w_s)$

石子用量 m_g'：$m_g' = m_g(1 + w_g)$

用水量 m_w'：$m_w' = m_w - m_s \cdot w_s - m_g \cdot w_g$ （5-42）

式中 m_c，m_w，m_s，m_g——调整后的实验室配合比中每立方米混凝土中的水泥、水、砂和石子的用量（kg）。

【注意】 进行混凝土配合比计算时，其计算公式和有关参数表格中的数值均以干燥状态集料（含水率小于 0.05% 的细集料或含水率小于 0.2% 的粗集料）为基准。当以饱和面干集料为基准进行计算时，则应做相应的调整，即施工配合比公式(5-42)中的 w_s 和 w_g 分别为现场砂、石含水率与其饱和面干含水率之差。

四、混凝土配合比设计实例

某教学楼工程现浇室内钢筋混凝土柱，混凝土设计强度等级为 C20，施工要求坍落度为 35～50 mm，采用机械搅拌和振捣。施工单位无近期的混凝土强度资料。采用原材料如下：

胶凝材料：新出厂的矿渣水泥，32.5 级，密度为 3 100 kg/m³。

粗集料：卵石，最大粒径为 20 mm，表观密度为 2 730 kg/m³，堆积密度为 1 500 kg/m³。

细集料：中砂，表观密度为 2 650 kg/m³，堆积密度为 1 450 kg/m³。

水：自来水。

试设计混凝土的配合比。若施工现场中砂含水率为 3%，卵石含水率为 1%，求施工配合比。

解：（1）通过计算，确定计算配合比。

1）确定配制强度（$f_{cu,0}$）。施工单位无近期的混凝土强度资料，查表 5-20 取 $\sigma = 4.0$ MPa，配制强度为

$$f_{cu,0} = f_{cu,k} + 1.645\sigma = 20 + 1.645 \times 4.0 = 26.58 (\text{MPa})$$

2）确定水胶比（W/B）。由于胶凝材料为 32.5 级的水泥，无矿物掺合料，取 $\gamma_f = 1.0$，$\gamma_s = 1.0$，$\gamma_c = 1.12$，$f_b = \gamma_f \gamma_s f_{ce} = \gamma_f \gamma_s \gamma_c f_{ce,g} = 1.0 \times 1.0 \times 1.12 \times 32.5 = 36.4 (\text{MPa})$；卵石的回归系数取 $\alpha_a = 0.49$，$\alpha_b = 0.13$。利用强度经验公式计算水胶比为

$$\frac{W}{B} = \frac{\alpha_a f_b}{f_{cu,0} + \alpha_a \alpha_b f_b} = \frac{0.49 \times 36.4}{26.58 + 0.49 \times 0.13 \times 36.4} = 0.617$$

该结构物处于室内干燥环境，要求 $W/B \leqslant 0.60$，所以 W/B 取 0.60 才能满足耐久性要求。

3）确定用水量（m_{w0}）。根据施工要求的坍落度 35～50 mm，卵石 $D_{max} = 20$ mm，查表 5-26，取 $m_{w0} = 180$ kg/m³。

4）确定胶凝材料（m_{b0}）和水泥用量（m_{c0}）。胶凝材料（m_{b0}）用量为 $m_{b0} = \frac{m_{w0}}{W/B} = \frac{180}{0.60} = 300 (\text{kg/m}^3)$；因为没有掺加矿物掺合料，即 $m_{f0} = 0$，则水泥的用量为 $m_{c0} = m_{b0} - m_{f0} = 300 - 0 = 300 (\text{kg/m}^3)$。

该结构物处于室内干燥环境，最小胶凝材料用量为 280 kg/m³，所以 m_{c0} 取 300 kg/m³

能满足耐久性要求。

    5)确定合理砂率值(β_s)。查表5-23，$W/B=0.60$，卵石 $D_{\max}=20$ mm，可取砂率 $\beta_s=34\%$。

    6)确定粗、细集料用量(m_{g0}、m_{s0})。采用体积法计算，取 $\alpha=1$，解下列方程组：

$$\begin{cases} \dfrac{300}{3\,100}+\dfrac{m_{g0}}{2\,730}+\dfrac{m_{s0}}{2\,650}+\dfrac{180}{1\,000}+0.01\times1=1 \\[3mm] \dfrac{m_{s0}}{m_{g0}+m_{s0}}=34\% \end{cases}$$

得：$m_{g0}=1\,273$ kg/m³；$m_{s0}=656$ kg/m³。

    计算配合比为

$$m_{c0}:m_{s0}:m_{g0}:m_{w0}=300:656:1\,273:180=1:2.19:4.24:0.60$$

    (2)调整和易性，确定试拌配合比。

    卵石 $D_{\max}=20$ mm，按计算配合比试拌 20 L 混凝土，其材料用量为：

    胶凝材料(水泥)：$300\times20/1\,000=6.00$(kg)；

    砂子：$656\times20/1\,000=13.12$(kg)；

    石子：$1\,273\times20/1\,000=25.46$(kg)；

    水：$180\times20/1\,000=3.60$(kg)。

    将称好的材料均匀拌和后，进行坍落度试验。假设测得坍落度为 25 mm，小于施工要求的 35～50 mm，需调整其和易性。在保持原水胶比不变的原则下，若增加 5% 灰浆，再拌和，测其坍落度为 45 mm，黏聚性、保水性均良好，达到施工要求的 35～50 mm。调整后，拌合物中各项材料实际用量为

    胶凝材料(水泥)(m_{bt})：$6.00+6.00\times5\%=6.30$(kg)；

    砂(m_{st})：13.12 kg；

    石子(m_{gt})：25.46 kg；

    水(m_{wt})：$3.60+3.60\times5\%=3.78$(kg)。

    混凝土拌合物的实测体积密度为 $\rho_{0h}=2\,380$ kg/m³，则每立方米混凝土中，各项材料的试拌用量为

    胶凝材料(m_{bb})：
$$m_{bb}=\frac{m_{bt}}{m_{bt}+m_{gt}+m_{st}+m_{wt}}\times\rho_{0h}\times1$$
$$=\frac{6.30}{6.30+25.46+13.12+3.78}\times2\,380\times1=308\text{(kg)}；$$

    砂(m_{sb})：
$$m_{sb}=\frac{m_{st}}{m_{bt}+m_{gt}+m_{st}+m_{wt}}\times\rho_{0h}\times1$$
$$=\frac{13.12}{6.30+25.46+13.12+3.78}\times2\,380\times1=642\text{(kg)}；$$

    石子(m_{gb})：
$$m_{gb}=\frac{m_{gt}}{m_{bt}+m_{gt}+m_{st}+m_{wt}}\times\rho_{0h}\times1$$
$$=\frac{25.46}{6.30+25.46+13.12+3.78}\times2\,380\times1=1\,245\text{(kg)}；$$

    水(m_{wb})：
$$m_{wb}=\frac{m_{wt}}{m_{bt}+m_{gt}+m_{st}+m_{wt}}\times\rho_{0h}\times1$$
$$=\frac{3.78}{6.30+25.46+13.12+3.78}\times2\,380\times1=185\text{(kg)}。$$

试拌配合比为

$$m_{bb} : m_{sb} : m_{gb} : m_{wb} = 308 : 642 : 1\ 245 : 185 = 1 : 2.08 : 4.04 : 0.60$$

(3)检验强度，确定设计配合比。在试拌配合比基础上，拌制三种不同水胶比的混凝土。一种为试拌配合比 $W/B = 0.60$，另外两种配合比的水胶比分别为 $W/B = 0.65$ 和 $W/B = 0.55$。经试拌调整已满足和易性的要求。测其体积密度，$W/B = 0.65$ 时，$\rho_{0h} = 2\ 370\ \text{kg/m}^3$；$W/B = 0.55$ 时，$\rho_{0h} = 2\ 390\ \text{kg/m}^3$。

每种配合比制作一组（三块）试件，标准养护 28 d，测得抗压强度如下：

水胶比(W/B)	抗压强度(f_{cu}，MPa)
0.55	29.2
0.60	26.8
0.65	23.7

作出 f_{cu} 与 B/W 的关系图，如图 5-14 所示。

由抗压强度试验结果可知，水胶比 $W/B = 0.60$ 的试拌配合比的混凝土强度能满足配制强度 $f_{cu,0}$ 的要求，并且混凝土体积密度实测值（$\rho_{c,t}$）与计算值（$\rho_{c,c}$）相吻合，各项材料的用量不需要校正。故设计配合比为

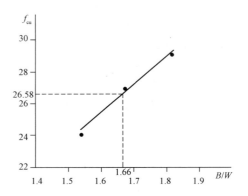

图 5-14 实测强度与胶水比关系图

$$m_c : m_s : m_g : m_w = 308 : 642 : 1\ 245 : 185 = 1 : 2.08 : 4.04 : 0.60$$

(4)根据含水率换算施工配合比。将设计配合比换算成现场施工配合为：

胶凝材料（水泥）(m'_b)：$m'_b = m_b = 308\ \text{kg}$；

砂子(m'_s)：$m'_s = m_s(1 + a\%) = 642 \times (1 + 3\%) = 661(\text{kg})$；

石子(m'_g)：$m'_g = m_g(1 + b\%) = 1\ 245 \times (1 + 1\%) = 1\ 257(\text{kg})$；

水(m'_w)：$m'_w = m_w - m_s a\% - m_g b\% = 185 - 642 \times 3\% - 1\ 245 \times 1\% = 153(\text{kg})$。

施工配合比为

$$m'_b : m'_s : m'_g : m'_w = 308 : 661 : 1\ 257 : 153 = 1 : 2.15 : 4.08 : 0.50$$

第六节　特种混凝土

一、高强高性能混凝土

强度等级大于等于 C60 的混凝土称为高强度混凝土；具有良好的施工和易性与优异耐久性，且均匀密实的混凝土称为高性能混凝土；同时具有上述各性能的混凝土称为高强高性能混凝土。

1. 高强高性能混凝土的原材料

(1)优质高强水泥。高强高性能混凝土用水泥的矿物成分中 C_3S 和 C_3A 的含量较高，特别是 C_3S 的含量较高。水泥经两次振动磨细后，细度应达到 4 000~6 000 cm^2/g 及以上。

(2)拌合水。高强高性能混凝土采用磁化水拌和，磁化水是普通的水以一定速度流经磁

场，利用磁化作用提高水的活性。用磁化水拌制混凝土，使水泥水化更安全、充分，因而可提高混凝土强度 30%～50%。

（3）硬质高强的集料。高强高性能混凝土的粗集料应使用质地坚硬、级配良好的碎石。集料的抗压强度应比所配制的混凝土强度高 50% 以上。含泥量应小于 5%，集料的最大粒径宜小于 26.5 mm。

（4）外加剂。高强高性能混凝土均采用减水剂及其他外加剂。应选用优质高效的 NNO、MF 等减水剂。

2. 高强高性能混凝土的主要技术性质

（1）高强高性能混凝土的早期强度高，但后期强度增长率一般不及普通混凝土。故不能用普通混凝土的龄期-强度关系式（或图表），由早期强度推算后期强度。如 C60～C80 混凝土，3 d 强度为 28 d 的 60%～70%，7 d 强度为 28 d 的 80%～90%。

（2）高强高性能混凝土由于非常致密，故抗渗、抗冻、抗碳化和抗腐蚀等耐久性指标均十分优异，可极大地提高混凝土结构物的使用年限。

（3）由于混凝土强度高，因此构件截面尺寸可大大减小，从而改变"肥梁胖柱"的现状，减轻建筑物自重，简化地基处理，并使高强钢筋的应用和效能得以充分利用。

（4）高强高性能混凝土的弹性模量高，徐变小，可大大提高构筑物的结构刚度。特别是对预应力混凝土结构，可大大减小预应力损失。

（5）高强高性能混凝土的抗拉强度增长幅度往往小于抗压强度，即拉压比相对较低，且随着强度等级的提高，脆性增大，韧性下降。

（6）高强高性能混凝土的水泥用量较大，故水化热大，自收缩大，干缩也较大，较易产生裂缝。

3. 高强高性能混凝土的应用

高强高性能混凝土作为住房和城乡建设部推广应用的十大新技术之一，是建设工程发展的必然趋势。发达国家早在 20 世纪 50 年代即已开始对其加以研究应用。我国在 20 世纪 80 年代初首先在轨枕和预应力桥梁中应用高强高性能混凝土，高层建筑中的应用则始于 20 世纪 80 年代末，进入 20 世纪 90 年代以来，对其研究和应用增加，北京、上海、广州、深圳等许多大中城市已建起了多幢高强高性能混凝土建筑。

随着国民经济的发展，高强高性能混凝土在建筑、道路、桥梁、港口、海洋、大跨度及预应力结构、高耸建筑物等工程中的应用将越来越广泛，强度等级也将不断提高，C50～C80 的混凝土普遍得到使用，C80 以上的混凝土将在一定范围内得到应用。

二、泵送混凝土

泵送混凝土是指坍落度不小于 100 mm 并用泵送施工的混凝土。它能一次连续完成水平运输和垂直运输，效率高，节约劳动力，因而近年来在国内外的应用十分广泛。

泵送混凝土拌合物必须具有较好的可泵性。所谓可泵性，即拌合物具有顺利通过管道、摩擦阻力小、不离析、不阻塞和黏聚性良好的性能。

1. 泵送混凝土组成材料的基本要求

（1）水泥。泵送混凝土应选用硅酸盐水泥、普通硅酸盐水泥、矿渣硅酸盐水泥、粉煤灰硅酸盐水泥，不宜采用火山灰质硅酸盐水泥。

（2）集料。泵送混凝土所用粗集料宜用连续级配，其针片状含量不宜大于 10%。最大粒径与输送管径之比，当泵送高度在 50 m 以下时，碎石不宜大于 1:3，卵石不宜大于 1:2.5；当泵送高度在 50~100 m 时，碎石不宜大于 1:4，卵石不宜大于 1:3；当泵送高度在 100 m 以上时，不宜大于 1:4.5。宜采用中砂，其通过 0.315 mm 筛孔的颗粒含量不应少于 15%，通过 0.160 mm 筛孔的颗粒含量不应少于 5%。

（3）掺合料与外加剂。泵送混凝土应掺用泵送剂或减水剂，并宜掺用粉煤灰或其他活性掺合料以改善混凝土的可泵性。

2. 泵送混凝土配合比设计及性能要求

泵送混凝土的水胶比不宜大于 0.60，水泥和矿物掺合料总量不宜小于 300 kg/m³，且不宜采用火山灰水泥，砂率宜为 35%~45%。采用引气剂的泵送混凝土，其含气量不宜超过 4%。实践证明，泵送混凝土掺用优质的磨细粉煤灰和矿粉后，可显著改善和易性及节约水泥，而强度不降低。泵送混凝土的用水量和用灰量较大，使混凝土易产生离析和收缩裂纹等问题。

泵送混凝土入泵时的坍落度一般应符合表 5-27 中的要求。

表 5-27　混凝土入泵坍落度选用

泵送高度/m	30 以下	30~60	60~100	100 以上
坍落度/mm	100~140	140~160	160~180	180~200

三、纤维增强混凝土

纤维增强混凝土简称纤维混凝土，是以混凝土为基材、以不连续且分散的纤维为增强材料组成的一种复合材料。常作为增强材料的纤维有钢纤维、玻璃纤维、合成纤维和天然纤维等，因为其他几类纤维模量较低、增强效果较差，以下仅介绍钢纤维。

1. 钢纤维的构造和性能

钢纤维混凝土用钢纤维，主要是采用碳钢加工制成的纤维。对长期处于潮湿条件的混凝土，也有采用不锈钢加工制成的纤维。

钢纤维的尺寸主要由强化效果和施工难易性决定。钢纤维若太粗或太短，其强化效果较差；如过长或过细，施工时不易拌和，容易结团。为了增加钢纤维和混凝土之间的黏结力，采用增加纤维表面积的方法，将其加工为异形纤维，如波形、哑铃形、端部带弯钩等形状。

钢纤维的几个特征通常用长径比表示，即纤维的长度与截面直径之比。如纤维截面不是圆形，则用具有相等截面积的圆形直径（当量直径）计算长径比。一般纤维的长径比在 30~150 的范围内。圆形截面积钢纤维，一般直径为 0.25~0.75 mm；扁平状钢纤维的厚度为 0.15~0.40 mm，宽度为 0.25~0.90 mm，长 20~60 mm。为了便于搬运和拌和，也可以用水溶性胶将 10~30 根纤维胶结在一起成集束状的纤维。这样集束状纤维在拌和时遇水即可分离为单根纤维，并均匀分布于混凝土中。

2. 钢纤维混凝土的力学性能

钢纤维混凝土的力学性能，除了与基体混凝土组成有关外，还与钢纤维的形状尺寸、掺量、配置方向和分散程度有关。

钢纤维的掺量以纤维体积表示。当钢纤维的形状和尺寸在适合范围内时，钢纤维混凝土的强度随纤维体积率和长径比增加而增加。通常圆截面纤维合适尺寸范围直径为 0.2～0.6 mm，长径比为 40～100。钢纤维体积率通常为 0.5%～2.0%。例如圆形截面钢纤维，其直径为 0.3～0.6 mm，长度为 20～40 mm，掺量为 2% 的钢纤维混凝土与普通混凝土比较，其抗拉强度可提高 1.2～2.0 倍，伸长率约提高 2 倍，而韧性可提高 40～200 倍。所以钢纤维混凝土的力学性能主要表现为抗弯抗拉强度提高，特别是冲击韧性得到了很大的提高，抗疲劳强度也有一定的提高。

此外，钢纤维混凝土的配置方向和分散度对混凝土也有影响，配置方向和分散度与混凝土的组成和施工工艺等因素有关。

3. 钢纤维的工程应用

钢纤维与混凝土组成复合材料后，可使混凝土的抗弯抗拉强度、抗裂强度、韧性和冲击强度等性能得到改善，所以钢纤维混凝土广泛应用于道路与桥隧工程中，如机场道面、桥梁桥面铺装和隧道衬砌等工程。

本章小结

(1)混凝土是由胶凝材料、粗细集料、水以及其他材料，按适当的比例并硬化而成的具有所需形状、强度和耐久的人造石材。

(2)外加剂能显著改善混凝土拌合物或硬化混凝土性能。减水剂在混凝土拌合物流动性不变的情况下可减小用水量，或在用水量不变的情况下可增加混凝土拌合物的流动性；引气剂可提高硬化混凝土的抗冻性、耐久性；早强剂能提高混凝土的早期强度；缓凝剂能延缓混凝土的凝结时间。

(3)混凝土的技术性能主要包含混凝土拌合物的和易性、硬化混凝土的力学性质和耐久性。混凝土和易性包含流动性、黏聚性、保水性三个方面的内容，可通过坍落度方法检测，影响和易性的因素主要有水泥浆的用量、稠度、砂率、时间和温度等。硬化后混凝土的变形主要包含非荷载作用下的化学收缩、干湿变形、温度变形以及荷载作用下的弹-塑性变形和徐变。评价混凝土耐久性的指标有抗渗性、抗冻性、抗碳化性能、抗腐蚀性能和碱-集料反应等。

(4)水胶比、砂率、单位用水量是混凝土配合比设计中的三个重要参数。

思考与练习

1. 减水剂的作用机理及混凝土在不同条件下掺用减水剂所产生的技术经济效果分别是什么？

2. 影响普通混凝土强度的因素有哪些？从原材料的角度考虑提高混凝土强度有哪些途径？

3. 配制混凝土时，降低成本的途径有哪些？

4. 混凝土的变形性能(包括化学收缩、干湿变形、温度变形、受力变形)的含义是什么？

5. 混凝土的耐久性的概念是什么？提高混凝土耐久性的措施有哪些？

6. 当混凝土拌合物出现下列情况时，应如何调整？

(1)黏聚性好，无泌水现象，但坍落度太小；

(2)黏聚性尚好，有少量泌水，坍落度太大(集料含砂率符合设计要求)；

(3)插捣难，有粗集料堆叠现象，黏聚性差，同时有泌水现象，产生崩塌现象；

(4)拌合物色淡，有跑浆流浆现象，黏聚性差，产生崩塌现象。

7. 进行混凝土抗压试验时，在下列情况下，试验值将有无变化？如何变化？

(1)试件尺寸加大；

(2)试件高宽比加大；

(3)试件受压表面加润滑剂；

(4)加荷速度加快；

(5)试件位置偏离支座中心；

(6)试件温度提高(如蒸汽养护后立即试验)。

8. 干砂 500 g，其筛分结果如下：

筛孔尺寸/mm	4.75	2.36	1.18	0.6	0.30	0.15	<0.15
筛余量/g	25	50	100	125	100	75	25

计算该砂的细度模数，判断其属何种砂。

9. 甲、乙两种砂，各取 500 g 砂样进行筛分析试验，结果如下：

筛孔尺寸/mm		4.75	2.36	1.18	0.60	0.30	0.15	<0.15
筛余量/g	甲砂	0	0	30	80	140	210	40
	乙砂	30	170	120	90	50	30	10

(1)分别计算细度模数并评定其级配；

(2)这两种砂可否单独用于配制混凝土？欲将甲、乙两种砂配制出细度模数为 2.7 的砂，两种砂的比例应各占多少？混合砂的级配如何？

10. 用强度为 42.5 级普通硅酸盐水泥拌制的混凝土，在 10 ℃ 的条件下养护 7 d，测得其 15 cm×15 cm×15 cm 立方体试件的抗压强度为 15 MPa，试估计此混凝土在此温度下 28 d 的强度。

11. 用强度为 42.5 级普通硅酸盐水泥配制卵石混凝土，制作 10 cm×10 cm×10 cm 立方体试件 3 块，在标准条件下养护 7 d，测得破坏荷载分别为 140 kN、135 kN、140 kN。试求：

(1)该混凝土 28 d 的标准立方体试件抗压强度；

(2)该混凝土的水胶比值。

12. 已知混凝土的水胶比为 0.60，每立方米混凝土拌和用水量为 180 kg，采用砂率为 33%，水泥的表观密度 $\rho_c = 3.10$ g/cm³，砂子和石子的表观密度分别为 $\rho_s = 2.62$ g/cm³ 及 $\rho_g = 2.70$ g/cm³。试用绝对体积法求 1 m³ 混凝土中各材料的用量。

13. 混凝土计算配合比为 1∶2.13∶4.31，水胶比为 0.58，在试拌调整时，增加了 10% 的水泥浆用量。试求：

(1)该混凝土基准配合比；

（2）若以已知基准配合比配制混凝土，每立方米混凝土需用水泥 320 kg，计算每立方米混凝土中各材料的用量。

14. 已知某混凝土 $W/B = 0.60$，$S/(S+G) = 0.36$，$W = 180$ kg/m³，假定混凝土的表观密度为 2 400 kg/m³，使用卵石和 42.5 级普通硅酸盐水泥拌制。

（1）试估计该混凝土在标准养护条件下 28 d 龄期的抗压强度；

（2）计算 1 m³ 混凝土各种材料的用量。

15. 设计要求混凝土强度等级为 C20，保证率为 95%，当标准差 $\sigma = 5$ MPa 时，混凝土的配制强度应为多少？若施工中提高控制水平，σ 降为 3 MPa，混凝土的配制强度又为多少？采用 42.5 级普通硅酸盐水泥、卵石时，用水量为 130 kg/m³，σ 从 5 MPa 降为 3 MPa，每立方米混凝土可节约水泥多少千克？

16. 某混凝土工程，混凝土设计强度等级为 C25，该工程不受冻结作用，也不受地下水作用，采用人工振捣，坍落度为 5~8 cm，水泥为 42.5 级矿渣硅酸盐水泥，表观密度 $\rho_c = 3.1$ g/m³。采用中砂表观密度 $\rho_s = 2\ 620$ kg/m³，粗集料为花岗岩碎石，最大粒径为 40 mm，表观密度 $\rho_g = 2\ 650$ kg/m³，请用绝对体积法设计该混凝土的初步配合比。

17. 某实验室试拌混凝土，经调整后各材料用量为：42.5 级矿渣水泥 4.5 kg，水 2.7 kg，砂 9.9 kg，碎石 18.9 kg，又测得拌合物的表观密度为 2 380 kg/m³。

（1）试求每立方米混凝土各材料的用量；

（2）当施工现场砂子的含水率为 3.5%、石子的含水率为 1% 时，求施工配合比；

（3）如果把实验室配合比直接用于现场施工，则现场混凝土的实际配合比将如何变化？对混凝土强度将产生哪些影响？

第六章　建筑砂浆

通过本章的学习，了解砌筑砂浆的组成材料，抹灰砂浆的分类，预拌砂浆的分类；熟悉砌筑砂浆的技术性质，预拌砂浆的性能指标；掌握砌筑砂浆配合比设计的方法，抹灰砂浆配合比设计的方法，预拌砂浆的检验方法。

能力目标

能够对砌筑砂浆进行配合比设计，能够根据各种抹面砂浆的特性对其进行应用。

建筑砂浆是由胶凝材料、细集料、掺合料和水按适当比例配制而成的。建筑砂浆与普通混凝土的区别在于没有粗集料，因此，它又称为细集料混凝土。建筑砂浆具有细集料用量大、胶凝材料用量多、干燥收缩大、强度低等特点。

建筑砂浆常用于砌筑砌体(如砖、砌块、石)结构，建筑物内外表面(如墙面、地面、天棚)的抹面，大型墙板和砖石墙的勾缝以及装饰材料的贴面等。

砂浆根据用途不同，可分为砌筑砂浆和抹面砂浆(如普通抹面砂浆、装饰抹面砂浆和特种抹面砂浆等)；根据胶凝材料不同，可分为水泥砂浆、石灰砂浆、聚合物砂浆和混合砂浆等；根据生产方式不同，分为现场配制砂浆(水泥砂浆、水泥混合砂浆)和预拌砂浆(湿拌砂浆、干混砂浆)。

第一节　砌筑砂浆

砌筑砂浆是指将砖、石、砌块等块材经砌筑成为砌体，起黏结、衬垫和传力作用的砂浆。

一、砌筑砂浆的组成材料

为保证砌筑砂浆的质量，配制砂浆的各组成材料均应满足《砌筑砂浆配合比设计规程》(JGJ/T 98—2010)的要求。

1. 水泥

水泥宜采用通用硅酸盐水泥或砌筑水泥，且应符合《通用硅酸盐水泥》(GB 175—2007)和《砌筑水泥》(GB/T 3183—2003)的规定。水泥的强度等级应根据砂浆的品种及强度等级要求进行选择。M15 及以下强度等级的砌筑砂浆宜选用 32.5 级通用硅酸盐水泥或砌筑水泥；M15 以上强度等级的砌筑砂浆宜选用 42.5 级通用硅酸盐水泥。

2. 砂

配制砂浆的细集料最常用的是天然砂，宜选用中砂，应符合《建设用砂》(GB/T 14684—2011)的规定，且应全部通过4.75 mm的筛孔。

砂中含泥量过大，不但会增加砂浆的水泥用量，还会使砂浆的收缩值增大、耐久性降低，影响砌筑质量。砌筑砂浆的含泥量不应超过5%。

目前，人工砂的使用越来越广泛，人工砂中石粉含量增大会增加砂浆的收缩，使用时应符合《建设用砂》(GB/T 14684—2011)的规定。

3. 掺合料与外加剂

为了改善砂浆的和易性和节约水泥，降低砂浆成本，在配制砂浆时，常在砂浆中掺入适量的磨细生石灰、石灰膏、电石膏、粉煤灰、粒化高炉矿渣粉、硅灰、天然沸石粉等物质作为掺合料。应符合下列规定：

(1)生石灰先熟化成石灰膏，应用孔径不大于3 mm×3 mm的网过滤，且熟化时间不得少于7 d；磨细生石灰粉的熟化时间不得小于2 d。沉淀池中储存的石灰膏，应采取防止干燥、冻结和污染的措施。严禁使用脱水硬化的石灰膏，因为脱水硬化的石灰膏不但起不到塑化作用，还会影响砂浆的强度。磨细生石灰粉必须熟化成石灰膏才可使用。严寒地区，磨细生石灰粉直接加入砌筑砂浆中属冬季施工措施。

(2)制作电石膏的电石渣应用孔径不大于3 mm×3 mm的网过滤，检验时应加热至70 ℃并保持20 min，没有乙炔气味后，方可使用。

(3)消石灰粉不得直接用于砌筑砂浆中。消石灰粉是未充分熟化的石灰，颗粒太粗，起不到改善和易性的作用，还会大幅度降低砂浆强度。

(4)石灰膏、电石膏试配时的稠度，应为120 mm±5 mm。如稠度不在规定范围内，可按表6-1进行换算。

表6-1　石灰膏不同稠度时的换算系数

石灰膏稠度/mm	120	110	100	90	80	70	60	50	40	30
换算系数	1.00	0.99	0.97	0.95	0.93	0.92	0.90	0.88	0.87	0.86

(5)砌筑砂浆中的水泥和石灰膏、电石膏等材料的用量可按表6-2选用。

表6-2　砌筑砂浆材料用量(JGJ/T 98—2010)

砂浆种类	材料用量/(kg·m⁻³)
水泥砂浆	≥200
水泥混合砂浆	≥350
预拌砌筑砂浆	≥200

注：1. 水泥砂浆中的材料用量指水泥用量。
　　2. 水泥混合砂浆中的材料用量指水泥和石灰膏、电石膏的材料总量。
　　3. 预拌砌筑砂浆中的材料用量指胶凝材料用量，包括水泥和替代水泥的粉煤灰等活性矿物掺合料。

(6)粉煤灰、粒化高炉矿渣粉、硅灰、天然沸石粉应分别符合《用于水泥和混凝土中的粉煤灰》(GB/T 1596—2005)、《用于水泥和混凝土中的粒化高炉矿渣粉》(GB/T 18046—2008)、《高强高性能混凝土用矿物外加剂》(GB/T 18736—2017)等的规定。当采用其他品种矿物掺合料时，应有可靠的技术依据，并应在使用前进行试验验证。

(7)采用保水增稠材料(改善砂浆可操作性及保水性能的非石灰类材料)时,应在使用前进行试验验证,并应有完整的型式检验报告。

(8)外加剂应符号国家现行有关标准的规定,引气型外加剂还应有完整的型式检验报告。

4. 水

拌制砂浆用水与混凝土拌和用水的要求相同,应满足《混凝土用水标准》(JGJ 63—2006)规定的质量要求。

二、砌筑砂浆的技术性质

1. 砂浆拌合物的性质

(1)拌合物的表观密度。拌合物硬化后,在荷载作用下,温度、湿度发生变化时,会产生变形。如果变形过大或变形不均匀,砌体的整体性会下降,产生沉陷或裂缝,影响到整个砌体的质量。因此,砂浆拌合物必须具有一定的表观密度,以保证硬化后的密实度,减少各种变形的影响,满足砌体力学性能的要求。砌筑砂浆拌合物的表观密度宜符合表 6-3 的规定。

表 6-3　砌筑砂浆拌合物表观密度(JGJ/T 98—2010)

砂浆种类	表观密度/(kg·m^{-3})
水泥砂浆	≥1 900
水泥混合砂浆	≥1 800
预拌砌筑砂浆	≥1 800

(2)拌合物的和易性。砂浆拌合物的和易性是指砂浆是否容易在砖石等表面上铺成均匀、连续的薄层,且与基层紧密黏结的性质。它包括流动性和保水性两方面的含义。

1)流动性。流动性又称为稠度,是指砂浆在自重或外力作用下产生流动的性质。稠度用砂浆稠度测定仪测定,以沉入度(mm)表示。

沉入度大,砂浆流动性大,但砂浆流动性过大,硬化后砂浆强度将会降低;若流动性过小,则不利于施工操作。影响砂浆稠度的因素有很多,如胶凝材料种类及用量、用水量、砂子粗细和粒形、级配、搅拌时间等。

砂浆稠度的选择与砌体材料种类、施工条件及施工气候有关。对于多孔吸水的砌体材料和干热的天气,则要求砂浆的流动性大一些;相反,对于密实不吸水的砌体材料和湿冷的天气,要求砂浆的流动性小一些。砌筑砂浆施工时的稠度宜按表 6-4 选用。

表 6-4　砌筑砂浆的施工稠度(JGJ/T 98—2010)

砌体种类	砂浆稠度/mm
烧结普通砖砌体、粉煤灰砖砌体	70～90
混凝土砖砌体、普通混凝土小型空心砌块砌体、灰砂砖砌体	50～70
烧结多孔砖、烧结空心砖砌体、轻集料小型混凝土空心砌块砌体、蒸压加气混凝土砌块砌体	60～80
石砌体	30～50

2)保水性。保水性是指新拌砂浆保持其内部水分不泌出流失的能力。保水性不好的砂浆在运输、停放和施工过程中，不仅容易产生离析和泌水现象，如果铺抹在吸水的基层上，还会因水分被吸收，砂浆变得干稠，既造成施工困难，又影响胶凝材料正常水化硬化，使强度和黏结力下降。为了提高砂浆的保水性，往往掺入适量的石灰膏和保水增稠材料。

砌筑砂浆的保水性并非越高越好，对于不吸水基层的砌筑砂浆，保水性太高会使砂浆内部水分早期无法蒸发释放，不利于砂浆强度的增长，还会增大砂浆的干缩裂缝，降低砌体的整体性。

根据《砌筑砂浆配合比设计规程》(JGJ/T 98—2010)的规定，砂浆的保水性用保水率表示。砌筑砂浆保水率应符合表 6-5 中的规定。

表 6-5　砌筑砂浆保水率(JGJ/T 98—2010)

砂浆种类	保水率/%
水泥砂浆	≥80
水泥混合砂浆	≥84
预拌砌筑砂浆	≥88

2. 硬化砂浆的性质

(1)砂浆的抗压强度。《建筑砂浆基本性能试验方法标准》(JGJ/T 70—2009)规定，砂浆强度等级是以 70.7 mm×70.7 mm×70.7 mm 的三个立方体试件，在标准条件(试件在室温为 20 ℃±5 ℃的环境下静置 24 h±2 h，拆模后立即放入温度为 20 ℃±2 ℃，相对湿度在90％以上的标准养护室)下养护 28 d，按标准试验方法测得的。

《砌筑砂浆配合比设计规程》(JGJ/T 98—2010)规定，水泥砂浆及预拌砌筑砂浆的强度等级可分为 M5、M7.5、M10、M15、M20、M25、M30 七个级别；水泥混合砂浆的强度等级可分为 M5、M7.5、M10、M15 四个级别。

当原材料的质量一定时，砂浆的强度主要取决于水泥的强度和用量，与拌和用水量无关。根据工程实践，砂浆的抗压强度与水泥强度和用量之间的关系可用下面的经验公式表示：

$$f_m = \frac{\alpha \cdot f_{ce} \cdot Q_c}{1\,000} + \beta \tag{6-1}$$

式中　f_m——砂浆 28 d 的抗压强度(MPa)；

　　　f_{ce}——水泥 28 d 的实测强度(MPa)；

　　　α，β——砂浆的特征系数，$\alpha=3.03$，$\beta=-15.09$；

　　　Q_c——1 m³ 砂浆的水泥用量(kg)。

(2)砂浆的黏结性。砖、石、砌块等材料是靠砂浆黏结成一个坚固整体并传递荷载的，因此，要求砂浆与基层材料之间应有一定的黏结强度。两者黏结得越牢，砌体的整体性、强度、耐久性及抗震性就越好。一般来说，砂浆抗压强度越高，其黏结力越强。砂浆的黏结强度还与基层材料的表面状态、清洁程度、湿润状况以及施工养护等因素有关，也与砂浆的胶凝材料种类有关，若加入聚合物可使砂浆的黏结性大为提高。

(3)砂浆的抗冻性。有抗冻性要求的砌体工程，砌筑砂浆应进行冻融试验。砌筑砂浆的抗冻性应符合表 6-6 中的规定，如果对抗冻性有明确的设计要求，还应符合设计规定。

表 6-6   砌筑砂浆的抗冻性(JGJ/T 98—2010)

使用条件	抗冻指标	质量损失/%	强度损失/%
夏热冬暖地区	F15		
夏热冬冷地区	F25	≤5	≤25
寒冷地区	F35		
严寒地区	F50		

三、现场配制砌筑砂浆的配合比设计

现场配制砌筑砂浆是指由水泥、细集料和水及根据需要加入的石灰、活性掺合料或外加剂在现场配制成的砂浆,分为水泥混合砂浆和水泥砂浆。

1. 砌筑砂浆配合比设计的基本要求

(1)砂浆的稠度和保水率应符合施工要求。

(2)砂浆拌合物的表观密度:水泥砂浆应不小于 1 900 kg/m³,水泥混合砂浆和预拌砌筑砂浆应不小于 1 800 kg/m³。

(3)砂浆的强度、耐久性应满足设计要求。

(4)在保证质量的前提下,应尽量节省水泥和掺合料,降低成本。

2. 现场配制水泥混合砂浆的配合比设计

(1)确定砂浆的试配强度($f_{m,0}$)。《砌筑砂浆配合比设计规程》(JGJ/T 98—2010)规定,砂浆的试配强度应按下式计算:

$$f_{m,0} = k f_2 \tag{6-2}$$

式中 $f_{m,0}$——砂浆试配强度(MPa),应精确至 0.1 MPa;

　　　　f_2——砂浆的强度等级(MPa),应精确至 0.1 MPa;

　　　　k——系数,按表 6-7 取值。

表 6-7   砂浆强度标准差 σ 及 k 值

强度等级 施工水平	强度标准差 σ/MPa							系数 k
	M5	M7.5	M10	M15	M20	M25	M30	
优良	1.00	1.50	2.00	3.00	4.00	5.00	6.00	1.15
一般	1.25	1.88	2.50	3.75	5.00	6.25	7.50	1.20
较差	1.50	2.25	3.00	4.50	6.00	7.50	9.00	1.25

1)当有统计资料时,砂浆强度标准差 σ 应按下式计算:

$$\sigma = \sqrt{\frac{\sum_{i=1}^{n} f_{m,i}^2 - n\mu_{fm}^2}{n-1}} \tag{6-3}$$

式中 $f_{m,i}$——统计周期内同一品种砂浆第 i 组试件的强度(MPa);

　　　　μ_{fm}^2——统计周期内同一品种砂浆 n 组试件强度的平均值(MPa);

　　　　n——统计周期内同一品种砂浆试件的总组数,$n \geqslant 25$。

2)当无统计资料时,砂浆强度标准差 σ 可按表 6-7 取值。

(2)确定砂浆的水泥用量(Q_c)。每立方米砂浆中的水泥用量按下式计算:

$$Q_c = \frac{1\,000(f_{m,0} - \beta)}{\alpha \cdot f_{ce}} \qquad (6\text{-}4)$$

式中 Q_c——每立方米砂浆的水泥用量(kg),精确至 1 kg;

α,β——砂浆的特征系数,取 $\alpha = 3.03$,$\beta = -15.09$;

f_{ce}——水泥的实测强度(MPa),应精确至 0.1 MPa。

在无法取得水泥实测强度值时,可按下式计算:

$$f_{ce} = \gamma_c f_{ce,K} \qquad (6\text{-}5)$$

式中 $f_{ce,K}$——水泥强度等级值(MPa);

γ_c——水泥强度等级值的富余系数,宜按实际统计资料确定,无统计资料时可取 1.00。

(3)确定砂浆的石灰膏用量(Q_D)。每立方米砂浆中石灰膏用量按下式计算:

$$Q_D = Q_A - Q_c \qquad (6\text{-}6)$$

式中 Q_D——每立方米砂浆中石灰膏用量(kg),应精确至 1 kg,石灰膏使用时的稠度宜为 120 mm±5 mm;

Q_A——每立方米砂浆中水泥和石灰膏总量(kg),应精确至 1 kg,可为 350 kg;

Q_c——每立方米砂浆中水泥用量(kg),应精确至 1 kg。

(4)确定砂浆的砂用量(Q_s)。每立方米砂浆中的砂用量,应以干燥状态砂(含水率小于 0.5%)的堆积密度值作为计算值(kg)。

(5)确定砂浆的用水量(Q_w)。每立方米砂浆中的用水量,可根据砂浆稠度等要求选用 210~310 kg。混合砂浆中的用水量,不包括石灰膏中的水;当采用细砂或粗砂时,用水量分别取上限或下限;稠度小于 70 mm 时,用水量可小于下限;施工现场气候炎热或干燥季节,可酌量增加用水量。

通过上述五个步骤,可获取水泥、石灰膏、砂和水的用量,得到初步配合比:

$$水泥:石灰膏:砂:水 = Q_c : Q_d : Q_s : Q_w = 1 : \frac{Q_d}{Q_c} : \frac{Q_s}{Q_c} : \frac{Q_w}{Q_c}$$

3. 现场配制水泥砂浆的配合比选用

(1)水泥砂浆的配合比选用。水泥砂浆的材料用量可按表 6-8 选用。

表 6-8　每立方米水泥砂浆材料用量 　　　　　　　　　　　　　kg/m³

强度等级	水泥	砂	用水量
M5	200~230		
M7.5	230~260		
M10	260~290		
M15	290~330	1 m³ 砂的堆积密度值	270~330
M20	340~400		
M25	360~410		
M30	430~480		

注:1. M15 及 M15 以下强度等级水泥砂浆,水泥强度等级为 32.5 级;M15 以上强度等级水泥砂浆,水泥强度等级为 42.5 级。

2. 当采用细砂或粗砂时,用水量分别取上限或下限。

3. 稠度小于 70 mm 时,用水量可小于下限。

4. 施工现场气候炎热或干燥季节,可酌量增加用水量。

(2)水泥粉煤灰砂浆的配合比选用。水泥粉煤灰砂浆材料用量可按表6-9选用。

表6-9　每立方米水泥粉煤灰砂浆材料用量　　　　　　　　　　　　kg/m³

强度等级	水泥粉煤灰总量	粉煤灰	砂	用水量
M5	210～240	粉煤灰掺量可占胶凝材料总量的15%～25%	1 m³砂的堆积密度值	270～330
M7.5	240～270			
M10	270～300			
M15	300～330			

注：1. 表中水泥强度等级为32.5级。

2. 当采用细砂或粗砂时，用水量分别取上限或下限。

3. 稠度小于70 mm时，用水量可小于下限。

4. 施工现场气候炎热或干燥季节，可酌量增加用水量。

4. 砌筑砂浆配合比的试配、调整与确定

(1)试配拌和。试验所用原材料应与现场使用材料一致。按计算或查表所得配合比进行试拌，采用机械搅拌，搅拌的用量宜为搅拌机容量的30%～70%，搅拌时间自开始加水算起，对于水泥砂浆和水泥混合砂浆不得少于120 s，对于预拌砌筑砂浆和掺有粉煤灰、外加剂、保水增稠材料等的砂浆不得少于180 s。

(2)检测和易性，确定基准配合比。按《建筑砂浆基本性能试验方法标准》(JGJ/T 70—2009)测定砂浆拌合物的稠度和保水率。当稠度和保水率不能满足要求时，应调整材料用量，直到符合要求为止，然后确定为试配时的砂浆基准配合比。

(3)复核强度，确定试配配合比。试配时至少采用三个不同的配合比，其中一个配合比采用试配基准配合比，其余两个配合比的水泥用量应按试配基准配合比分别增加及减少10%。按《建筑砂浆基本性能试验方法标准》(JGJ/T 70—2009)分别测定不同配合比砂浆的表观密度(ρ_c)及强度；选定符合强度及和易性要求、水泥用量最低的配合比作为砂浆的试配配合比。

(4)数据校正，确定设计配合比。当砂浆的表观密度实测值(ρ_c)与理论值(ρ_t)之差的绝对值不超过理论值的2%时可将试配配合比确定为砂浆设计配合比；当超过2%时，应将试配配合比中每项材料用量乘以校正系数δ后，作为确定的砂浆设计配合比。校正系数δ为

$$\delta = \frac{\rho_c}{\rho_t} = \frac{\rho_c}{Q_c + Q_d + Q_s + Q_w} \tag{6-7}$$

5. 砂浆配合比设计示例

【例6-1】　设计用于砌筑砖墙的水泥混合砂浆的配合比，要求强度等级为M7.5，稠度为70～90 mm。施工单位无统计资料，施工水平一般。原材料如下：

胶凝材料：矿渣水泥，32.5级；

细集料：干燥中砂，堆积密度为1 450 kg/m³；

掺合料：石灰膏，稠度为110 mm；

水：自来水。

解：(1)确定砂浆的试配强度($f_{m,0}$)。施工单位无统计资料，施工水平一般，查表6-7

取 $k=1.20$，试配强度为

$$f_{m,0}=kf_2=1.20\times7.5=9.0(\text{MPa})$$

（2）确定砂浆的水泥用量（Q_c）。根据砂浆强度经验公式 $f_{m,0}=\dfrac{\alpha f_{ce}Q_c}{1\,000}+\beta$，取 $\alpha=3.03$，$\beta=-15.09$，水泥用量为

$$Q_c=\frac{1\,000(f_{m,0}-\beta)}{\alpha f_{ce}}=\frac{1\,000\times(9.0+15.09)}{3.03\times32.5\times1.0}\approx245(\text{kg})$$

（3）确定砂浆的石灰膏用量（Q_d）。标准稠度的石灰膏用量为

$$Q_d'=Q_a-Q_c=350-245=105(\text{kg})$$

应根据表 6-1 的换算系数，计算稠度值为 110 mm 的石灰膏用量：$Q_d=0.99\times105\approx104(\text{kg})$。

（4）确定砂浆的砂子用量（Q_s）。砂子用量为：$Q_s=1\,450\times1=1\,450(\text{kg})$。

（5）确定砂浆的用水量（Q_w）。根据砂浆稠度要求，选择用水量 $Q_w=300$ kg。

假设，经试配和强度检测，上述材料用量能满足设计要求，则该水泥混合砂浆的设计配合比为

$$\text{水泥：石灰膏：砂：水}=245:105:1\,450:300=1:0.43:5.92:1.22$$

第二节　抹灰砂浆

抹灰砂浆又称为一般抹灰工程用砂浆，是指大面积涂抹于建筑物墙、顶棚、柱等表面的砂浆。按组成材料不同，抹灰砂浆分为水泥抹灰砂浆、水泥粉煤灰抹灰砂浆、水泥石灰抹灰砂浆、掺塑化剂水泥抹灰砂浆、聚合物水泥抹灰砂浆和石膏抹灰砂浆；按生产方式不同，分为拌制抹灰砂浆和预拌抹灰砂浆。

一、抹灰砂浆的基本规定

按照《抹灰砂浆技术规程》（JGJ/T 220—2010）要求，抹灰砂浆的基本规定如下：

（1）一般抹灰工程宜选用预拌抹灰砂浆，抹灰砂浆应采用机械搅拌。

（2）抹灰砂浆强度等级不宜比基体材料强度高出两个及以上等级，并应符合下列规定：

1）对于无粘贴饰面砖的外墙，底层抹灰砂浆宜比基体材料高一个强度等级或等于基体材料强度。

2）对于无粘贴饰面砖的内墙，底层抹灰砂浆宜比基体材料低一个强度等级。

3）对于有粘贴饰面砖的内墙和外墙，中层抹灰砂浆宜比基体材料高一个强度等级且不宜低于 M15，并宜选用水泥抹灰砂浆。

4）孔洞填补和窗台、阳台抹面等宜采用 M15 或 M20 水泥抹灰砂浆。

（3）配制强度等级不大于 M20 的抹灰砂浆，宜用 32.5 级通用硅酸盐水泥或砌筑水泥；配制强度等级大于 M20 的抹灰砂浆，宜用 42.5 级通用硅酸盐水泥。通用硅酸盐水泥宜采用散装的。

（4）用通用硅酸盐水泥拌制抹灰砂浆时，可掺入适量的石灰膏、粉煤灰、粒化高炉矿渣粉、沸石粉等，不应掺入消石灰粉。用砌筑砂浆拌制抹灰砂浆时，不得再掺加粉煤灰等矿

物掺合料。

　　(5)拌制抹灰砂浆可根据需要掺入改善砂浆性能的添加剂。

　　(6)抹灰砂浆的品种宜根据使用部位或基体种类按表 6-10 选用。

表 6-10　抹灰砂浆的品种选用(JGJ/T 220—2010)

使用部位或基体种类	抹灰砂浆品种
内墙	水泥抹灰砂浆、水泥石灰抹灰砂浆、水泥粉煤灰抹灰砂浆、掺塑化剂水泥抹灰砂浆、聚合物水泥抹灰砂浆、石膏抹灰砂浆
外墙、门窗洞口外侧壁	水泥抹灰砂浆、水泥粉煤灰抹灰砂浆
温(湿)度较高的车间和房屋、地下室、屋檐、勒脚等	水泥抹灰砂浆、水泥粉煤灰抹灰砂浆
混凝土板和墙	水泥抹灰砂浆、水泥石灰抹灰砂浆、聚合物水泥抹灰砂浆、石膏抹灰砂浆
混凝土顶棚、条板	聚合物水泥抹灰砂浆、石膏抹灰砂浆
加气混凝土砌块(板)	水泥粉煤灰抹灰砂浆、水泥石灰抹灰砂浆、掺塑化剂水泥抹灰砂浆、聚合物水泥抹灰砂浆、石膏抹灰砂浆

　　(7)抹灰砂浆施工稠度宜按表 6-11 选取。聚合物水泥抹灰砂浆的施工稠度宜为 50～60 mm，石膏抹灰砂浆的施工稠度宜为 50～70 mm。

表 6-11　抹灰砂浆的施工稠度(JGJ/T 220—2010)

抹灰层	施工稠度/mm
底层	90～110
中层	70～90
面层	70～80

二、抹灰砂浆的配合比设计

　　《抹灰砂浆技术规程》(JGJ/T 220—2010)规定，抹灰砂浆配合比设计的步骤：第一步，按规程选取配合比的材料用量；第二步，按规范进行试配、调整和校正；第三步，得出符合要求且水泥用量最低的设计配合比。

1. 水泥抹灰砂浆的配合比选用

　　(1)水泥抹灰砂浆的基本规定：强度等级应为 M15、M20、M25、M30；拌合物的表观密度不宜小于 1 900 kg/m³；保水率不宜小于 82%；拉伸黏结强度不应小于 0.20 MPa。

　　(2)水泥抹灰砂浆配合比的材料用量可按表 6-12 选用。

kg/m³
表 6-12　水泥抹灰砂浆配合比的材料用量

强度等级	水泥	砂	水
M15	330～380		
M20	380～450	1 m³ 砂的堆积密度值	250～300
M25	400～450		
M30	460～530		

2. 水泥石灰抹灰砂浆的配合比选用

(1)水泥石灰抹灰砂浆的基本规定：强度等级应为 M2.5、M5、M7.5、M10；拌合物表观密度不宜小于 1 800 kg/m³；保水率不宜小于 88%；拉伸黏结强度不应小于 0.15 MPa。

(2)水泥石灰抹灰砂浆配合比的材料用量可按表 6-13 选用。

表 6-13　水泥石灰抹灰砂浆配合比的材料用量　　　　　　　　　　　kg/m³

强度等级	水泥	石灰膏	砂	水
M2.5	200~230	(350~400)−C	1 m³ 砂的堆积密度值	180~280
M5	230~280			
M7.5	280~330			
M10	330~380			
注：表中 C 为水泥用量。				

第三节　预拌砂浆

预拌砂浆是指由专业生产厂生产的湿拌砂浆或干混砂浆。预拌砂浆通常由水泥、细集料、矿物掺合料、外加剂、保水增稠剂、添加料、填料和水组成。

一、预拌砂浆的分类

《预拌砂浆》(GB/T 25181—2010)规定，预拌砂浆分为湿拌砂浆和干混砂浆两大类。

湿拌砂浆是由水泥基胶凝材料、细集料、外加剂和水以及根据性能确定的各组分，按一定比例，在搅拌站经计量、拌制后，采用搅拌运输车运至使用地点，放入专用容器储存，并在规定时间内使用完毕的湿拌拌合物。

干混砂浆又称干拌砂浆，是由经干燥筛分处理的集料与水泥基胶凝材料以及根据性能确定的其他组分，按一定比例在专业生产厂混合而成，在使用地点按规定比例加水或配套液体拌和使用的干混拌合物。

1. 湿拌砂浆的分类

(1)按用途分为湿拌砌筑砂浆、湿拌抹灰砂浆、湿拌地面砂浆和湿拌防水砂浆，采用的代号见表 6-14。

表 6-14　湿拌砂浆的代号(GB/T 25181—2010)

品种	湿拌砌筑砂浆	湿拌抹灰砂浆	湿拌地面砂浆	湿拌防水砂浆
符号	WM	WP	WS	WW

(2)按强度等级、稠度、凝结时间和抗渗等级分，应符合表 6-15 中的规定。

表 6-15　湿拌砂浆分类(GB/T 25181—2010)

项目	湿拌砌筑砂浆	湿拌抹灰砂浆	湿拌地面砂浆	湿拌防水砂浆
强度等级	M5、M7.5、M10、M15、M20、M25、M30	M5、M10、M15、M20	M15、M20、M25	M10、M15、M20
稠度/mm	50、70、90	70、90、110	50	50、70、90
凝结时间/h	≥8、≥12、≥24	≥8、≥12、≥24	≥4、≥8	≥8、≥12、≥24
抗渗等级	—	—	—	P6、P8、P10

2. 干混砂浆的分类

(1)按用途分为干混砌筑砂浆、干混抹灰砂浆、干混地面砂浆、干混普通防水砂浆、干混陶瓷砖黏结砂浆、干混界面砂浆、干混保温板黏结砂浆、干混保温板抹面砂浆、干混聚合物水泥防水砂浆、干混自流平砂浆、干混耐磨地坪砂浆、干混饰面砂浆,采用的代号见表 6-16。

表 6-16　干混砂浆代号(GB/T 25181—2010)

品种	干混砌筑砂浆	干混抹灰砂浆	干混地面砂浆	干混普通防水砂浆	干混陶瓷砖黏结砂浆	干混界面砂浆
代号	DM	DP	DS	DW	DTA	DIT
品种	干混保温板黏结砂浆	干混保温板抹面砂浆	干混聚合物水泥防水砂浆	干混自流平砂浆	干混耐磨地坪砂浆	干混饰面砂浆
代号	DEA	DBI	DWS	DSL	DFH	DDR

(2)按强度等级、抗渗等级分,应符合表 6-17 中规定。

表 6-17　干混砂浆分类(GB/T 25181—2010)

项目	干混砌筑砂浆		干混抹灰砂浆		干混地面砂浆	干混普通防水砂浆
	普通砌筑砂浆	薄层砌筑砂浆	普通抹灰砂浆	薄层抹灰砂浆		
强度等级	M5、M7.5、M10、M15、M20、M25、M30	M5、M10	M5、M10、M15、M20	M5、M10	M15、M20、M25	M10、M15、M20
抗渗等级	—	—	—	—	—	P6、P8、P10

注:薄层砌筑砂浆是指灰缝厚度不大于 5 mm 的砌筑砂浆;薄层抹灰砂浆是指砂浆层厚度不大于 5 mm 的抹灰砂浆。

二、预拌砂浆的标记

1. 湿拌砂浆标记

湿拌砂浆的标记由湿拌砂浆符号、强度等级、稠度、凝结时间和标准号等表示,如下所示:

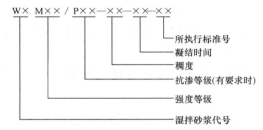

【例 6-2】 湿拌砌筑砂浆强度等级为 M10，稠度为 70 mm，凝结时间为 12 h。湿拌砂浆的标记为

WM M10-70-12-GB/T 25181—2010

【例 6-3】 湿拌防水砂浆强度等级为 M15，抗渗等级为 P8，稠度为 70 mm，凝结时间为 12 h。湿拌砂浆的标记为

WW M15/P8-70-12-GB/T 25181—2010

2. 干混砂浆标记

干混砂浆的标记由干混砂浆符号、主要性能或型号、标准号等三个部分表示，如下所示：

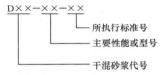

【例 6-4】 干混砌筑砂浆强度等级为 M10，其标记为

DM M10-GB/T 25181—2010

【例 6-5】 用于混凝土界面处理的干混界面砂浆，其标记为

DIT-C-GB/T 25181—2010

三、预拌砂浆的性能指标

1. 湿拌砂浆

湿拌砌筑砂浆拌合物的表观密度不应小于 1 800 kg/m³，湿拌砂浆的性能应符合表 6-18 中的规定。

表 6-18　湿拌砂浆性能指标（GB/T 25181—2010）

项目		湿拌砌筑砂浆	湿拌抹灰砂浆	湿拌地面砂浆	湿拌防水砂浆
保水率/%		≥88			
14 d 拉伸黏结强度/MPa		—	M5：≥0.15 >M5：≥0.20	—	≥0.20
28 d 收缩率/%		—	≤0.20	—	≤0.15
抗冻性	强度损失率/%	≤25			
	质量损失率/%	≤5			
注：有抗冻要求时，应进行抗冻试验。					

2. 干混砂浆

(1)外观。粉状产品应均匀、无结块。双组分产品液料组分经搅拌后应呈均匀状态、无沉淀；粉料组分应均匀、无结块。

(2)主要性能指标。干混普通砌筑砂浆拌合物的表观密度不应小于 1 800 kg/m³，干混砂浆的性能应符合表 6-19 中的规定。

表 6-19　干混砂浆性能指标(GB/T 25181—2010)

项目		干混砌筑砂浆		干混抹灰砂浆		干混地面砂浆	干混普通防水砂浆
		普通砌筑砂浆	薄层砌筑砂浆	普通抹灰砂浆	薄层抹灰砂浆		
保水率/%		≥88	≥99	≥88	≥99	≥88	
凝结时间/h		3～9	—	3～9	—	3～9	
2 h 稠度损失率/%		≤30	—	≤30	—	≤30	
14 d 拉伸黏结强度/MPa		—	—	M5：≥0.15 >M5：≥0.20	≥0.30	—	≥0.20
28 d 收缩率/%		—	—	≤0.20	≤0.20	—	≤0.15
抗冻性	强度损失率/%	≤25					
	质量损失率/%	≤5					

注：1. 干混薄层砌筑砂浆宜用于灰缝厚度不大于 5 mm 的砌筑，干混薄层抹灰砂浆宜用于砂浆层厚度不大于 5 mm 的抹灰。

　　2. 有抗冻要求时，应进行抗冻试验。

四、预拌砂浆的检验

预拌砂浆产品检验分型式检验、出厂检验和交货检验。

(1)型式检验又称例行检验，是对产品标准中规定的技术要求全部进行检验。它主要适用于产品定型鉴定和评定产品质量是否全面地达到标准和设计要求。正常生产时每年至少进行一次型式检验，取样试验工作由生产方承担。

(2)出厂检验的取样试验工作由供方承担；交货检验的取样试验工作由需方承担，当需方不具备试验条件时，供需双方可协商确定承担单位。

(3)交货检验的检验项目、检验方法和质量判定均应符合《预拌砂浆》(GB/T 25181—2010)的规定。

交货检验应按下列规定进行：

1)供需双方应在合同规定的交货地点对湿拌砂浆质量进行检验，湿拌砂浆交货检验的取样试验工作应由需方承担，当需方不具备试验条件时，供需双方可协商确定承担单位，其中包括委托供需双方认可的有检验资质的检验单位，并应在合同中予以明确。

2)干混砂浆交货时的质量验收可抽取实物试样，以检验结果为依据，或以同批号干混砂浆的检验结果为依据。采取的验收方法由供需双方商定并应符合国家相关标准的要求，同时在合同中注明。

3)当判定预拌砂浆质量是否符合要求时，交货检验项目以交货检验结果为依据；其他检验项目按合同规定执行。

4)交货检验的结果应在试验结束后 7 d 内通知供方。

本章小结

(1)建筑砂浆是由胶凝材料、细集料、掺合料和水按适当比例配制而成的。建筑砂浆与普通混凝土的区别在于没有粗集料，因此，它又称为细集料混凝土。建筑砂浆具有细集料用量大、胶凝材料用量多、干燥收缩大、强度低等特点。

(2)现场配制砌筑砂浆是指由水泥、细集料和水及根据需要加入的石灰、活性掺合料或外加剂在现场配制成的砂浆，分为水泥混合砂浆和水泥砂浆。

(3)抹灰砂浆又称为一般抹灰工程用砂浆，是指大面积涂抹于建筑物墙、顶棚、柱等表面的砂浆。按组成材料不同，抹灰砂浆分为水泥抹灰砂浆、水泥粉煤灰抹灰砂浆、水泥石灰抹灰砂浆、掺塑化剂水泥抹灰砂浆、聚合物水泥抹灰砂浆和石膏抹灰砂浆；按生产方式不同，分为拌制抹灰砂浆和预拌抹灰砂浆。

(4)预拌砂浆是指由专业生产厂生产的湿拌砂浆或干混砂浆。预拌砂浆通常由水泥、细集料、矿物掺合料、外加剂、保水增稠剂、添加料、填料和水组成。预拌砂浆分为湿拌砂浆和干混砂浆两大类。

思考与练习

1. 砌筑砂浆的主要技术性质包括哪几方面？

2. 砂浆强度与哪些因素有关？

3. 抹灰砂浆有哪些基本规定？

4. 举例说明湿拌砂浆的标记方法。

5. 对建筑砂浆的组成材料有哪些要求？

6. 砌筑砂浆的配合比设计有哪些步骤？

7. 某工程砌筑烧结普通砖，需配制 M7.5、稠度为 70～90 mm 的水泥混合砂浆。施工单位无统计资料，施工水平较差。原材料如下：

胶凝材料：普通水泥，强度等级为 42.5；

细集料：中砂，含水率为 2%，堆积密度为 1 450 kg/m³；

掺合料：石灰膏，稠度为 100 mm；

水：自来水。

试设计该水泥混合砂浆的配合比。

第七章　墙体和屋面材料

【学习目标】

　　通过本章的学习，了解几种常见墙体和屋面材料的特性及应用；熟悉烧结普通砖、烧结多孔砖、烧结空心砖的技术性质并合理应用；掌握常见的几种墙用砌块的技术性质及应用，墙用板材的种类、特性及应用。

【能力目标】

　　能够根据工程实际需要合理选择砌墙砖、墙用砌块和墙用板材的种类，能够识别墙用板材及屋面材料的种类、特性。

第一节　砌墙砖

　　砌体结构是由砂浆和块体材料砌筑而成的结构形式。它是由块体和砂浆砌筑而成的墙、柱作为建筑物主要受力构件的结构，是砖砌体、砌块砌体和石砌体结构的统称。

　　在房屋建筑中，墙体是建筑构成的主要部分之一，它的主要作用是围护、承重和分隔，在整个建筑物中，其质量、造价及工程量都占有很大的比例。在混合结构建筑中，砌体材料的质量约占房屋建筑总质量的50%。

　　目前，砌体材料品种较多，总体可归纳为砌墙砖、砌块、板材三大类。我国传统的砌筑材料有砖和石材，砖和石材的大量开采需要耗用大量的农用土地和矿山资源，影响农业生产和生态环境，而且砖、石自重大，体积小，生产效率低，影响建筑业的发展速度。改革开放以后，随着我国基本建设的迅速发展，传统材料无论在数量上还是在品种上、性能上都无法满足日益增长的基本建设的需要。因此，因地制宜地利用地方性资源和工业废料生产轻质、高强、多功能、大尺寸的新型砌体材料，是土木工程可持续发展的一项重要内容。同时，为了满足保护耕地、降低能耗的要求，我国提出了一系列限制使用黏土砖与支持鼓励新型墙体材料发展的政策，加速了墙体改革的过程，使各种新型墙砌材料不断涌现，逐步取代传统的黏土制品。

　　现在，建筑工程中使用的墙体材料有石材、砌墙砖、砌块、混凝土预制大板、轻质隔墙板、薄壁复合墙板等。

　　凡是由黏土、工业废料或其他地方资源为主要原料，以不同的工艺制成的在建筑物中用于承重墙和非承重墙的砖统称为砌墙砖。

　　砖的分类方法：

　　(1)按用途分为承重砖和非承重砖。

（2）按原材料分为黏土砖（N）、粉煤灰砖（F）、煤矸石砖（M）、页岩砖（Y）、灰砂砖（LSB）、炉渣砖（LZ）等。

（3）按外形分为普通砖、多孔砖和空心砖；普通砖是没有孔洞或孔洞率（砖面上孔洞总面积占砖面积的比例）小于 15％ 的砖；而孔洞率等于或大于 15％ 的砖称为空心砖，其中孔的尺寸小而数量多的砖又称为多孔砖。

（4）按生产工艺分为烧结砖和非烧结砖（蒸养或蒸压工艺）。

下面主要介绍烧结砖和非烧结砖。

一、烧结砖

1. 烧结普通砖

（1）烧结普通砖的定义及分类。烧结普通砖是以黏土、页岩、煤矸石、粉煤灰为主要原料，经焙烧而成的普通砖。

按主要原料分为烧结黏土砖（符号为 N）、烧结页岩砖（符号为 Y）、烧结煤矸石砖（符号为 M）和烧结粉煤灰砖（符号为 F）。

烧结黏土砖是以黏土为主要原料，经配料、制坯、干燥、焙烧而成的烧结普通砖，简称为黏土砖。

烧结页岩砖是页岩经破碎、粉磨、配料、成型、干燥和焙烧等工艺制成的砖。

烧结粉煤灰砖是向火力发电厂排出的粉煤灰中掺入适量黏土经搅拌成型、干燥和焙烧而成的承重砌体材料。

烧结煤矸石砖是以采煤和洗煤时剔除的大量煤矸石为原料，经粉碎后，根据其含碳量和可塑性进行适当配料制成的砖。焙烧时基本不需要外投煤。

（2）烧结普通砖的主要技术性质。根据《烧结普通砖》（GB/T 5101—2003）规定，强度、抗风化性能和放射性物质合格的砖，根据砖的尺寸偏差、外观质量、泛霜和石灰爆裂分为优等品（A）、一等品（B）和合格品（C）三个质量等级。

1）外形尺寸。烧结普通砖的外形为直角六面体，公称尺寸是 240 mm×115 mm×53 mm，砖的尺寸允许偏差应符合表 7-1 中的规定。

表 7-1　烧结普通砖尺寸允许偏差　　　　　　　　　　　　mm

公称尺寸	优等品		一等品		合格品	
	样本平均偏差	样本极差（≤）	样本平均偏差	样本极差（≤）	样本平均偏差	样本极差（≤）
240	±2.0	6	±2.5	7	±3.0	8
115	±1.5	5	±2.0	6	±2.5	7
53	±1.5	4	±1.6	5	±2.0	6

2）外观质量。烧结普通砖的外观质量包括两条面高度差、弯曲、杂质凸出高度、缺棱掉角、裂纹、完整面、颜色等内容，分别应符合表 7-2 中的规定。

表 7-2　烧结普通砖的外观质量标准　　　　　　　　　　　　mm

项目	优等品	一等品	合格品
两条面高度差（≤）	2	3	4

项目		优等品	一等品	合格品
弯曲(≤)		2	3	4
杂质凸出高(≤)		2	3	4
缺棱掉角的三个破坏尺寸(不得同时大于)		5	20	30
裂纹长度(≤)	a. 大面上宽度方向及其延伸至条面的长度	30	60	80
	b. 大面上长度方向及其延伸至顶面的长度或条面上水平裂纹的长度	50	80	100
完整面(不得少于)		两条面和两顶面	一条面和一顶面	
颜色		基本一致		

注：1. 为装饰而施加的色差、凹凸纹、拉毛、压花等不算做缺陷。

2. 凡有下列缺陷之一者，不得称为完整面：

(1)缺损在条面或顶面上造成的破坏尺寸同时大于 10 mm×10 mm；

(2)条面或顶面上裂纹宽度大于 1 mm，其长度超过 30 mm；

(3)压陷、粘底、焦花在条面或顶面上的凹陷或凸出超过 2 mm，区域尺寸同时大于 10 mm×10 mm。

3)强度等级。烧结普通砖是通过取 10 块砖样进行抗压强度试验，根据抗压强度平均值和标准值方法或抗压强度平均值和最小值方法来评定砖的强度等级。根据抗压强度分为 MU30、MU25、MU20、MU15、MU10 五个强度等级，各等级应满足的强度指标见表 7-3。

表 7-3　烧结普通砖的强度等级　　　　　　　　　　　　　　　　MPa

强度等级	抗压强度平均值 $f(\geqslant)$	变异系数 $\delta \leqslant 0.21$	变异系数 $\delta > 0.21$
		强度标准值 $f_k(\geqslant)$	单块最小抗压强度值 $f_{min}(\geqslant)$
MU30	30.0	22.0	25.0
MU25	25.0	18.0	22.0
MU20	20.0	14.0	16.0
MU15	15.0	10.0	12.0
MU10	10.0	6.5	7.5

4)泛霜和石灰爆裂。泛霜是指在新砌筑的砖砌体表面，有时会出现一层白色的粉状物。国家标准严格规定烧结制品中优等品不允许出现泛霜，一等品不允许出现中等泛霜，合格品不允许出现严重泛霜。

石灰爆裂是烧结砖的原料中夹杂着石灰石，焙烧时石灰石被烧成生石灰块，在使用过程中生石灰吸水熟化转变为熟石灰，固相体积增大近一倍造成制品爆裂的现象。

5)抗风化性能。抗风化性能是指材料在干湿变化、温度变化、冻融变化等物理因素作用下不破坏并保持原有性质的能力。我国按风化指数将各省、自治区、直辖市划分为严重风化区和非严重风化区，见表 7-4。抗风化性能是烧结普通砖重要的耐久性之一，对砖的抗风化性能要求应根据各地区风化程度的不同而定。烧结普通砖的抗风化性能通常以其抗冻性、吸水率及饱和系数等指标判别。严重风化区中的1、2、3、4、5地区(表7-4)的砖必须进行冻融试验，其抗冻性能必须符合《烧结普通砖》(GB/T 5101—2003)的规定，其他地区的砖符合表7-5的规定时，可以不做冻融试验，否则必须进行冻融试验。

表7-4 我国风化地区划分

严重风化区	非严重风化区
1. 黑龙江省；2. 吉林省；3. 辽宁省；4. 内蒙古自治区；5. 新疆维吾尔自治区；6. 宁夏回族自治区；7. 甘肃省；8. 青海省；9. 陕西省；10. 山西省；11. 河北省；12. 北京市；13. 天津市	1. 山东省；2. 河南省；3. 安徽省；4. 江苏省；5. 湖北省；6. 江西省；7. 浙江省；8. 四川省；9. 贵州省；10. 湖南省；11. 福建省；12. 台湾省；13. 广东省；14. 广西壮族自治区；15. 海南省；16. 云南省；17. 西藏自治区；18. 上海市；19. 重庆市

表7-5 烧结普通砖的抗风化性能

砖种类	严重风化区				非严重风化区			
	5 h沸煮吸水率/%(≤)		饱和系数(≤)		5 h沸煮吸水率/%(≤)		饱和系数(≤)	
	平均值	单块最大值	平均值	单块最大值	平均值	单块最大值	平均值	单块最大值
黏土砖	18	20	0.85	0.87	19	20	0.88	0.90
粉煤灰砖	21	23			23	25		
页岩砖	16	18	0.74	0.77	18	20	0.78	0.80
煤矸石砖								

(3)烧结普通砖的应用。烧结普通砖除可用于砌筑承重墙体或非承重墙体外，还可砌筑砖柱、拱、烟囱、筒拱式过梁和基础等，也可与轻质混凝土、保温隔热材料等配合使用。在砖砌体中，配置适当的钢筋或钢丝网，可作为薄壳结构、钢筋砖过梁等。

【小提示】 黏土砖的缺点是：制砖取土大量毁坏良田，砖自重大，消耗能源，污染环境，成品尺寸小，施工效率低，抗震性能差等。因此，国家为促进墙体材料结构调整和技术进步，提高建筑工程质量和改善建筑功能，出台了一系列政策。根据我国墙体材料革新和墙体材料"十五"规划要求，全国已有170个大中城市于2003年6月30日以前禁止使用实心黏土砖。目前，我国正大力推广墙体材料改革，以空心砖、工业废渣砖及砌块、轻质板材来代替实心黏土砖。

2. 烧结多孔砖和烧结空心砖

近年来，墙体材料逐渐向轻质化、多功能方向发展，逐渐推广和使用多孔砖和空心砖。用多孔砖或空心砖代替实心砖可使建筑物自重减轻1/3左右，节约原料20%～30%，节省燃料10%～20%，且烧成率高，造价降低20%，施工效率提高40%，并能改善砖的绝热和隔声性能，在相同的热工性能要求下，用空心砖砌筑的墙体厚度可减薄半砖左右。

(1)烧结多孔砖。

1)定义：以黏土、页岩、煤矸石、粉煤灰为主要原料，经焙烧而成的孔洞率等于或大于15%，孔洞小、数量多并主要用于承重部位的砖。

2)产品分类：根据《烧结多孔砖和多孔砌块》(GB 13544—2011)的规定，按主要原料分为黏土砖(N)、页岩砖(Y)、煤矸石砖(M)、粉煤灰砖(F)、淤泥砖(U)和固体废弃物砖(G)。

3)规格。烧结多孔砖的长度、宽度和高度尺寸应符合下列要求:

①外形尺寸。烧结多孔砖的外形为直角六面体,如图 7-1 所示,其长度、宽度、高度尺寸为:290 mm、240 mm、190 mm、180 mm、140 mm、115 mm、90 mm。

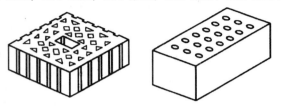

图 7-1　烧结多孔砖

烧结多孔砖砌筑时孔洞应垂直于承压面。砖的尺寸偏差应符合表 7-6 中的要求。

表 7-6　多孔砖尺寸允许偏差　　　　　　　　　　　　　　　　mm

尺寸	样本平均偏差	样本极差(≤)
>400	±3.0	10
300~400	±2.5	9
200~300	±2.5	8
100~200	±2.0	7
<100	±1.5	6

②外观质量。烧结多孔砖的外观质量应符合表 7-7 中的规定。

表 7-7　多孔砖外观质量　　　　　　　　　　　　　　　　mm

项目		指标
1. 完整面	不得少于	一条面和一顶面
2. 缺棱掉角的三个破坏尺寸	不得同时大于	30
3. 裂纹长度		
(1)大面(有孔面)上深入孔壁 15 mm 以上宽度方向及延伸到条面的长度	不大于	80
(2)大面(有孔面)上深入孔壁 15 mm 以上长度方向及延伸到顶面的长度	不大于	100
(3)条顶面上的水平裂纹	不大于	100
4. 杂质在砖面上造成的凸出高度	不大于	5
注:凡有下列缺陷之一者,不能称为完整面: (1)缺损在条面或顶面上造成的破坏面尺寸同时大于 20 mm×30 mm; (2)条面或顶面上裂纹宽度大于 1 mm,其长度超过 70 mm; (3)压陷、焦花、粘底在条面或顶面上的凹陷或凸出超过 2 mm,区域最大投影尺寸同时大于 20 mm×30 mm。		

③强度等级。多孔砖的强度等级与烧结普通砖一样,分为 MU30、MU25、MU20、MU15、MU10 五个强度等级,各等级应满足的强度指标见表 7-8。

表 7-8　烧结多孔砖的强度等级　　　　　　　　　　　　　　　　　　MPa

强度等级	抗压强度平均值 $\overline{f}(\geqslant)$	强度标准值 $f_k(\geqslant)$
MU30	30.0	22.0
MU25	25.0	18.0
MU20	20.0	14.0
MU15	15.0	10.0
MU10	10.0	6.5

④密度等级。砖的密度等级分为 1 000、1 100、1 200、1 300 四个等级，见表 7-9。

表 7-9　烧结多孔砖的密度等级　　　　　　　　　　　　　　　　　　kg/m³

密度等级	3 块砖干燥表观密度平均值
1 000	900～1 000
1 100	1 000～1 100
1 200	1 100～1 200
1 300	1 200～1 300

⑤产品标记。烧结多孔砖的产品标记按产品名称、品种、规格、强度等级、密度等级和标准编号的顺序编写。

例如，规格尺寸 290 mm×140 mm×90 mm、强度等级 MU25、密度 1 200 级的黏土烧结多孔砖，其标记为：烧结多孔砖 N 290×140×90 MU25 1 200 GB 13544—2011。

⑥孔型孔结构及孔洞率。孔型孔结构及孔洞率应符合表 7-10 中的规定。

表 7-10　烧结多孔砖的孔型孔结构及孔洞率

孔型	孔洞尺寸/mm		最小外壁厚/mm	最小肋厚/mm	孔洞率/%	孔洞排列
	孔宽度尺寸 b	孔长度尺寸 L				
矩形条孔或矩形孔	≤13	≤40	≥12	≥5	≥28	1. 所有孔宽应相等。孔采用单向或双向交错排列； 2. 孔洞排列上下、左右应对称，分布均匀，手抓孔的长度方向尺寸必须平行于砖的条面

注：1. 矩形孔的孔长 L、孔宽 b 满足式 $L\geqslant 3b$ 时，为矩形条孔。
　　2. 孔四个角应做成过渡圆角，不得做成直尖角。
　　3. 如设有砌筑砂浆槽，则砌筑砂浆槽不计算在孔洞率内。
　　4. 规格大的砖应设置手抓孔，手抓孔尺寸为(30～40) mm×(75～85) mm。

⑦泛霜和石灰爆裂。每块砖不允许出现严重泛霜。破坏尺寸大于 2 mm 且小于或等于 15 mm 的爆裂区域，每组砖不得多于 15 处，其中大于 10 mm 的不得多于 7 处。不允许出现破坏尺寸大于 15 mm 的爆裂区域。

⑧抗风化性能。严重风化区中的 1、2、3、4、5 地区的砖和其他地区以淤泥、固体废弃物为主要原料生产的砖必须进行冻融试验，其他地区以黏土、粉煤灰、页岩、煤矸石为主要原料生产的砖的抗风化性能符合表 7-11 规定时可以不做冻融试验，否则必须进行冻融试验。

表 7-11　烧结多孔砖的抗风化性能

砖种类	严重风化区				非严重风化区			
	5 h 沸煮吸水率/%(≤)		饱和系数(≤)		5 h 沸煮吸水率/%(≤)		饱和系数(≤)	
	平均值	单块最大值	平均值	单块最大值	平均值	单块最大值	平均值	单块最大值
黏土砖	21	23	0.85	0.87	23	25	0.88	0.90
粉煤灰砖	23	25			30	32		
页岩砖	16	18	0.74	0.77	18	20	0.78	0.80
煤矸石砖	19	21			21	23		

⑨烧结多孔砖的应用。烧结多孔砖强度较高，主要用于砌筑 6 层以下建筑物的承重墙或高层框架结构填充墙（非承重墙）。由于为多孔构造，故不宜用于基础墙的砌筑。

（2）烧结空心砖。烧结空心砖是以黏土、页岩、煤矸石为主要原料，经焙烧而成的孔洞率不小于 35%，孔洞平行于大面和条面，且孔洞尺寸大、数量少的砖，主要用于非承重部位。

1）外形尺寸。烧结空心砖的外形为直角六面体，在与砂浆的接合面上应设有增加结合力的深度 1 mm 以上的凹线槽，如图 7-2 所示，其长度、宽度、高度尺寸为：390 mm、290 mm、240 mm、190 mm、180(175)mm、140 mm、115 mm、90 mm。

2）质量等级。烧结空心砖根据体积密度分为 800、900、1 000、1 100 四个密度级别，《烧结空心砖和空心砌块》（GB

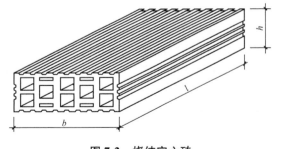

图 7-2　烧结空心砖
l—长度；*b*—宽度；*h*—高度

13545—2014)规定，每个密度级别中强度、密度、抗风化性能和放射性物质合格的砖根据尺寸偏差、外观质量、孔洞排列及其结构、泛霜、石灰爆裂、吸水率分为优等品(A)、一等品(B)和合格品(C)三个产品等级，各产品等级对应的强度等级及具体指标要求见表 7-12～表 7-15。

表 7-12　烧结空心砖的强度等级

强度等级	抗压强度/MPa		
	抗压强度平均值 $\bar{f}$(≥)	变异系数 $\delta \leqslant 0.21$	变异系数 $\delta > 0.21$
		强度标准值 f_k(≥)	单块最小抗压强度值 f_{min}(≥)
MU10.0	10.0	7.0	8.0
MU7.5	7.5	5.0	5.8
MU5.0	5.0	3.5	4.0
MU3.5	3.5	2.5	2.8

表 7-13 烧结空心砖孔洞要求

孔洞排列	孔洞排数/排		空洞率/%	孔型
	宽度方向	高度方向		
有序或交错排列	$b \geqslant 200$ mm　　$\geqslant 4$ $B < 200$ mm　　$\geqslant 3$	$\geqslant 2$	$\geqslant 40$	矩形孔

表 7-14 烧结空心砖尺寸偏差要求　　　　　mm

尺寸	样本平均偏差	样品极差(≤)
>300	±3.0	7.0
200~300	±2.5	6.0
100~200	±2.0	5.0
<100	±1.7	4.0

表 7-15 烧结空心砖外观质量要求　　　　　mm

项目		指标
1. 弯曲	不大于	4
2. 缺棱掉角的三个破坏尺寸	不得同时大于	30
3. 垂直度差	不大于	4
4. 未贯穿裂纹长度		
①大面上宽度方向及其延伸到条面的长度	不大于	100
②大面上长度方向或条面上水平面方向的长度	不大于	120
5. 贯穿裂纹长度		
①大面上宽度方向及其延伸到条面的长度	不大于	40
②壁、肋沿长度方向、宽度方向及其水平方向的长度	不大于	40
6. 肋、壁内残缺长度	不大于	40
7. 完整图 *	不小于	一条面成一大面

注: * 凡有下列缺陷之一者, 不能称为完整图:
　　a)缺损在大面、条面上造成的破坏面尺寸同时大于 20 mm×30 mm;
　　b)大面、条面上裂纹宽度大于 1 mm, 其长度超过 70 mm;
　　c)压陷、粘底、焦花在大面、条面上的凹陷或凸出超过 2 mm, 区域尺寸同时大于 20 mm×30 mm。

(3)烧结多孔砖与烧结空心砖的应用。烧结多孔砖作为烧结普通砖的替代产品, 主要用于承重砌体结构, 其应用范围与烧结普通砖相同。烧结空心砖的自重轻, 强度较低, 主要用于非承重砌体结构, 如框架结构的填充墙。

二、非烧结砖

蒸压(养)砖是以含钙材料(石灰、电石渣等)和含硅材料(砂子、粉煤灰、煤矸石、灰渣、炉渣等)与水拌和, 经坯料制备、压制成型, 在自然条件下或人工热合成条件下(常压或高压蒸汽养护)反应生成以水化硅酸钙、水化铝酸钙为主要胶结料的硅酸盐建筑制品。蒸养(压)砖具有要求的强度, 故也称为硅酸盐砖。这种不经焙烧而制成的砖均称为非烧结砖, 如碳化砖、免烧免蒸砖、蒸养(压)砖等。目前, 应用较广的是蒸养(压)砖。

非烧结砖的主要品种有蒸压灰砂砖、粉煤灰砖、炉渣砖等，其规格尺寸与烧结普通砖相同。

1. 蒸压灰砂砖(LSB)

(1)定义。蒸压灰砂砖是用磨细生石灰和天然砂为主要原料，经混合搅拌、陈化(使生石灰充分熟化)、轮碾、坯料制备、加压成型、蒸压养护(175 ℃～191 ℃，0.8～1.2 MPa 的饱和蒸汽)而成的砖。灰砂砖的组织均匀密实、尺寸准确、外形光洁、平整、色泽大方，多为浅灰色。

(2)蒸压灰砂砖的主要技术性质与要求。蒸压灰砂砖的规格尺寸同烧结普通砖，为 240 mm×115 mm×53 mm，有彩色(C_O)和本色(N)两类。表观密度为 1 800～1 900 kg/m^3，导热系数为 0.61 W/(m·K)。根据《蒸压灰砂砖》(GB 11945—1999)规定，按抗压强度和抗折强度分为 MU25、MU20、MU15、MU10 四个强度等级。根据产品的外观与尺寸偏差、强度和抗冻性分为优等品(A)、一等品(B)和合格品(C)三个质量等级。蒸压灰砂砖的强度等级和抗冻性指标见表 7-16，尺寸偏差和外观质量见表 7-17。

表 7-16　蒸压灰砂砖的强度等级和抗冻性指标

强度等级	强度指标				抗冻性指标	
	抗压强度/MPa(≥)		抗折强度/MPa(≥)		冻后抗压强度平均值/MPa(≥)	单块砖干质量损失/%(≤)
	平均值	单块值	平均值	单块值		
MU25	25.0	20.0	5.0	4.0	20.0	2.0
MU20	20.0	16.0	4.0	3.2	16.0	
MU15	15.0	12.0	3.3	2.6	12.0	
MU10	10.0	8.0	2.5	2.0	8.0	

表 7-17　蒸压灰砂砖的尺寸偏差和外观质量

项目		优等品	一等品	合格品
尺寸偏差/mm	长度(L)	±2	±2	±3
	宽度(B)	±2		
	高度(H)	±1		
缺棱掉角	个数/个(≤)	1	1	2
	最大尺寸/mm(≤)	10	15	20
	最小尺寸/mm(≤)	5	10	10
	对应高度差/mm(≤)	1	2	3
裂纹/mm(≤)	条数/条(≤)	1	1	2
	大面上宽度方向及其延伸到条面的长度/mm(≤)	20	50	70
	大面上长度方向及其延伸到顶面的长度或条、顶面水平裂纹的长度/mm(≤)	30	70	100

(3)蒸压灰砂砖的性能。

1)耐热性、耐酸性差。蒸压灰砂砖中含有氢氧化钙等不耐热和不耐酸的组分，不宜用于长期受热高于 200 ℃、受急冷急热交替作用或有酸性介质的建筑部位。

2)耐水性良好，但抗流水冲刷能力差。砖中的氢氧化钙的组分在流动水的作用下会流失，则蒸压灰砂砖不能用于有流水冲刷的建筑部位，如落水管出水处和水龙头下面等。

3)与砂浆黏结力差。蒸压灰砂砖表面光滑平整，与砂浆黏结力差。在砌筑时必须采取相应措施，如采用高黏度的专用砂浆，以防止渗雨、漏水和墙体开裂。

4)蒸压灰砂砖自生产之日起，应放置 1 个月以后，方可使用。砌筑蒸压灰砂砖砌体时，砖的含水率宜为 8%～12%，严禁使用干砖或含水饱和砖，蒸压灰砂砖严禁与其他品种砖同层混砌。

(4)使用范围。蒸压灰砂砖主要用于工业与民用建筑中，MU25、MU20、MU15 的灰砂砖可用于基础及其他建筑；MU10 的灰砂砖仅可用于防潮层以上的建筑。由于灰砂砖在长期高温作用下会发生破坏，故灰砂砖不得用于长期受 200 ℃ 以上或受急冷急热和有酸性介质侵蚀的建筑部位，如不能砌筑炉衬或烟囱等。

2. 粉煤灰砖(FAB)

(1)定义。粉煤灰砖是以粉煤灰、石灰为主要原料，掺入适量石膏等外加剂和其他集料，经坯料制备、压制成型、高压养护而成的砖。按湿热养护条件不同，分别称作蒸压粉煤灰砖、蒸养粉煤灰砖及自养粉煤灰砖。

(2)粉煤灰砖的主要技术性质与要求。根据《粉煤灰砖》(JC/T 239—2014)规定，粉煤灰砖按抗压强度和抗折强度划分为 MU30、MU25、MU20、MU15、MU10 五个强度等级，其强度等级应符合表 7-18 中的规定，抗冻性应符合表 7-19 中的规定。

表 7-18　粉煤灰砖的强度等级

强度等级	强度指标			
	抗压强度/MPa(≥)		抗折强度/MPa(≥)	
	平均值	单块最小值	平均值	单块最小值
MU30	30.0	24.0	4.8	3.8
MU25	25.0	20.0	4.5	3.6
MU20	20.0	16.0	4.0	3.2
MU15	15.0	12.0	3.7	3.0
MU10	10.0	8.0	2.5	2.0

表 7-19　粉煤灰砖的抗冻性

使用地区	抗冻指标	质量损失率/%	抗压强度损失率/%
夏热冬暖地区	D15		
夏热冬冷地区	D25	≤5	≤25
寒冬地区	D35		
严寒地区	D50		

(3)使用范围。粉煤灰砖适用于一般工业和民用建筑的墙体、基础。凡长期处于 200 ℃

高温且受急冷、急热及具有酸性侵蚀的部位，禁止使用粉煤灰砖。为避免或减少收缩裂缝的产生，用粉煤灰砖砌筑的建筑物，应适当增设圈梁及伸缩缝。

3. 炉渣砖

炉渣砖旧称为煤渣砖，是以煤渣（煤燃烧后的炉渣）为主要原料，加入适量石灰、石膏等材料，经混合、压制成型、蒸汽或蒸压养护而制成的实心砖，颜色呈黑灰色。

根据《炉渣砖》（JC/T 525—2007）的规定，炉渣砖的公称尺寸为 240 mm×115 mm×53 mm。按其抗压强度分为 MU25、MU20、MU15 三个强度等级，其各级强度应满足表 7-20 中的要求。其尺寸规格与普通砖相同，呈黑灰色，体积密度为 1 500～2 000 kg/m³，吸水率为 6%～19%。

该类砖可用于一般工程的内墙和非承重外墙，但不得用于受高温、受急冷急热交替作用或有酸性介质侵蚀的部位。

表 7-20　炉渣砖的强度等级　　　　　　　　　　　　　　　　　　MPa

强度等级	抗压强度平均值 $\bar{f}$（≥）	变异系数 $\delta \leqslant 0.21$	变异系数 $\delta > 0.21$
		强度标准值 f_k（≥）	单块最小抗压强度 f_{min}（≥）
MU25	25	19.0	20.0
MU20	20	14.0	16.0
MU15	15	10.0	12.0

第二节　墙用砌块

砌块是建筑用人造块材，是一种尺寸比砌墙砖大、比大板小的新型墙体材料。其外形多为直角六面体，也有各种异形的。砌块系列中主规格的长度、宽度或高度有一项或一项以上分别大于 365 mm、240 mm 或 115 mm，但高度不大于长度或宽度的 6 倍，长度不超过高度的 3 倍。砌块的造型、尺寸、颜色、纹理和断面可以多样化，能满足砌体建筑的需要，既可以用来作结构承重材料、特种结构材料，也可以作为墙面的装饰材料和功能材料。其具有适用性强、原料来源广、制作以及使用方便等特点。

砌块是近年来迅速发展起来的一种砌筑材料，可以充分利用地方资源和工业废渣，并可节省黏土资源和改善环境，无论在严寒地区或温带地区、地震区或非地震区，各种类型的多层或低层建筑中都能适用并满足高质量的要求，因此砌块在世界上发展很快，目前已有 100 多个国家生产小型砌块。砌块具有生产工艺简单、原料来源广、适应性强、制作及使用方便灵活、可改善墙体功能等特点，因此发展较快，特别是高强砌块和配筋混凝土砌体已发展并用以建造高层建筑的承重结构。

【小提示】　砌块按规格可分为大型砌块（高度＞980 mm）、中型砌块（高度为 380～980 mm）和小型砌块（高度为 115～380 mm）；按用途可分为承重砌块和非承重砌块；按孔洞率分为实心砌块、空心砌块；按原料的不同可分为硅酸盐混凝土砌块、普通混凝土砌块、轻集料混凝土砌块。

一、蒸压加气混凝土砌块(代号 ACB)

1. 定义

蒸压加气混凝土砌块简称加气混凝土砌块,代号 ACB,是以钙质材料(水泥、石灰)和硅质材料(砂、矿渣、粉煤灰)加气剂为基本原料,经过磨细,并以铝粉为发气剂,按一定比例配合,再经过料浆浇筑、发气成型、坯体切割和蒸压养护等工艺制成的一种轻质、多孔的建筑材料。

如以粉煤灰、石灰、石膏和水泥等为基本原料制成的砌块,称为蒸压粉煤灰加气混凝土砌块;以磨细砂、矿渣粉和水泥等为基本原料制成的砌块,称为蒸压矿渣砂加气混凝土砌块。

2. 蒸压加气混凝土砌块的主要技术要求

(1)砌块的强度级别。砌块按抗压强度分为 A1.0、A2.0、A2.5、A3.5、A5.0、A7.5、A10.0 七个强度级别,各级别的立方体抗压强度值见表 7-21。

(2)干密度等级。砌块按干密度分为 B03、B04、B05、B06、B07、B08(如 04 为干密度≤400)六个干密度级别(表 7-22)。

(3)砌块的强度级别。蒸压加气混凝土砌块按尺寸偏差和外观质量、强度级别、干密度和抗冻性分为优等品(A)、合格品(B)两个质量等级,其具体指标见表 7-23。

(4)砌块的干燥收缩、抗冻性和导热系数。蒸压加气混凝土砌块孔隙率较高,抗冻性较差,保温性较好;出窑时含水率较高,干缩值较大。砌块的干缩值、抗冻性和导热系数(干态)应符合表 7-24 中的规定。

表 7-21　蒸压加气混凝土砌块的抗压强度

强度级别	立方体抗压强度/MPa(≥)	
	平均值	单组最小值
A1.0	1.0	0.8
A2.0	2.0	1.6
A2.5	2.5	2.0
A3.5	3.5	2.8
A5.0	5.0	4.0
A7.5	7.5	6.0
A10.0	10.0	8.0

表 7-22　蒸压加气混凝土砌块的干密度级别　　　　　　　　　　kg/m³

干密度级别		B03	B04	B05	B06	B07	B08
干密度	优等品(A)(≤)	300	400	500	600	700	800
	合格品(B)(≤)	325	425	525	625	725	825

表 7-23　蒸压加气混凝土砌块的强度级别

干密度级别		B03	B04	B05	B06	B07	B08
强度级别	优等品(A)	A1.0	A2.0	A2.5	A5.0	A7.5	A10.0
	合格品(B)			A3.5	A3.5	A5.0	A7.5

表 7-24　蒸压加气混凝土砌块的干缩值、抗冻性和导热系数

体积密度级别		B03	B04	B05	B06	B07	B08
干缩值	标准法/(mm·m⁻¹)(≤)	0.5					
	快速法/(mm·m⁻¹)(≤)	0.8					
抗冻性	质量损失/%(≤)	5.0					
	冻后强度/MPa(≥) 优等品(A)	0.8	1.6	2.8	4.0	6.0	8.0
	冻后强度/MPa(≥) 合格品(B)			2.0	2.8	4.0	6.0
导热系数(干态)/[W·(m·K)⁻¹](≤)		0.10	0.12	0.14	0.16	0.18	0.20

3. 蒸压加气混凝土砌块的特性及应用

蒸压加气混凝土砌块表观密度小、质量小(仅为烧结普通砖的1/3),具有保温隔热、隔声性能好、抗震性强、耐火性好、易于加工、施工方便等特点,是应用较多的轻质墙体材料之一。工程应用可使建筑物自重减轻 2/5~1/2,有利于提高建筑物的抗震性能,并降低建筑成本。多孔砌块保温隔热性能好,只有烧结普通砖的1/5;有一定的吸声能力,但隔声性能较差;干燥收缩较大,吸湿膨胀,制品或接缝处易出现裂缝,为避免墙体出现裂缝,必须在结构和建筑上采取一定的措施;吸水导湿缓慢,在抹灰前如果采用与烧结普通砖同样的方式往墙上浇水,烧结普通砖容易吸足水量,而蒸压加气混凝土砌块表面看起来浇水不少,实则吸水不多,抹灰后烧结普通砖墙壁上的抹灰层可以保持湿润,而蒸压加气混凝土砌块墙抹灰层反被砌块吸去水分而容易产生干裂;砌块加工性能好(可钉、可锯、可刨、可黏结),使施工便捷;制作砌块可利用工业废料,有利于保护环境。

蒸压加气混凝土砌块适用于低层建筑的承重墙、多层建筑的间隔墙和高层框架结构的填充墙,也可用于一般工业建筑的围护墙,作为保温隔热材料也可用于复合墙板和屋面结构中,还可用于抗震圈梁构造柱多层建筑的外墙或保温隔热复合墙体。加气混凝土砌块不得用于建筑基础和处于浸水、高湿和有化学侵蚀的环境中,也不能用于承重制品表面温度高于 80 ℃ 的建筑部位。因为风化和冻融会影响蒸压加气混凝土砌块的寿命,长期暴露在大气中,日晒雨淋,干湿交替,蒸压加气混凝土砌块会风化而产生开裂破坏,在局部受潮时,冬季有时会产生局部冻融破坏。

二、粉煤灰混凝土小型空心砌块

粉煤灰混凝土小型空心砌块(FHB)是以粉煤灰、水泥、集料等为原料,加水搅拌、振动成型、蒸汽养护后制成的砌块。其中,水泥用量应不低于原材料干质量的10%。粉煤灰用量应不低于原材料干质量的20%,也不高于原材料干质量的50%。

根据《粉煤灰混凝土小型空心砌块》(JC/T 862—2008)的规定,按砌块密度可分为600、700、800、900、1 000、1 200 和 1 400 七个等级。按砌块抗压强度可分为 MU3.5、MU5、MU7.5、MU10、MU15 和 MU20 六个等级。粉煤灰混凝土小型空心砌块强度等级见表 7-25。

表 7-25　粉煤灰混凝土小型空心砌块强度等级（JC/T 862—2008）　　　MPa

强度等级	抗压强度平均值 $\overline{f}(\geqslant)$	强度最小值 $f_{min}(\geqslant)$
MU3.5	3.5	2.8
MU5	5.0	4.0
MU7.5	7.5	6.0
MU10	10.0	8.0
MU15	15.0	12.0
MU20	20.0	16.0

　　干燥收缩率应不大于 0.060%，碳化系数应不小于 0.8，软化系数应不小于 0.8，相对含水率和抗冻性应符合标准规定。

　　粉煤灰砌块适用于工业与民用建筑的承重墙、非承重墙体和基础，但不宜用于具有酸性侵蚀的、密封性要求高的以及受较大振动影响的建筑物，也不宜用于经常受高温的承重墙和经常受潮湿的承重墙。

三、普通混凝土小型砌块

1. 定义

　　普通混凝土小型砌块是以水泥混凝土拌合物为原料，经装模、振动、成型、养护而成的。

2. 普通混凝土小型砌块技术性质要求

　　(1)混凝土小型砌块的规格尺寸见表 7-26。

表 7-26　混凝土小型砌块的规格尺寸　　　mm

长度	高度	宽度
390	90、120、140、190、240、290	90、140、190
注：其他规格尺寸可由供需双方协商确定，采用薄灰缝砌筑的块型，相关尺寸可作相应调整。		

　　(2)混凝土小型砌块的抗压强度分级见表 7-27。

表 7-27　混凝土小型砌块的抗压强度分级　　　MPa

砌块种类	承重砌块(L)	非承重砌块(N)
空心砌块(H)	7.5、10.0、15.0、20.0、25.0	5.0、7.5、10.0
实心砌块(S)	15.0、20.0、25.0、30.0、35.0、40.0	10.0、15.0、20.0

　　(3)混凝土小型砌块的尺寸允许偏差应符合表 7-28 中的规定。对于薄灰缝砌块，其高度允许偏差控制在 +1 mm、-2 mm。

表 7-28　混凝土小型砌块的尺寸允许偏差　　　　　　　　　　　　　　　mm

项目名称	技术指标
长度	±2
宽度	±2
高度	+3，−2

注：免浆砌块的尺寸允许偏差，应由企业根据块型特点自行给出，尺寸偏差不应影响垒砌和墙片性能。

（4）混凝土小型砌块的外观质量应符合表 7-29 中的规定。

表 7-29　混凝土小型砌块的外观质量

项目名称		技术指标
弯曲	不大于	2 mm
缺棱掉角	个数　不超过	1 个
	三个方向投影尺寸的最大值　不大于	20 mm
裂纹延伸的投影尺寸累计	不大于	30 mm

（5）混凝土小型砌块的强度等级应符合表 7-30 中的规定。

表 7-30　混凝土小型砌块的强度等级　　　　　　　　　　　　　　　MPa

强度等级	抗压强度	
	平均值（≥）	单块最小值（≥）
MU5.0	5.0	4.0
MU7.5	7.5	6.0
MU10	10.0	8.0
MU15	15.0	12.0
MU20	20.0	16.0
MU25	25.0	20.0
MU30	30.0	24.0
MU35	35.0	28.0
MU40	40.0	32.0

3. 普通混凝土小型砌块的吸水率和软化系数

一般而言，混凝土砌块的吸水率和软化系数取决于原材料的种类、配合比、砌块的密实度和生产工艺等。用普通砂、石作集料生产的砌块，吸水率低，软化系数较高；用轻集料生产的砌块，吸水率高，软化系数低。砌块密实度高，则吸水率低，软化系数高；反之，则吸水率高，软化系数低。通常，普通混凝土砌块的吸水率为 6%～8%，软化系数为 0.85～0.95。

4. 普通混凝土小型砌块的应用

普通混凝土小型砌块适用于地震设计烈度为 8 度和 8 度以下地区的一般民用与工业建筑物的墙体，对用于承重墙和外墙的砌块，砌块墙体会产生因碳化引起收缩和结构中其他部位位移的影响，当收缩与位移受到约束时，墙体产生应力，当砌体的收缩受到遏制时墙体会产生拉应力。当应力超过砌体的受拉强度和砂浆与砌体的黏结强度，或者超过了水平灰缝的抗剪强度时，墙体就会产生裂缝，因此要求其干缩值小于 0.5 mm/m。

四、轻集料混凝土小型空心砌块

轻集料混凝土小型空心砌块(代号 LHB)是由水泥、砂(轻砂或普通砂)、轻粗集料、水等经搅拌、成型而得的。

随着社会的发展，国内外使用轻集料混凝土小型空心砌块越来越广泛。轻集料混凝土小型空心砌块较普通混凝土小型空心砌块具有许多优势：轻质，表观密度最大不超过 1 400 kg/m³，保温性好；有利于综合治理与应用，其集料可采用页岩陶粒、黏土陶粒、粉煤灰陶粒，也可以采用煤矸石、煤渣、液态渣、钢渣等工业废料，净化环境；强度较高，可作为承重材料，建造 5~7 层的砌块建筑。

目前，常用的轻集料混凝土小型空心砌块按其孔的排数分为单排孔、双排孔、三排孔和四排孔四类，按所用轻集料的不同分为陶粒混凝土小砌块、火山渣混凝土小砌块和煤渣混凝土小砌块三种。

轻集料混凝土小型空心砌块的主要技术性质和要求：

(1)规格尺寸。轻集料混凝土小型空心砌块按砌块孔的排数分为四类：单排孔(1)、双排孔(2)、三排孔(3)和四排孔(4)。轻集料混凝土小型空心砌块的主规格尺寸为 390 mm×190 mm×190 mm，为满足一般多层住宅建筑需要，其块型通常有 7~12 种，其他尺寸可由供需双方商定。

(2)干表观密度。轻集料混凝土小型空心砌块按干表观密度(kg/m³)分为 700、800、900、1 000、1100、1 200、1 300、1 400 八个密度等级。

(3)强度等级。轻集料混凝土小型空心砌块按其强度可分为 MU2.5、MU3.5、MU5.0、MU7.5、MU10.0 五个等级；主要用于保温墙体(<3.5 MPa)或非承重墙体、承重保温墙体(≥3.5 MPa)。

第三节　墙用板材及屋面材料

墙用板材是一类新型墙体材料，一般为轻质复合墙板。轻质复合墙板一般是由强度和耐久性较好的普通混凝土板或金属板作为结构层或外墙面板，采用矿棉、聚氨酯棉和聚苯乙烯泡沫塑料、加气混凝土作为保温层，采用各类轻质板材作为面板或内墙面板。它具有保温隔热、轻质、高强、节能、利废、隔声、防水、改善建筑功能及自承重等许多优点，并且改变了墙体砌筑的传统工艺，摆脱了人海式施工，通过黏结、组合等方法进行墙体施工，加快了建筑施工的速度。

随着建筑结构体系的改革和大开间多功能框架结构的发展，各种轻质和复合墙用板材也蓬勃兴起。我国目前可用于墙体的板材品种很多，有承重用的预制混凝土大板，质量较小的石膏板和加气硅酸盐板，各种植物纤维板及轻质多功能复合板材，隔热保温的铝合金夹芯板、彩钢夹芯板、泰柏板等类型。新型墙体材料正朝着大型化、轻质化、节能化、利废化、复合化、装饰化以及集约化等方面发展。下面介绍几种常用的墙板。

一、水泥类墙用板材

水泥类墙用板材具有较好的力学性能和耐久性。其生产技术成熟，产品质量可靠，可用于承重墙、外墙和复合墙板的外层面。水泥类墙板的品种主要有玻璃纤维增强水泥轻质多孔隔墙条板（GRC板）、轻集料混凝土配筋墙板、纤维增强低碱度水泥建筑平板、水泥木丝板、水泥刨花板等。其主要缺点是表观密度大，抗拉强度低（大板在起吊过程中易受损）。因此，生产中可制作预应力空心板材以减轻自重和改善隔声、隔热性能，也可制作添加纤维等增强材料的薄型板材。

1. 玻璃纤维增强水泥轻质多孔隔墙条板

玻璃纤维增强水泥（简称GRC）轻质多孔隔墙条板是以低碱水泥为胶结料，耐碱玻璃纤维或其网格布为增强材料，膨胀珍珠岩为轻集料（也可用炉渣、粉煤灰等），并配以发泡剂和防水剂等，经配料、搅拌、浇筑、振动成型、脱水、养护而成的。

（1）规格尺寸。尺寸规格见表7-31。

表7-31　玻璃纤维增强水泥轻质多孔隔墙条板的产品型号及规格尺寸　　　　　mm

型号	长度(L)	宽度(B)	厚度(T)	接缝槽深(a)	接缝槽宽(b)	壁厚(c)	孔间肋厚(d)
90	2 500~3 000	600	90	2~3	20~30	≥10	≥20
120	2 500~3 500	600	120	2~3	20~30	≥10	≥20
注：其他规格尺寸可由供需双方协商解决。							

（2）物理力学性能。玻璃纤维增强水泥轻质多孔隔墙条板的物理力学性能见表7-32。

表7-32　玻璃纤维增强水泥轻质多孔隔墙条板的物理力学性能

项目		一等品	合格品
含水率/%	采暖地区（≤）	100	
	非采暖地区（≤）	15	
气干面密度/(kg·m^{-2})	90型（≤）	75	
	120型（≤）	95	
抗折破坏荷载/N	90型（≥）	2 200	2 000
	120型（≥）	3 000	2 800
干燥收缩值/(mm·m^{-1})（≤）		0.6	
抗冲击性(30 kg，0.5 m落差)		冲击5次，板面无裂缝	
吊挂力/N（≥）		1 000	
空气声计权隔声量/dB	90型（≥）	35	
	120型（≥）	40	
抗折破坏荷载保留率（耐久性）/%（≥）		80	70
放射性比适度	I_{Ra}（≤）	1.0	
	I_r（≤）	1.0	
耐火极限/h（≥）		1	
燃烧性能		不燃	

（3）特点及应用。玻璃纤维增强水泥轻质多孔隔墙条板质量小、强度高、不易变形，防

水、防潮、不燃、保温效果好，可加工性能好，可钉、可锯、可钻，装饰性强，与各种腻子、油漆、胶粘剂、水泥砂浆、装饰瓷片黏结较好，安装简便、快速，表面平整度好，无须双面抹灰，无湿作业，增加了使用面积3%～5%（与砖砌体相比）。但是其主要适用于各种填充内墙，对外墙不太适用，同时板块相接的地方因板块横向收缩容易出现裂缝，需特殊处理，单价较高。该板一般用于工业和民用建筑的内隔墙及复合墙体的外墙面。

2. 轻集料混凝土配筋墙板

以水泥为胶结料，陶粒或天然浮石等为粗集料，陶砂、膨胀珍珠岩、浮砂等为细集料，经搅拌、成型、养护而制成的配筋轻质墙板称为轻集料混凝土配筋墙板。轻集料混凝土配筋墙板可用于承重或非承重外墙板、内墙板、楼板、屋面板和阳台板等。在建筑中，多采用一间一块的内墙板、外墙板或隔墙板。

3. 纤维增强低碱度水泥建筑平板

纤维增强低碱度水泥建筑平板是以温石棉、抗碱玻璃纤维等为增强材料，以低碱水泥为胶结材料，加水混合成浆，经制坯、压制、蒸养而成的薄型平板。按石棉掺入量分为掺石棉纤维增强低碱度水泥建筑平板(代号为TK)与无石棉纤维增强低碱度水泥建筑平板(代号为NTK)。平板质量小、强度高，防潮、防火，不易变形，可加工性好。其中，掺石棉纤维的称为TK板，不掺石棉纤维的称为NTK板。常用规格：长度为1 200～3 000 mm，宽度为800～900 mm，厚度为4 mm、5 mm、6 mm和8 mm。其适用于各类建筑物的复合外墙和内隔墙，特别是高层建筑有防火、防潮要求的隔墙。

二、石膏类墙用板材

石膏类板材在轻质墙体材料中占有很大比例，主要有纸面石膏板、纤维石膏板、石膏空心条板和纤维增强石膏压力板等。

1. 纸面石膏板

纸面石膏板由石膏芯材与护面纸组成，按其用途分为普通纸面石膏板、耐水纸面石膏板、耐火纸面石膏板和耐水耐火低纸面石膏板四种。纸面石膏板主要用于建筑物内隔墙。普通纸面石膏板是以重磅纸为护面纸，若掺入耐水外加剂和采用耐水护面纸或以无机耐火纤维为增强材料，则制成的建筑板材分别称为耐水纸面石膏板或耐火纸面石膏板。

(1)纸面石膏板常用规格。纸面石膏板的常用规格：长度为1 500 mm、1 800 mm、2 100 mm、2 400 mm、2 440 mm、2 700 mm、3 000 mm、3 300 mm、3 600 mm和3 660 mm；宽度为600 mm、900 mm和1 220 mm；厚度，普通纸面石膏板为9 mm、12 mm、15 mm和18 mm，耐水纸面石膏板为9 mm、12 mm和15 mm；耐火纸面石膏板为9 mm、12 mm、15 mm、18 mm、21 mm和25 mm。

(2)纸面石膏板的主要技术要求。纸面石膏板的表观密度为800～950 kg/m³，导热系数低[约0.20 W/(m·K)]，隔声系数为35～50 dB，抗折荷载为400～800 N，表面平整，尺寸稳定。纸面石膏板具有轻质、高强、绝热、防火、防水、吸声、可加工及施工方便等特点，但用纸量较大，成本较高。

(3)纸面石膏板的特点及应用。纸面石膏板表面平整、尺寸稳定，具有自重轻、保温隔热、隔声、防火、抗震、可调节室内湿度、加工性好、施工简便等优点，但用纸量较大、成本较高。

(4)常用纸面石膏板纸体颜色。普通纸面石膏板为象牙色；防火纸面石膏板为红色；防潮纸面石膏板为绿色。

普通纸面石膏板适用于建筑物的围护墙、内隔墙和吊顶。在厨房、厕所以及空气相对湿度经常大于70%的潮湿环境使用时，必须采取相应的防潮措施。耐水纸面石膏板可用于相对湿度较大（≥75%）的环境，如卫生间、厨房、浴室等贴瓷砖、金属板、塑料面砖墙的衬板。耐火纸面石膏板主要用于对防火要求较高的房屋建筑中。

2. 纤维石膏板

纤维石膏板是以石膏为主要原料，加入适量有机或无机纤维和外加剂，经打浆、铺浆、脱水、成型、干燥而成的一种板材。纤维石膏板可节省护面纸，具有质轻、高强、耐火、隔声、韧性高的性能。其可加工性好，尺寸规格和用途与纸面石膏板相同。纤维石膏板主要用于工业与民用建筑的非承重内墙、顶棚吊顶及内墙贴面等。

3. 石膏空心条板

石膏空心条板是以建筑石膏为基材，掺以无机轻集料、无机纤维增强材料而制成的空心条板。其品种有石膏珍珠岩板、石膏纤维板和耐水增强石膏板等。石膏空心条板的常用规格：长度为 2 500～3 500 mm，宽度为 600 mm，厚度为 50～120 mm。其具有强度较高、保温性好、防火性好、耐水性较好、质轻、价廉、易施工等特点。石膏空心条板通常可制成实心、空心、复合多种形式，主要用于建筑物的非承重内隔墙。

4. 纤维增强石膏压力板

纤维增强石膏压力板又称为 AP 板，是以天然硬石膏（无水石膏）为基料，加入防水剂、激发剂、混合纤维增强剂，用圆网抄取工艺成型压制而成的轻型建筑薄板。其具有硬度高、平整度好、抗翘曲变形能力强等特点，可用于各种室内隔墙、墙体覆面和吊顶。

三、复合墙板

轻型复合板是以绝热材料为芯材，以金属材料、非金属材料为面材，经不同方式复合而成的，可分为工厂预制和现场复合两种。

1. 钢丝网架水泥夹芯板

钢丝网架水泥夹芯板类复合墙板是以镀锌细钢丝的焊接网架为骨架，中间填充聚苯乙烯等保温芯材，现场拼装后，两面涂刷聚合物水泥砂浆面层材料而成的一种复合板材。按芯材不同分为聚苯乙烯泡沫板、岩棉、矿渣棉、膨胀珍珠岩等，面层都以水泥砂浆抹面。此类板材包含泰柏系列、3D 板系列、舒乐舍板钢板网等。

钢丝网架水泥夹芯板具有轻质高强、隔热隔声、防火、防潮、防震、耐久性好、易加工、施工方便等优点。其适用于高层建筑的内隔墙、复合保温墙体的外保温层或低层建筑的承重内墙、外墙和 3 m 跨内的楼板、屋面板等。

2. 钢筋混凝土绝热材料复合外墙板

以钢筋混凝土为承重层和面层，以岩棉为芯材，在台座上一次复合而成的复合外墙板，称为钢筋混凝土绝热材料复合外墙板。其有承重墙板和非承重墙板两类。承重钢筋混凝土绝热材料复合外墙板主要用于大模和大板高层建筑，非承重墙板混凝土绝热材料复合外墙板可用于框架轻板体系和高层大模体系建筑的外墙工程。

3. 金属面夹芯板

以彩色涂层钢板为面材，以阻燃型聚苯乙烯泡沫塑料、聚氨酯泡沫塑料或岩棉、矿渣棉为芯材，用胶粘剂复合而成的墙板为金属面夹芯板。金属面夹芯板按芯材分为金属面聚苯乙烯夹芯板，金属面聚氨酯夹芯板，金属面岩棉、矿渣棉夹芯板；按面板材料分为彩钢和铝合金两大类，目前主要产品为彩钢系列。

彩钢夹芯板具有保温隔热、轻质高强、防火、防震、美观等特点。其中，聚氨酯夹芯板是世界上公认的保温隔热最佳材料。此类材料还能节省大量钢材，大大降低建筑成本。

四、屋面材料

瓦是我国使用较多、历史较长的屋面材料之一，作为防水、保温隔热的屋面材料。早期多使用小青瓦和琉璃瓦，后来发展了黏土平瓦、混凝土平瓦，近年来又发展了石棉水泥瓦、钢丝网石棉水泥瓦、塑料及其他材料制作的各种波形瓦。但黏土瓦与黏土砖一样破坏耕地、浪费资源，因此逐步被大型水泥类瓦材和高分子复合类瓦材取代。

1. 黏土瓦

黏土瓦是以黏土、页岩、煤矸石为主要原料，经压模或挤出成型，干燥焙烧而成的瓦，包括平瓦和脊瓦，配套使用。按其颜色分为红瓦和青瓦。

平瓦的尺寸有 400 mm×240 mm，380 mm×225 mm，360 mm×220 mm 三种规格，厚度均为 10～17 mm，脊瓦的长度不小于 300 mm，宽度不小于 180 mm。根据黏土瓦的尺寸偏差、外观质量和物理力学性能（抗折荷载、吸水率、抗冻性、抗渗性），分为优等品、一等品和合格品三个等级。

2. 混凝土平瓦

混凝土平瓦是以水泥、砂或无机硬质细集料为主要原料，经配料拌和、机械滚压成型和养护而成的平瓦。

混凝土平瓦标准尺寸有 400 mm×240 mm，385 mm×235 mm 两种，主体厚度为 14 mm。瓦的尺寸偏差、外观质量和物理力学性能（抗折荷载、吸水率、抗冻性、抗渗性）均应符合标准规范的要求。

3. 石棉水泥瓦

石棉水泥瓦是以石棉纤维和水泥为主要原料，经制板、压波、蒸养、烘干而成的波形板材，适用于覆盖屋面和装饰墙壁，具有防水、防潮、隔热、耐寒、绝缘等性能。

石棉水泥瓦分为大波瓦、中波瓦、小波瓦三种，其规格为：

大波瓦：长 2 800 mm、宽 994 mm、厚 6.5 mm，波距 131 mm，波高不小于 31 mm。

中波瓦：长 2 400 mm、宽 745 mm、厚 7.5 mm，波距 131 mm，波高不小于 31 mm；或长 1 800 mm、宽 745 mm、厚 6.0 mm，波距 167 mm，波高不小于 50 mm。

小波瓦：长 1 800 mm、宽 720 mm、厚 6.0 mm 或 5.0 mm，波距 63.5 mm，波高不小于 16 mm。

4. 聚氯乙烯波形瓦

聚氯乙烯波形瓦是以聚氯乙烯树脂为主体，加入其他配合剂，经塑化、挤压或压延、压波等工艺制成的波形瓦，具有轻质高强、防水、耐腐、透光、色艳等特点。其适用于凉棚、遮阳板和简易建筑物的屋面等，但不能用于接触明火的场合。

5. 玻璃钢波形瓦

玻璃钢波形瓦是以无捻玻璃纤维布和不饱和聚酯树脂为原料制成的波形瓦。具有轻质、高强、耐冲击、耐腐蚀等特点。其适用于各种建筑物的屋面和遮阳装饰等，但不能用于接触明火的场合。

6. 铝合金波纹瓦和镀锌钢板波形瓦

它们是以铝合金板和镀锌钢板压波而成的波形瓦，可用于大跨度建筑和炸药库、汽油库等防火建筑的屋面或墙面。

【知识链接】 此外，新型的屋面材料以其优越的性能逐渐替代了传统的屋面材料，现将常用的新型屋面材料的组成、主要特性及用途列表，见表7-33。

表7-33 常用屋面材料主要组成、特性及用途

品种		主要组成材料	主要特性	主要用途
水泥类	混凝土瓦	水泥、砂或无机硬质细集料	成本低、耐久性好，但质量大	民用建筑波形屋面防水
	纤维增强水泥瓦	水泥、增强纤维	防水、防潮、防腐、绝缘	厂房、库房、堆货棚、凉棚
	钢丝网水泥大波瓦	水泥、砂、钢丝网	尺寸和质量大	工厂散热车间、仓库、临时性围护结构
	玻璃钢波形瓦	不饱和聚酯树脂、玻璃纤维	轻质高强、耐冲击、耐热、耐蚀、透光率高、制作简单	遮阳、车站站台、售货亭、凉棚等屋面
高分子复合类瓦材	塑料瓦楞板	聚氯乙烯树脂、配合剂	轻质高强、防水、耐蚀、透光率高、色彩鲜艳	凉棚、遮阳板、简易建筑屋面
	木质纤维波形瓦	木纤维、酚醛树脂防水剂	防水、耐热、耐寒	活动房屋、轻结构房屋屋面、车间、仓库、临时设施等屋面
	玻璃纤维沥青瓦	玻璃纤维薄毡、改性沥青	轻质、黏结性强、抗风化、施工方便	民用建筑波形屋面
轻型复合板材	EPS轻型板	彩色涂层钢板、自熄聚苯乙烯、热固化胶	集承重、保温隔热、防水为一体，且施工方便	体育馆、展览厅、冷库等大跨度屋面结构
	硬质聚氨酯夹芯板	镀锌彩色压型钢板、硬质聚氨酯泡沫塑料	集承重、保温、防水为一体，且耐候性极强	大型工业厂房、仓库、公共设施等大跨度屋面结构和高层建筑屋面结构

▶ 本章小结

(1)烧结普通砖是以黏土、页岩、煤矸石、粉煤灰为主要原料，经焙烧而成的普通砖。

(2)烧结多孔砖是以黏土、页岩、煤矸石、粉煤灰为主要原料，经焙烧而成的孔洞率等于或大于15%，孔洞小、数量多并主要用于承重部位的砖。

(3)烧结空心砖是以黏土、页岩、煤矸石为主要原料，经焙烧而成的孔洞率不小于35%，孔洞平行于大面和条面，且孔洞尺寸大、数量少的砖，主要用于非承重部位。

(4)蒸压灰砂砖是用磨细生石灰和天然砂为主要原料,经混合搅拌、陈化(使生石灰充分熟化)、轮碾、坯料制备、加压成型、蒸压养护(175 ℃~191 ℃,0.8~1.2 MPa 的饱和蒸汽)而成的砖。

(5)粉煤灰砖是以粉煤灰、石灰为主要原料,掺入适量石膏、外加剂、颜料和集料,经坯料制备、压制成型,再经高压或常压蒸汽养护而成的实心砖。

(6)炉渣砖是以煤渣(煤燃烧后的炉渣)为主要原料,加入适量石灰、石膏等材料,经混合、压制成型、蒸汽或蒸压养护而制成的实心砖。

(7)蒸压加气混凝土砌块简称为加气混凝土砌块,代号 ACB,是以钙质材料(水泥、石灰)和硅质材料(砂、矿渣、粉煤灰)加气剂为基本原料,经过磨细,并以铝粉为发气剂,按一定比例配合,再经过料浆浇筑、发气成型、坯体切割和蒸压养护等工艺制成的一种轻质、多孔的建筑材料。

(8)粉煤灰混凝土小型空心砌块(代号 FHB)是以粉煤灰、水泥、集料等为原料,加水搅拌、振动成型、蒸汽养护后制成的砌块。

(9)普通混凝土小型砌块是以水泥混凝土拌合物为原料,经装模、振动、成型、养护而成的。

(10)轻集料混凝土小型空心砌块(代号 LHB)是由水泥、砂(轻砂或普通砂)、轻粗集料、水等经搅拌、成型而得的。

(11)水泥类墙板的品种主要有玻璃纤维增强水泥轻质多孔隔墙条板(GRC 板)、轻集料混凝土配筋墙板、纤维增强低碱度水泥建筑平板、水泥木丝板、水泥刨花板等。

(12)石膏类板材在轻质墙体材料中占有很大比例,主要有纸面石膏板、纤维石膏板、石膏空心条板和纤维增强石膏压力板等。

(13)轻型复合板是以绝热材料为芯材,以金属材料、非金属材料为面材,经不同方式复合而成的,可分为工厂预制和现场复合两种。

(14)瓦是我国使用较多、历史较长的屋面材料之一,作为防水、保温隔热的屋面材料。早期多使用小青瓦和琉璃瓦,后来发展了黏土平瓦、混凝土平瓦,近年来又发展了石棉水泥瓦、钢丝网石棉水泥瓦、塑料及其他材料制作的各种波形瓦。

📁 ▶ 思考与练习

1.烧结普通砖是用哪些原料制作的?其标准尺寸是多少?

2.烧结普通砖的技术要求有哪些?其强度等级和质量等级是如何测定、如何划分的?

3.烧结多孔砖和烧结空心砖有什么不同?它们有什么优越性?

4.烧结空心砖、烧结多孔砖、烧结普通砖三者在技术性能要求上有何差异?

5.非烧结普通砖有哪些常用品种?其强度等级是如何测定、如何划分的?

6.砌块有哪些优点?目前工程中用得较多的砌块有哪些?

7.墙用砌块与砌墙砖在应用上有何不同?你认为哪种更适用?为什么?

8.使用墙板有什么好处?常用墙板有哪些种类和品种?

9.常用的瓦有哪些品种?

第八章 建筑钢材

学习目标

通过本章的学习，了解钢材的概念、特点，钢材锈蚀的主要原因及防锈的主要方法和措施；熟悉钢材的分类，化学成分对钢材性能的影响；掌握建筑钢材的主要技术性质。

能力目标

能够根据工程实际情况选择钢材的种类，能够进行钢筋的力学性能检测。

第一节 建筑钢材的基本知识

建筑钢材是指所有用于建筑工程的钢材，如钢管、型钢、钢筋、钢丝、钢绞线等，是目前工程建设的重要材料。钢材具有高强、品质均匀及良好的塑性和韧性，抵抗冲击和振动荷载作用的能力相当强，且有便于加工装配等优点；但也存在易锈蚀、维护费用较大及耐火性差等缺点。如采取相应措施，这些缺点便可以得到改善。

一、钢材的冶炼

钢是由生铁经冶炼而成的，生铁的含碳量大于2%，同时含有较多的硫、磷等杂质，因而，生铁表现出强度较低、性脆、韧性较差等特点，且不能采用轧制或锻压等方法来进行加工。生铁的品种有白口铁、灰口铁、铁合金等。白口铁为炼钢用铁，炼钢是对熔融的生铁进行高温氧化，使其中的含碳量降低到2%以下，同时，使其他杂质的含量降低到允许范围内。在炼钢后期投入脱氧剂，除去钢液中的氧，这个过程称为"脱氧"。

炼钢的方法根据炼钢炉种类的不同可分为氧气转炉法、平炉法及电炉法。

(1)氧气转炉法炼钢是以熔融铁水为原料，由转炉顶部吹入高压纯氧去除杂质，冶炼时间短，约30 min，钢质较好且成本低。

(2)平炉法炼钢是以铁矿石、废钢、液态或固态生铁为原料，以煤气或重油为燃料，靠吹入空气或氧气及利用铁矿石或废钢中的氧使碳及杂质氧化。这种方法冶炼时间长，为4～12 h，钢质好，但成本较高。

(3)电炉法炼钢是以生铁和废钢为原料，利用电能转变为热能来冶炼钢材的一种方法。电炉熔炼温度高，而且温度可以自由调节，因此，该方法去除杂质干净、质量好，但能耗大、成本高。

经冶炼后的钢液需经过脱氧处理后才能铸锭，因钢冶炼后含有以 FeO 形式存在的氧，对钢质量产生影响。通常，加入脱氧剂如锰铁、硅铁、铝等进行脱氧处理，将 FeO 中的氧去除，将铁还原出来。根据脱氧程度的不同，钢可分为沸腾钢、镇静钢和半镇静钢三种。沸腾钢是加入锰铁进行脱氧且脱氧不完全的钢种。脱氧过程中产生大量的 CO 气体外逸，产生沸腾现象，故名沸腾钢。其致密程度较差，易偏析(钢中元素富集于某一区域的现象)，强度和韧性较低。镇静钢是用硅铁、锰铁和铝为脱氧剂，脱氧较充分的钢种。其铸锭时平静入模，故称镇静钢。镇静钢结构致密、质量好、机械性能好，但成本较高。半镇静钢是脱氧程度和质量介于沸腾钢和镇静钢之间的钢。

【小提示】 冶炼后的钢除少数直接铸成铸件外，大部分先浇铸成钢锭，然后再经轧制、锻压、冷拔、冲压等方法加工成各种钢材。建筑钢材多为热轧钢材，即在 1 150 ℃～1 300 ℃ 的高温下轧制而成，所得钢材的力学性能较好。

二、钢材的分类

根据《钢分类 第 1 部分：按化学成分分类》(GB/T 13304.1—2008)规定，将钢材分为非合金钢、低合金钢和合金钢三类。在建筑工程中，常用的钢种为非合金钢以及合金钢中的一般低合金结构钢。

钢的分类方法很多，通常有以下几种分类方法。

1. 按冶炼时的脱氧程度分类

(1)沸腾钢。炼钢时仅加入锰铁进行脱氧，脱氧不完全。这种钢液铸锭时，有大量的 CO 气体逸出，钢液冷却时呈沸腾状，故称为沸腾钢，代号为"F"。沸腾钢组织不够致密，成分不太均匀，硫、磷等杂质偏析较严重，故质量较差。但因其成本低、产量高，故被广泛应用于一般工程的建筑结构中。

(2)镇静钢。炼钢时一般用硅脱氧，也可以采用锰铁、硅铁和铝锭等作为脱氧剂，脱氧完全。这种钢液铸锭时能平静地充满锭模并冷却凝固，故称为镇静钢，代号为"Z"。镇静钢虽然成本较高，但其组织致密、成分均匀、含硫量较少、性能稳定，故质量好。但因其成本高，故适用于预应力混凝土等承受冲击荷载的重要结构工程。

(3)半镇静钢。用少量的硅进行脱氧，脱氧程度介于沸腾钢和镇静钢之间，钢液浇筑后有微弱沸腾现象，故称为半镇静钢，代号为"b"。半镇静钢是质量较好的钢。

(4)特殊镇静钢。比镇静钢脱氧程度更充分、更彻底的钢，故称为特殊镇静钢，代号为"TZ"。特殊镇静钢的质量最好，适用于特别重要的结构工程。

2. 按化学成分分类

(1)非合金钢。其化学成分主要是铁，其次是碳，其含碳量为 0.02%～2.06%。非合金钢除含有铁、碳外，还含有极少量的硅、锰和微量的硫、磷等元素。按其主要质量等级分为：普通质量非合金钢，Q195，Q215，Q235，Q255 的 A、B 级和 Q275；优质非合金钢，如除普通质量 A、B 级钢以外的所有牌号及 A、B 级规定冷成型性及模锻性特殊要求者；特殊质量非合金钢。

(2)合金钢。合金钢是在炼钢过程中，为改善钢材的性能，特意加入某些合金元素而制得的一种钢。常用合金元素有硅、锰、钛、钒、铌、铬等。合金钢按主要质量等级分为：优质合金钢(如一般工程结构用合金钢、合金钢筋钢)、特殊质量合金钢(如压力容器用合金钢，不锈、耐蚀和耐热钢，工具钢，轴承钢等)。

按合金元素总含量不同，合金钢又可分为以下几类：

1）低合金钢：合金元素总含量小于 5%。低合金钢按其主要质量等级分为：普通质量低合金钢（如 Q345、20MnSi、20MnTi、20MnSiV 等）、优质低合金钢（如 Q420、Q460 等）、特殊质量低合金钢（如核能用低合金钢、压力容器用低合金钢）。

2）中合金钢：合金元素总含量为 5%～10%。

3）高合金钢：合金元素总含量大于 10%。

【小提示】 低合金钢为土木工程中常用的主要钢种。

3. 按有害杂质含量分类

按钢中有害杂质磷（P）和硫（S）的含量，钢材可分为以下四类：

（1）普通钢：磷含量不大于 0.045%，硫含量不大于 0.050%。

（2）优质钢：磷含量不大于 0.035%，硫含量不大于 0.035%。

（3）高级优质钢：磷含量不大于 0.025%，硫含量不大于 0.025%。

（4）特级优质钢：磷含量不大于 0.025%，硫含量不大于 0.015%。

4. 按用途分类

（1）结构钢：主要用于工程结构及机械零件的钢，一般为低、中碳钢。

（2）工具钢：主要用于各种刀具、量具及模具的钢，一般为高碳钢。

（3）特殊钢：具有特殊的物理、化学及机械性能的钢，如不锈钢、耐热钢、耐酸钢、耐磨钢、磁性钢等。

【小提示】 钢材的产品一般分为型材、板材、线材和管材等。型材包括钢结构用的角钢、工字钢、槽钢、方钢、吊车轨、钢板桩等；板材包括用于建造房屋、桥梁及建筑机械中的厚钢板，用于屋面、墙面、楼板等的薄钢板；线材包括钢筋混凝土和预应力混凝土用的钢筋、钢丝和钢绞线等；管材包括钢桁架和供水、供气管线等。

三、钢材的化学成分

钢中的主要成分为铁元素，另外，还含有少量的碳、硅、锰、硫、磷、氧、氮等元素，这些元素对钢材性质的影响各不相同。

（1）碳（C）：碳是决定钢材性能最重要的元素，含碳量对碳素钢性能的影响如图 8-1 所示。当钢中含碳量在 0.8% 以下时，随着含碳量的增加，钢材的强度和硬度提高，而塑性和韧性降低；但当含碳量在 1.0% 以上时，随着含碳量的增加，钢材的强度反而下降。

随着含碳量的增加，钢材的焊接性能变差（含碳量大于 0.3% 的钢材，可焊性显著下降），冷脆性和时效敏感性增大，耐大气锈蚀性下降。

一般工程中所用碳素钢均为低碳钢，即含碳量小于 0.25%；工程所用低合金钢，其含碳量小于 0.52%。

（2）硅（Si）：硅作为脱氧剂而残留于钢中，是钢中的有益元素。硅含量较低（小于 1.0%）时，能提高钢材的强度和硬度以及耐蚀性，而对塑性和韧性无明显影响。但当硅含量超过 1.0% 时，将显著降低钢材的塑性和韧性，增大冷脆性和时效敏感性，并降低可焊性。

（3）锰（Mn）：锰是炼钢时用来脱氧去硫而残留于钢中的，是钢中的有益元素。锰具有很强的脱氧去硫能力，能消除或减轻氧、硫所引起的热脆性，大大改善钢材的热加工性能，同时，能提高钢材的强度和硬度，但塑性和韧性略有降低。在钢材中含锰量太高，则会降

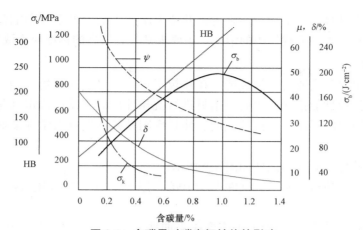

图 8-1 含碳量对碳素钢性能的影响

σ_b—抗拉强度；σ_k—冲击韧性；

δ—伸长率；ψ—断面收缩率；HB—硬度

低钢材的塑性、韧性和可焊性。锰是我国低合金结构钢中的主要合金元素。

（4）硫(S)：硫是钢中很有害的元素。硫的存在会加大钢材的热脆性，降低钢材的各种机械性能，也使钢材的可焊性、冲击韧性、耐疲劳性和抗腐蚀性等均降低。为消除硫的这些危害，可在钢中加入适量的锰。

（5）磷(P)：磷是钢中很有害的元素。随着磷含量的增加，钢材的强度、屈强比、硬度均有提高，而塑性和韧性显著降低。特别是温度越低，对塑性和韧性的影响越大，显著加大钢材的冷脆性。磷也使钢材的可焊性显著降低。但磷可提高钢材的耐磨性和耐蚀性，故在经过合理的冶金工艺之后，低合金钢中也将磷配合其他元素作为合金元素使用。

（6）氧(O)：氧是钢中的有害元素。随着氧含量的增加，钢材的强度有所提高，但塑性，特别是韧性显著降低，可焊性变差。

（7）氮(N)、氢(H)：氮对钢材性能的影响与碳、磷相似，随着氮含量的增加，可使钢材的强度提高，塑性，特别是韧性显著降低，可焊性变差，冷脆性加剧。氮在铝、铌、钒等元素的配合下可以减少其不利影响，改善钢材性能，可作为低合金钢的合金元素使用。

钢中溶有氢则会引起钢的白点(圆圈状的断裂面)和内部裂纹，断口有白点的钢一般不能用于建筑结构中。

（8）钛(Ti)：钛是强脱氧剂。钛能显著提高强度，改善韧性、可焊性，但稍降低塑性。钛是常用的微量合金元素。

（9）钒(V)：钒是弱脱氧剂。钒加入钢中可减弱碳和氮的不利影响，有效地提高强度，但有时也会增加焊接淬硬倾向。钒也是常用的微量合金元素。

第二节　建筑钢材力学性能的检测

一、基本知识

力学性能又称为机械性能，是钢材最重要的使用性能。在建筑结构中，对承受静荷载作用的钢材，要求其具有一定的力学强度，并要求所产生的变形不致影响到结构的正常工作和安全使用。对承受动荷载作用的钢材，还要求其具有较高的韧性而不致发生断裂。

1. 抗拉性能

抗拉性能是钢材最重要的力学性能。在建筑工程中，对进入现场的钢材首先要有质保单以提供钢材的抗拉性能指标，然后对钢材进行抗拉性能的复试以确定其是否符合标准要求。拉伸中测试所得的屈服点、抗拉强度、伸长率则是衡量钢材力学性能好坏的主要技术指标。

对钢材进行拉伸试验时的试件如图 8-2 所示。

拉伸试件有两种规格：标准长试件 $L_0 = 10d_0$，用 δ_{10} 表示；标准短试件 $L_0 = 5d_0$，用 δ_5 表示。

钢材在拉伸时的性能，可用应力-应变关系曲线表示。低碳钢在拉力作用下产生变形，直至破坏，这个过程可以分为四个阶段，如图 8-3 所示。

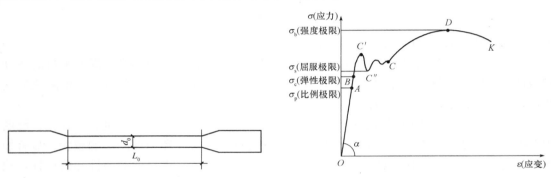

图 8-2　钢材的拉伸试件　　　　　图 8-3　低碳钢拉伸时的应力-应变曲线

d_0—试件直径；L_0—试件原始标距长度

(1)弹性阶段(OB)。弹性阶段中，OA 段为直线段。在 OA 段中，应变随应力增加而增大，应力与应变成正比例关系。即

$$\frac{\sigma}{\varepsilon} = \tan\alpha = E \tag{8-1}$$

E 为钢材的弹性模量，反映了钢材刚度的大小，是计算结构变形的重要参数。工程上常用的碳素结构钢 Q235 的弹性模量 $E = 2.0 \times 10^5 \sim 2.1 \times 10^5$ MPa。A 点对应的应力称为比例极限，用符号 σ_p 表示。

AB 段为曲线段，应力与应变不再成正比例的线性关系，但钢材仍表现出弹性性质，B 点对应的应力称为弹性极限，用符号 σ_e 表示。在曲线中，A、B 两点很接近，所以在实际应用时，往往将两点看作一点。

(2)屈服阶段(BC)。应力过 B 点后，曲线呈锯齿形。此时，应力在很小范围内波动，而应变显著增加，应力与应变之间不再成正比关系。当荷载消除后，钢材不会恢复原有的形状和尺寸，而产生屈服现象，故 BC 段称屈服阶段。在 BC 段中 C' 点为上屈服点，C'' 点为下屈服点，工程上，通常将 C'' 点对应的应力称为屈服极限，用符号 σ_s 表示。当钢材在外力作用下达到屈服点后，虽未产生破坏，但已产生很大的变形而不能满足使用的要求，因此，σ_s 是结构设计的重要指标。

对无明显塑性变形的硬钢，以产生 0.2% 残余应变时所对应的应力为屈服强度，用符号

$\sigma_{0.2}$表示，如图 8-4 所示。

（3）强化阶段（CD）。应力超过 C 点后，曲线呈上升趋势，此时钢材内部组织产生变化，钢材恢复了抵抗变形的能力，应变随应力的提高而增大，故称为强化阶段。曲线最高点 D 点对应的应力称为强度极限（即抗拉强度），用符号 σ_b 表示。在工程设计中，强度极限不作为结构设计的依据，但应考虑屈服极限 σ_s 与强度极限 σ_b 的比值（屈强比）。屈强比越小，反映钢材在应力超过屈服强度工作时的可靠性越大，即延缓结构损坏过程的潜力越大，因而结构越安全。但屈强比过小时，钢材强度的有效利用率低，造成浪费。常用碳素钢的屈强比为 0.58～0.63，合金钢的屈强比为 0.65～0.75。

（4）颈缩阶段（DK）。应力达到 D 点后，曲线呈下降趋势，钢材标距长度内某一截面急剧缩小，形成颈缩，如图 8-5 所示，当应力达到 K 点时钢材断裂。

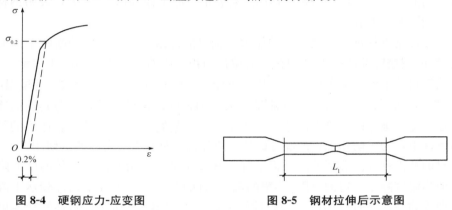

图 8-4　硬钢应力-应变图　　　　　　图 8-5　钢材拉伸后示意图

2. 塑性

塑性表示钢材在外力作用下产生塑性变形而不被破坏的能力。它是钢材的一个重要指标。通常，钢材的塑性用拉伸试验时的伸长率或断面收缩率来表示。

（1）伸长率。伸长率反映钢材拉伸断裂时所能承受的塑性变形能力，是衡量钢材塑性的重要技术指标。伸长率以试件拉断后标距长度的增量与原标距长度之比的百分率表示。

伸长率按下式计算：

$$\delta_n = \frac{L_1 - L_0}{L_0} \times 100\%　\text{(8-2)}$$

式中　L_1——试件拉断后标距部分的长度（mm）；

L_0——试件的原始标距长度（mm）；

n——长或短试件的标志，长试件 $n=10$，短试件 $n=5$。

伸长率是衡量钢材塑性好坏的重要指标，同时，也反映钢材的韧性、冷弯性能、焊接性能的好坏。拉伸试件分为标准长试件和标准短试件，其伸长率分别用 δ_{10} 和 δ_5 表示。对同一种钢材，一般 $\delta_5 > \delta_{10}$。因为试件的原始标距越长，则试件在断裂处附近产生的颈缩变形量在总的伸长值中所占的比例越少，因而计算的伸长率越小。

（2）断面收缩率。断面收缩率按下式计算：

$$\psi = \frac{A_0 - A_1}{A_0}　\text{(8-3)}$$

式中　A_0——试件原始截面面积；

A_1——试件拉断后颈缩处的截面面积。

伸长率和断面收缩率表示钢材断裂前经受塑性变形的能力。伸长率越大或断面收缩率越高，说明钢材塑性越大。钢材塑性大，不仅便于进行各种加工，而且能保证钢材在建筑上的安全使用。因为钢材的塑性变形能调整局部高峰应力，使之趋于平缓，以免引起建筑结构的局部破坏而导致整个结构的破坏。钢材在塑性破坏前，有很明显的变形和较长的变形持续时间，便于被人们发现和补救。

3. 冲击韧性

冲击韧性是指材料在冲击荷载作用下，抵抗破坏的能力。根据《金属材料夏比摆锤冲击试验方法》(GB/T 229—2007)的规定，V 形缺口试件在受摆锤冲击破坏时，单位断面面积上所消耗的能量(功)，用冲击韧性值(α_k)来表示。冲击韧性值 α_k 越大，表明钢材的冲击韧性越好，如图 8-6 所示。

冲击韧性是钢材抵抗冲击荷载的能力。钢材的冲击韧性用试件冲断时单位面积上所吸收的能量(或用摆锤冲断 V 形缺口试件时单位面积上所消耗的功 J/cm^2)来表示。

影响钢材冲击韧性的主要因素有化学成分、冶炼质量、冷作及时效、环境温度等。

α_k 越大，表示冲断试件消耗的能量越大，钢材的冲击韧性越好，即其抵抗冲击作用的能力越强，脆性破坏的危险性越小。对于重要的结构物以及承受动荷载作用的结构，特别是低温条件下，为了防止钢材的脆性破坏，应保证钢材具有一定的冲击韧性。

钢材的冲击韧性随温度的降低而下降，其规律是：开始冲击韧性随温度的降低而缓慢下降，但当温度降至一定的范围(狭窄的温度区间)时，钢材的冲击韧性骤然下降很多而呈脆性，即冷脆性，这时的温度称为脆性转变温度，如图 8-7 所示。脆性转变温度越低，表明钢材的低温冲击韧性越好。为此，在负温下使用的结构，设计时必须考虑钢材的冷脆性，应选用脆性转变温度低于最低使用温度的钢材，并应满足规范规定的 −20 ℃ 或 −40 ℃ 条件下冲击韧性指标的要求。

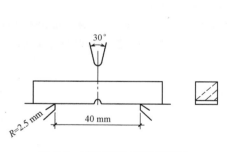

图 8-6　冲击韧性试验示意图

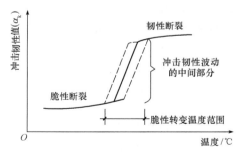

图 8-7　钢的脆性转变温度

材料在实际使用过程中，可能承受多次重复的小量冲击荷载，因此，冲击韧性试验所得的一次冲击破坏的冲击韧性与这种情况不相符合。材料承受多次小量重复冲击荷载的能力，主要取决于其强度的高低，而不是其冲击韧性值的大小。

4. 硬度

硬度是指钢材抵抗硬物压入表面的能力，即表示钢材表面局部体积内抵抗变形的能力。其是衡量钢材软硬程度的一个重要指标。硬度值与钢材的力学性能之间有着一定的相关性。

我国现行标准测定金属硬度的方法有布氏硬度法、洛氏硬度法和维氏硬度法三种。常用的硬度指标为布氏硬度和洛氏硬度。

(1)布氏硬度。布氏硬度试验是按规定选择一个直径为 D(mm)的淬硬钢球或硬质合金球，以一定荷载 P(N)将其压入试件表面，持续至规定时间后卸去荷载，测定试件表面上的压痕直径 d(mm)，根据计算或查表确定单位面积上所承受的平均应力值(或以压力除以压痕面积即得布氏硬度值)，其值作为硬度指标，称为布氏硬度，代号为 HB。布氏硬度值越大表示钢材越硬。

布氏硬度法比较准确，但压痕较大，不宜用于成品检验。建筑钢材常用布氏硬度值 HB 表示，布氏硬度的测定示意图如图 8-8 所示。

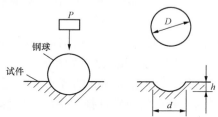

图 8-8　布氏硬度的测定示意图
P—荷载；D—钢球直径

(2)洛氏硬度。洛氏硬度试验是将金刚石圆锥体或钢球等压头，按一定试验力压入试件表面，以压头压入试件的深度来表示其硬度值(量纲为 1)，称为洛氏硬度，代号为 HR。

由于洛氏硬度法的压痕小，所以常用于判断工件的热处理效果。

5. 疲劳强度

受交变荷载反复作用，钢材在应力低于其屈服强度的情况下突然发生脆性断裂破坏的现象，称为疲劳破坏。

疲劳破坏首先是从局部缺陷处形成细小裂纹，由于裂纹尖端处的应力集中使其逐渐扩展，直至最后断裂。疲劳破坏是在低应力状态下突然发生的，所以危害极大，往往造成灾难性事故。

在一定条件下，钢材疲劳破坏的应力值随应力循环次数的增加而降低。钢材在无数次交变荷载作用下而不致引起断裂的最大循环应力值，称为疲劳强度极限。实际测量市场以 2×10^6 应力循环为基准。钢材的疲劳强度与很多因素有关，如组织结构、表面状态、合金成分、夹杂物和应力等。

二、试验准备

1. 取样

钢筋应按批进行检查和验收，每批由同一牌号、同一炉罐号、同一规格的钢筋组成。每批质量通常不大于 60 t。超过 60 t 的部分，每增加 40 t(或不足 40 t 的余数)，增加一个拉伸试验试样和一个弯曲试验试样。允许同一牌号、同一冶炼方法、同一浇筑方法的不同炉罐号组成混合批，各炉罐号含碳量之差不大于 0.02%，含锰量之差不大于 0.15%，混合批质量不大于 60 t。从同一批(同一牌号、同一炉罐号、同一规格、同一交货状态)钢筋中任取四根，每根钢筋距端部 50 cm 处均截取一定长度的钢筋作试样，其中两根做拉伸试验，两根做冷弯试验。拉伸、冷弯试验用钢筋试样不允许进行车削加工。

2. 试验温度

试验一般在室温为 10 ℃～35 ℃ 的范围内进行。对温度要求严格的试验，温度为 (23±5) ℃。

3. 试验设备

万能材料试验机(示值误差不大于 1%，测量值应在试验机最大荷载的 20%～80% 范围内)、量具(精确度为 0.1 mm)。

4. 试样制备

(1)热轧带肋钢筋试样长度 $L \geqslant L_0 + 3a + 2h$，其中 a 为钢筋直径，原始标距 $L_0 = 5a$，h 为夹持长度。

(2)原始标距的计算值应修约至最接近 5 mm 的倍数，中间值向较大一方修约。因此，如钢筋的自由长度(夹具间非夹持部分的长度)比原始标距长许多，可在自由长度范围内用小标记、细画线或细墨线均匀划分 10 mm、5 mm 的等间距标记，相当于一系列套叠的原始标记，便于在拉伸试验后根据钢筋断裂的位置选择合适的原始标记。

三、试验步骤

(1)将试样固定在试验机夹具内，应确保试样受轴向拉力的作用。试验机测力盘的指针调零；拨动副指针，使之与主指针重叠。开动试验机进行拉伸，应力速度应恒定在 6～60 MPa/s。试验时可记录力的延伸曲线或力的位移曲线。

(2)强度的测定。

1)从曲线图或测力盘读取，不计初始瞬间效应时屈服阶段的最小力或屈服平台的恒定力 F_{eL}(图 8-9)，试验过程中的最大力 F_m。

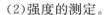

图 8-9 屈服强度

2)屈服强度 R_{eL}、抗拉强度 R_m 分别按下式计算：

$$R_{eL} = \frac{F_{eL}}{S_0} \qquad R_m = \frac{F_m}{S_0} \qquad (8\text{-}4)$$

式中　S_0——钢筋的公称横截面面积(mm^2)，见表 8-1；

　　　F_{eL}——屈服阶段的最小力(N)；

　　　F_m——试验过程中的最大力(N)。

表 8-1　钢筋的公称横截面面积

公称直径/mm	公称横截面面积/mm²	公称直径/mm	公称横截面面积/mm²
8	50.27	22	380.1
10	78.54	25	490.9
12	113.1	28	615.8
14	153.9	32	804.2
16	201.1	36	1 018
18	254.5	40	1 257
20	314.2	50	1 964

3)强度数值修约至 1 MPa($R \leqslant 200$ MPa)、5 MPa(200 MPa$<R \leqslant 1\,000$ MPa)。

（3）断后伸长率的测定。

1)选取拉伸前标记间距为 $5a$（a 为钢筋公称直径）的两个标记作为原始标距（L_0）的标记。原则上只有断裂部位处在原始标距中间 1/3 的范围内为有效。但若断后伸长率大于或等于规定值，则不管断裂位置处于何处，测量均为有效。

2)试样断裂的部分应仔细地配接在一起使其轴线处于同一直线上，并确保试样断裂部分适当接触下一测量试样断裂后的标距，精确至 ± 0.25 mm。

3)断后伸长率 A 按下式计算（精确至 0.5%）：

$$A = \frac{L_u - L_0}{L_0} \times 100\% \tag{8-5}$$

式中 A——原始标距为 $5.65\sqrt{S_0}$（相当于 5 倍直径）时的断后伸长率(%)；

L_u——断后标距(mm)；

L_0——原始标距(mm)。

（4）屈强比的测定。

$$\text{钢筋的屈强比} = \frac{\text{屈服强度}}{\text{抗拉强度}}$$

《混凝土结构工程施工质量验收规范》(GB 50204—2015)中，钢筋分项工程对有抗震设防要求的框架结构，其纵向受力钢筋的强度应满足设计要求。当设计无具体要求时，对一级、二级抗震等级，检验所得的强度实测值应符合下列规定：

1)钢筋的抗拉强度实测值与屈服强度实测值的比值不应小于 1.25。

2)钢筋的屈服强度实测值与屈服强度标准值的比值不应大于 1.30。

四、成果评定

钢筋力学性能特征值应符合表 8-2 中的规定，可作为交货检验的最小保证值。

表 8-2　钢筋力学性能特征值的要求

牌号	R_{eL}/MPa	R_m/MPa	A/%	A_{gt}/%	冷弯试验 180°
	不小于				
HPB300	300	420	25.0	10.0	$d = a$

注：1. 直径为 28~40 mm 的各牌号钢筋的断后伸长率 A 可降低 1%；直径大于 40 mm 的各牌号钢筋的伸长率可降低 2%。

2. 钢筋实测抗拉强度与实测屈服强度之比不小于 1.25。

3. 钢筋实测屈服强度与表 8-2 中规定的屈服强度特征值之比不大于 1.30。

4. 钢筋的最大力总伸长率 A_{gt} 不小于 9%。

5. 对于无明显屈服强度的钢材，屈服强度特征值应采用非比例延伸强度。

第三节　钢材工艺性能的测定

一、基本知识

工艺性能表示钢材在各种加工过程中的行为。良好的工艺性能是钢制品或构件的质量保证，而且可以提高成品率、降低成本。其具体包括以下性能。

1. 冷弯性能

冷弯性能是指钢材在常温下承受弯曲变形的能力，是钢材的主要工艺性能之一。通常，用弯曲角度及弯心直径与试件厚度的比值这两个指标来衡量，如图 8-10 所示。

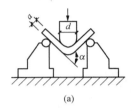 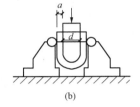

(a)　　　　　　　　　　　　　(b)

图 8-10　钢筋冷弯

(a)弯曲 90°；(b)弯曲 180°

d—弯心直径；a—试件厚度

弯曲角度越大，弯心直径与试件厚度的比值越小，则冷弯性能越好。钢材的冷弯性能与伸长率一样，也是反映钢材在静荷载作用下的塑性，而且冷弯是在更苛刻的条件下对钢材塑性的严格检验，它能反映钢材内部组织是否均匀，是否存在内应力及夹杂物等。在工程中，冷弯试验还被用作对钢材焊接质量进行严格检验的一种手段。

2. 焊接性能(可焊性)

焊接是指把两块金属局部加热并使其接缝处迅速呈熔融或半熔融状态，从而使之更牢固地连接起来。

焊接性能是指钢材在常用的焊接方法与工艺条件下获得良好焊接接头的性能。可焊性好的钢材易于用一般焊接方法和工艺施焊，焊接时不易形成裂纹、气孔、夹渣等缺陷，焊接接头牢固可靠，焊缝及其附近受热影响区的性能不低于母材的力学性能。

在建筑工程中，焊接结构应用广泛，如钢结构构件的连接、钢筋混凝土的钢筋骨架、接头及预埋件、连接件等，这就要求钢材要有良好的焊接性能。低碳钢有优良的可焊性，高碳钢的焊接性能较差。

二、冷弯试验

1. 试验设备

压力机或万能试验机、弯曲装置(支辊式、V 形模具式、虎钳式或翻板式)。

2. 试验步骤

(1)按表 8-3 确定弯曲的弯心直径 d、弯曲角度 α。

表 8-3　钢筋冷弯的弯心直径和弯曲角度

钢筋牌号	公称直径 a/mm	弯心直径 d/mm	弯曲角度 α/(°)
HRB335	6～25	3a	
	28～40	4a	
	240～50		
HRB400	6～25	4a	
	28～40	5a	180
	>40～50		
HRB500	6～25	6a	
	28～40	7a	
	>40～50		

（2）采用支辊式弯曲装置时，钢筋长度 $L \approx 0.5\pi(d+a)+140$。

（3）调节支辊间距为 $l=(d+3a)\pm0.5a$，此间距在试验期间应保持不变。

（4）将钢筋试样放于两支辊上（图 8-11），试样轴线应与弯曲压头轴线垂直，弯曲压头在两支座之间的中点处对试样连续缓慢地施加力使其弯曲到180°。如不能直接达到180°，应将试样置于两平行压板之间，在其两端连续施加压力，使其进一步弯曲，直至达到180°（图 8-12）。试验时加或不加垫块均可。

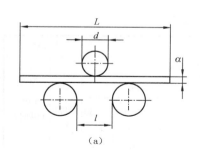
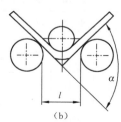

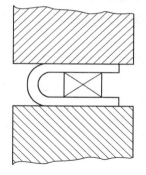

（a）　　　　　　　　（b）

图 8-11　支辊式弯曲装置　　　　图 8-12　弯曲至两臂平行

3. 结果评定

检查试样弯曲处的外表面，无肉眼可见裂纹则评定为合格。

钢筋的拉伸和弯曲项目，如有某一项试验结果不符合标准要求，则从同一批中再任选取双倍数量的试样进行该不合格项目的复验。复验结果（包括该项试验所要求的任一指标）中，即使有一个指标不合格，则判定整批为不合格。

4. 复验与判定

在拉伸试验的两根试件中，如果其中一根试件的屈服强度、抗拉强度和断后伸长率三个指标中有一个指标达不到钢筋标准中的规定数值，应再抽取双倍（四根）钢筋，即取双倍（四根）试件重做试验，如仍有一根试件的任一指标达不到标准中的规定数值，则拉伸试验项目判定为不合格。在冷弯试验中，如有一根试件不符合标准要求，应同样抽取双倍钢筋，制成双倍（四根）试件重新试验，如仍有一根不符合标准要求，则冷弯试验项目判定为不合格。

第四节　建筑工程常用的钢种

建筑工程中常用的钢种分为钢结构用钢和钢筋混凝土结构用钢两大类。

一、钢结构用钢

钢结构中常用的钢有非合金钢和低合金结构钢。

(一)非合金钢

1. 非合金钢的牌号

非合金钢的牌号由字母和数字组合而成，按顺序为：屈服点符号、屈服极限值、质量等级及脱氧程度。其共有五个牌号，即 Q195、Q215、Q235、Q255、Q275；按质量等级分为 A、B、C、D 四级。A 级不要求冲击韧性；B 级要求 20 ℃ 冲击韧性；C 级要求 0 ℃ 冲击韧性；D 级要求 −20 ℃ 冲击韧性；E 级要求 −40 ℃ 冲击韧性(碳素结构钢无该等级)。按脱氧程度可分为沸腾钢(F)、镇静钢(Z)、半镇静钢(b)、特殊镇静钢(TZ)四类，Z 和 TZ 在钢号中可省略。

例如：Q235—A・F 表示屈服极限为 235 MPa、质量等级为 A 级的沸腾钢。

Q235—C 表示屈服极限为 235 MPa、质量等级为 C 级的镇静钢。

2. 主要技术标准

各牌号钢的主要力学性质应符合表 8-4 中的要求。

表 8-4　非合金钢的主要力学性质要求

牌号	等级	拉 伸 试 验														冲击试验	
		屈服点 σ_s/MPa						抗拉强度 σ_b/MPa	伸长率 δ_5/%						温度/℃	V 型冲击功(纵向)/J
		钢材厚度(直径)/mm							钢材厚度(直径)/mm							
		≤16	>16~40	>40~60	>60~100	>100~150	>150~200		≤16	>16~40	>40~60	>60~100	>100~150	>150~200		
		不小于							不小于							不小于
Q195	—	195	185	—	—	—	—	315~390	33	32	—	—	—	—	—	—
Q215	A	215	205	195	185	175	165	335~410	31	30	29	28	27	26	—	—
	B														20	27
Q235	A	235	225	215	205	195	185	375~460	26	25	24	23	22	21	—	27
	B														20	
	C														0	
	D														−20	
Q255	A	255	245	235	225	215	205	410~510	24	23	22	21	20	19	—	—
	B														20	27
Q275	—	275	265	255	245	235	225	490~610	20	19	18	17	16	15	—	—

注：牌号 Q195 的屈服点仅供参考，不作为交货条件。

冷弯性能应符合表 8-5 中的要求。

表 8-5　非合金钢冷弯的要求

牌号	试样方向	冷弯试验，180°，B＝2a	
		钢材厚度（直径）/mm	
		60	＞60～100
		弯心直径 d	
Q195	纵	0	—
	横	0.5a	
Q215	纵	0.5a	1.5a
	横	a	2a
Q235	纵	a	2a
	横	1.5a	2.5a
Q255	纵	1.5a	2.5a
Q275	横	2a	3a

注：B 为试样宽度，a 为钢材厚度（直径）。

化学成分（熔炼分析）应符合表 8-6 中的规定。

表 8-6　非合金钢的化学成分

牌号	统一数字代号[a]	等级	厚度（或直径）/mm	脱氧方法	化学成分（质量分数）/%，不大于				
					C	Si	Mn	P	S
Q195	U11952	—	—	F、Z	0.12	0.30	0.50	0.035	0.040
Q215	U12152	A	—	F、Z	0.15	0.35	1.20	0.045	0.050
	U12155	B							0.045
Q235	U12352	A	—	F、Z	0.22	0.35	1.40	0.045	0.050
	U12355	B			0.20[b]				0.045
	U12358	C		Z	0.17			0.040	0.040
	U12359	D		TZ				0.035	0.035
Q275	U12752	A	—	F、Z	0.24	0.35	1.50	0.045	0.050
	U12755	B	≤40	Z	0.21			0.045	0.045
			＞40		0.22				
	U12758	C	—	Z	0.20			0.040	0.040
	U12759	D		TZ				0.035	0.035

注：a　表中为镇静钢、特殊镇静钢牌号的统一数字，沸腾钢牌号的统一数字代号如下：

Q195F——U11950；

Q215AF——U12150，Q215BF——U12153；

Q235AF——U12350，Q235BF——U12353；

Q275AF——U12750。

b　经需方同意，Q235B 的碳含量可不大于 0.22%。

从表 8-4、表 8-5、表 8-6 中可以看出，非合金钢随着牌号的增大，其含碳量和含锰量增加，强度和硬度提高；但塑性和韧性降低，冷弯性能逐渐变差。

3. 非合金钢的选用

非合金钢各钢号中 Q195、Q215 的强度较低，塑性、韧性较好，易于冷加工和焊接，常用作铆钉、螺丝、钢丝等；Q235 强度较高，塑性、韧性也较好，可焊性较好，为建筑工程中主要钢号；Q255、Q275 强度高，塑性、韧性较差，可焊性较差，且不易冷弯，多用于机械零件，极少数用于混凝土配筋及钢结构或制作螺栓。同时，应根据工程结构的荷载情况、焊接情况及环境温度等因素来选择钢的质量等级和脱氧程度。如受振动荷载作用的重要焊接结构，处于计算温度低于−20 ℃的环境下，宜选用质量等级为 D 的特种镇静钢。

(二)低合金结构钢

工程上使用的钢材要求强度高，塑性好，且易于加工，非合金钢的性能不能完全满足工程的需要。在非合金钢的基础上掺入少量(掺量小于 5%)的合金元素(如锰、钒、钛、铌、镍等)，即称为低合金结构钢。

1. 低合金结构钢的牌号

根据《低合金高强度结构钢》(GB/T 1591—2008)的规定，低合金高强度结构钢按力学性能和化学成分分为 Q345、Q390、Q420、Q460、Q500、Q550、Q620、Q690 八个钢号。与 Q345 相应的低合金钢有 16 锰钢(16Mn)、12 锰钒钢(12MnV)、14 锰铌钢(14MnNb)等；与 Q390 相应的低合金钢有 15 锰钒钢(15MnV)、15 锰钛钢(15MnTi)、16 锰铌钢(16MnNb)等。规范推荐的钢种为 Q345(16Mn)与 Q390(15MnV)。

低合金结构钢的牌号自左向右依次列出：平均碳含量的万分数和各合金元素的名称(或符号)及其含量的百分数，每种合金元素的质量分数小于 1.5% 时，不标注其质量分数，超过或达到 1.5%、2.5% 时则在该元素后标注 2、3 等数字。如 16Mn 钢表示碳的质量分数平均为 0.16%，锰的平均质量分数<1.5%，不注数字。

低合金结构钢按硫、磷含量分为 A、B、C、D、E 五个质量等级。其中，E 级质量最好。钢号按屈服点符号、屈服极限值和质量等级顺序排列。

例如，Q420B 的含义为：屈服极限为 420 MPa、质量等级为 B 的低合金高强度结构钢。

2. 低合金结构钢的技术标准

低合金高强度结构钢的化学成分和力学性能见表 8-7～表 8-10。

表 8-7　钢的牌号及化学成分

牌号	质量等级	化学成分[a,b](质量分数)/%														
		C	Si	Mn	P	S	Nb	V	Ti	Cr	Ni	Cu	N	Mo	B	Als
					不大于											不小于
Q345	A	≤0.20	≤0.50	≤1.70	0.035	0.035	0.07	0.15	0.20	0.30	0.50	0.30	0.012	0.10	—	—
	B				0.035	0.035										
	C				0.030	0.030										
	D	≤0.18			0.030	0.025										0.015
	E				0.025	0.020										

牌号	质量等级	化学成分[a,b]（质量分数）/%														
		C	Si	Mn	P	S	Nb	V	Ti	Cr	Ni	Cu	N	Mo	B	Als
					不大于											不小于
Q390	A	≤0.20	≤0.50	≤1.70	0.035	0.035	0.07	0.20	0.20	0.30	0.50	0.30	0.015	0.10	—	—
	B				0.035	0.035										
	C				0.030	0.030										0.015
	D				0.030	0.025										
	E				0.025	0.020										
Q420	A	≤0.20	≤0.50	≤1.70	0.035	0.035	0.07	0.20	0.20	0.30	0.80	0.30	0.015	0.20	—	—
	B				0.035	0.035										
	C				0.030	0.030										0.015
	D				0.030	0.025										
	E				0.025	0.020										
Q460	C	≤0.20	≤0.60	≤1.80	0.030	0.030	0.11	0.20	0.20	0.30	0.80	0.55	0.015	0.20	0.004	0.015
	D				0.030	0.025										
	E				0.025	0.020										
Q500	C	≤0.18	≤0.60	≤1.80	0.030	0.030	0.11	0.12	0.20	0.60	0.80	0.55	0.015	0.20	0.004	0.015
	D				0.030	0.025										
	E				0.025	0.020										
Q550	C	≤0.18	≤0.60	≤2.00	0.030	0.030	0.11	0.12	0.20	0.80	0.80	0.80	0.015	0.30	0.004	0.015
	D				0.030	0.025										
	E				0.025	0.020										
Q620	C	≤0.18	≤0.60	≤2.00	0.030	0.030	0.11	0.12	0.20	1.00	0.80	0.80	0.015	0.30	0.004	0.015
	D				0.030	0.025										
	E				0.025	0.020										
Q690	C	≤0.18	≤0.60	≤2.00	0.030	0.030	0.11	0.12	0.20	1.00	0.80	0.80	0.015	0.30	0.004	0.015
	D				0.030	0.025										
	E				0.025	0.020										

注：a 型材及棒材 P、S 含量可提高 0.005%，其中 A 级钢上限可为 0.045%。

b 当细化晶粒元素组合加入时，20×[(Nb+V+Ti)含量]≤0.02%，20×[(Mo+Cr)含量]≤0.30%。

表 8-8 低合金高强度结构钢的拉伸性能

拉伸试验[1][2][3]

牌号	质量等级	下屈服强度(R_{eL})/MPa 以下公称厚度(直径、边长)									抗拉强度(R_m)/MPa 以下公称厚度(直径、边长)							断后伸长率(A)/% 公称厚度(直径、边长)					
		≤16mm	>16~40mm	>40~63mm	>63~80mm	>80~100mm	>100~150mm	>150~200mm	>200~250mm	>250~400mm	≤40mm	>40~63mm	>63~80mm	>80~100mm	>100~150mm	>150~250mm	>250~400mm	≤40mm	>40~63mm	>63~100mm	>100~150mm	>150~250mm	>250~400mm
Q345	A	≥345	≥335	≥325	≥315	≥305	≥285	≥275	≥265	≥265	470~630	470~630	470~630	470~630	450~600	450~600	450~600	≥21	≥20	≥20	≥19	≥18	≥17
	B																						
	C																						
	D																						
	E																						
Q390	A	≥390	≥370	≥350	≥330	≥330	≥310	—	—	—	490~650	490~650	490~650	490~650	470~620	—	—	≥20	≥19	≥19	≥18	—	—
	B																						
	C																						
	D																						
	E																						
Q420	A	≥420	≥400	≥380	≥360	≥360	≥340	—	—	—	520~680	520~680	520~680	520~680	500~650	—	—	≥19	≥18	≥18	≥18	—	—
	B																						
	C																						
	D																						
	E																						
Q460	C	≥460	≥440	≥420	≥400	≥400	≥380	—	—	—	550~720	550~720	550~720	550~720	530~700	—	—	≥17	≥16	≥16	≥16	—	—
	D																						
	E																						

续表

牌号	质量等级	拉伸试验[1][2][3]																					
		以下公称厚度(直径、边长)下屈服强度(R_{eL})/MPa									以下公称厚度(直径、边长)抗拉强度(R_m)/MPa							断后伸长率(A)/% 公称厚度(直径、边长)					
		≤ 16 mm	>16 ~ 40 mm	>40 ~ 63 mm	>63 ~ 80 mm	>80 ~ 100 mm	>100 ~ 150 mm	>150 ~ 200 mm	>200 ~ 250 mm	>250 ~ 400 mm	≤ 40 mm	>40 ~ 63 mm	>63 ~ 80 mm	>80 ~ 100 mm	>100 ~ 150 mm	>150 ~ 250 mm	>250 ~ 400 mm	≤ 40 mm	>40 ~ 63 mm	>63 ~ 100 mm	>100 ~ 150 mm	>150 ~ 250 mm	>250 ~ 400 mm
Q500	C																						
	D	≥500	≥480	≥470	≥450	≥440	—	—	—	—	610~ 770	600~ 760	590~ 750	540~ 730	—	—	—	≥17	≥17	≥17	—	—	—
	E																						
Q550	C																						
	D	≥550	≥530	≥520	≥500	≥490	—	—	—	—	670~ 830	620~ 810	600~ 790	590~ 780	—	—	—	≥16	≥16	≥16	—	—	—
	E																						
Q620	C																						
	D	≥620	≥600	≥590	≥570	—	—	—	—	—	710~ 880	690~ 880	670~ 860	—	—	—	—	≥15	≥15	≥15	—	—	—
	E																						
Q690	C																						
	D	≥690	≥670	≥660	≥640	—	—	—	—	—	770~ 940	750~ 920	730~ 900	—	—	—	—	≥14	≥14	≥14	—	—	—
	E																						

注:① 当屈服不明显时,可测量 $R_{P0.2}$ 代替下屈服强度。
② 宽度不小于 600 mm 的扁平材,拉伸试验取横向试样;宽度小于 600 mm 的扁平材、型材及棒材取纵向试样,断后伸长率最小值相应提高 1%(绝对值)。
③ 厚度>250~400 mm 的数值适用于扁平材。

表 8-9　低合金高强度结构钢的夏比(V型)冲击试验温度和冲击吸收能量

牌号	质量等级	试验温度/℃	冲击吸收能量$(KV_2)^a$/J		
			公称厚度(直径、边长)		
			12~150 mm	150~250 mm	250~400 mm
Q345	B	20	≥34	≥27	—
	C	0			
	D	−20			27
	E	−40			
Q390	B	20	≥34	—	—
	C	0			
	D	−20			
	E	−40			
Q420	B	20	≥34	—	—
	C	0			
	D	−20			
	E	−40			
Q460	C	0	≥34	—	—
	D	−20			
	E	−40			
Q500、Q550、Q620、Q690	C	0	≥55	—	—
	D	−20	≥47	—	—
	E	−40	≥31	—	—

注：a　冲击试验取纵向试样。

表 8-10　低合金高强度结构钢的弯曲试验

牌号	试样方向	180°弯曲试验 [d=弯曲直径，a=试样厚度(直径)]	
		钢材厚度(直径、边长)	
		≤16 mm	>16~100 mm
Q345 Q390 Q420 Q460	宽度不小于 600 mm 的扁平材，拉伸试验取横向试样。宽度小于 600 mm 的扁平材、型材及棒材取纵向试样	2a	3a

3. 低合金结构钢的选用

低合金高强度结构钢与碳素结构钢相比，具有较高的强度，综合性能好，所以在相同的使用条件下，用钢量可比碳素结构钢节省 20%～30%，对减轻结构自重有利。同时，还具有良好的塑性、韧性、可焊性、耐磨性、耐蚀性和耐低温性等性能。

低合金高强度结构钢主要用于轧制各种型钢、钢板、钢管及钢筋，广泛用于钢结构和钢筋混凝土结构中，特别适用于各种重型结构、高层结构、大跨度结构及桥梁结构等工程中。

(三)钢材的选用标准

常用氧气转炉钢或平炉钢,最少应保证具有屈服点、抗拉强度、伸长率三项机械性能指标和硫、磷含量两项化学成分的合格保证。

1. 大型构件承受动力荷载的要求

(1)较大型构件、直接承受动力荷载的结构:钢材应具有冷弯试验的合格保证。

(2)大、重型构件和直接承受动力荷载的结构:根据冬期工作温度情况,钢材应具有常温或低温冲击韧性的合格保证。

2. 不同建筑结构对材质的要求

(1)重要结构构件(如梁、柱、屋架等)高于一般构件(如墙架、平台等)。

(2)受拉、受弯构件高于受压构件。

(3)焊接结构高于栓接或铆接结构。

(4)低温工作环境的结构高于常温工作环境的结构。

(5)直接承受动力荷载的结构高于间接承受动力荷载的结构。

(6)中级工作制构件(如重型吊车梁)高于中、轻级工作制构件。

3. 高层建筑结构用钢

高层建筑结构用钢宜采用 B、C、D 等级的 Q235 碳素结构钢和 B、C、D、E 等级的 Q345 低合金高强度结构钢。

抗震结构钢材:屈强比不应小于 1.2,应有明显的屈服台阶,伸长率应大于 20%,且有良好的可焊性。

Q235 沸腾钢不宜用于下列结构:重级工作制焊接结构,冬期工作温度≤−20 ℃的轻、中级工作制焊接结构和中级工作制的非焊接结构,冬期工作温度≤−30 ℃的其他承重结构。

二、钢筋混凝土结构用钢

土木工程中钢筋混凝土结构用钢材,主要根据结构的重要性、荷载性质(动荷载或静荷载)、连接方法(焊接或铆接)、温度条件(正温或负温)等来确定,并综合考虑钢种或钢牌号、质量等级和脱氧程度等,以保证结构的安全。

钢筋混凝土结构用钢,主要由碳素结构钢和低合金结构钢轧制而成,主要有热轧钢筋、冷加工钢筋、热处理钢棒、预应力混凝土用钢丝和钢绞线等。

1. 热轧钢筋

热轧钢筋是经过热轧成型并自然冷却的成品钢筋。根据其表面形状可分为光圆钢筋和带肋钢筋两类。带肋钢筋有月牙肋钢筋和等高肋钢筋等,如图 8-13 所示。

(a)   (b)

图 8-13 带肋钢筋

(a)月牙肋钢筋;(b)等高肋钢筋

光圆钢筋是用 Q300 碳素结构钢轧制而成的钢筋。其强度较低，塑性及焊接性能好，伸长率高，便于弯折成型和进行各种冷加工，广泛用于普通钢筋混凝土构件中，作为中小型钢筋混凝土结构的主要受力钢筋和各种钢筋混凝土结构的箍筋等。

　　带肋钢筋是用低合金镇静钢和半镇静钢轧制成的钢筋，其强度较高，塑性和焊接性能较好，因表面带肋，加强了钢筋与混凝土之间的黏结力，广泛用于大、中型钢筋混凝土结构的受力钢筋，经过冷拉后可用作预应力钢筋。

　　按《钢筋混凝土用钢　第 2 部分：热轧带肋钢筋》(GB 1499.2—2007)和《钢筋混凝土用钢　第 1 部分：热轧光圆钢筋》(GB 1499.1—2008)规定，热轧钢筋根据屈服强度和抗拉强度分为四级，即Ⅰ级、Ⅱ级、Ⅲ级、Ⅳ级。强度等级代号用 HPB300、HRB335、HRB400、HRB500 表示，其中，H 代表热轧，P 代表光圆，R 代表带肋，B 代表钢筋，后面的数字代表钢筋的屈服强度。例如，热轧钢筋 HPB300：表示屈服点为 300 MPa 的热轧光圆钢筋。其中，Ⅰ级钢筋为碳素结构钢，Ⅱ级、Ⅲ级、Ⅳ级钢筋为低合金结构钢。其中，Ⅰ级钢筋的强度较低，但塑性及焊接性能较好，便于各种冷加工，因而广泛用于小型钢筋混凝土结构中的主要受力筋以及各种钢筋混凝土结构中的构造筋；Ⅱ级钢筋的强度较高，塑性及焊接性能也较好，是钢筋混凝土的常用钢筋，广泛用于大、中型钢筋混凝土结构中的主要受力钢筋；Ⅲ级钢筋的性能和Ⅱ级钢筋相近；Ⅳ级钢筋的强度高，但塑性和焊接性能较差。

　　各级钢筋的力学性质见表 8-11。

表 8-11　热轧钢筋的力学性能和工艺性能

表面形状	强度等级	公称直径/mm	屈服强度 R_{eL}/MPa	抗拉强度 R_m/MPa	断后伸长率 A/%	冷弯	
			不小于			弯曲角度	弯心直径
光圆	HPB300	6~22	300	420	25	180°	a
月牙肋	HRB335	6~25	335	455	17	180°	$3a$
		28~50					$4a$
	HRB400	6~25	400	540	16		$4a$
		28~50					$5a$
	HRB500	6~25	500	630	15		$6a$
		28~50					$7a$
	RRB400	8~25	440	600	14	90°	$3a$
		28~40					$4a$

　　注：1. a 为钢筋的公称直径。
　　　　2. 其中 RRB400 为余热处理钢筋。

　　热轧钢筋的级别越高，强度越强，但塑性、韧性越差。在热轧钢筋中，HPB300 级钢筋为光圆钢筋，强度较低，塑性好，易于加工成型，可焊性好；HRB335、HRB400、RRB400 级为月牙肋钢筋，强度较高，塑性、可焊性好，是钢筋混凝土结构的主要用筋；HRB500级钢筋，强度高，塑性、韧性有保证，但可焊性较差。HPB300、HRB335、HRB400级钢筋在钢筋混凝土中作受力筋及构造筋，HRB335、HRB400、HRB500、RRB400级钢筋经冷拉后可作为预应力筋。

《低碳钢热轧圆盘条》(GB/T 701—2008)分为拉丝用盘条(L类)和建筑用盘条(J类)。拉丝用盘条所用钢材的牌号有Q195、Q215和Q235；建筑用盘条所用钢材的牌号为Q235。

盘条的标记方式如下：

盘条 | 原材牌号 | — | 分类代号 | | 公称直径 | —GB 701—2008

例如：盘条 Q235A·F-J6.5-GB 701-2008。

2. 热处理钢棒

热处理钢棒以热轧中碳低合金钢筋经淬火和回火调质处理而成。《预应力混凝土用钢棒》(GB/T 5223.3—2017)规定热处理钢棒有光圆钢棒、螺旋槽钢棒、螺旋肋钢棒、带肋钢棒四个品种。

3. 冷轧带肋钢筋

冷轧带肋钢筋是将热轧盘条经冷轧或冷拔减径后，在其表面冷轧成两面或三面带肋的钢筋。根据《冷轧带肋钢筋》(GB 13788—2008)的规定，冷轧带肋钢筋按抗拉强度最小值可分为三级牌号，即LL550、LL650、LL800。其中，LL分别表示"冷轧""带肋"，后面的数字表示钢筋抗拉强度的最小数值。

与冷拔低碳钢丝相比，冷轧带肋钢筋具有强度高、塑性好、与混凝土黏结牢固、节约钢材、质量稳定等优点。

【小提示】 LL650级和LL800级钢筋宜用作中、小型预应力混凝土结构构件中的受力主筋，LL550级钢筋宜用作普通钢筋混凝土结构构件中的受力主筋、架立筋、箍筋和构造钢筋。

4. 预应力混凝土用钢丝和钢绞线

(1)预应力混凝土用钢丝。预应力混凝土用钢丝是应用优质碳素结构钢制作，经冷拉或冷拉后消除应力处理制成。

根据《预应力混凝土用钢丝》(GB/T 5223—2014)规定，按加工状态分为冷拉钢丝(代号为WCD)和消除应力光圆钢丝，消除应力钢丝按松弛性能又分为低松弛级钢丝(WLR)和普通松弛级钢丝(WNR)。

钢筋按外形分为光圆(P)、螺旋肋(H)、刻痕(I)三种。

预应力混凝土用钢丝的标记方式如下：

预应力钢丝 | 直径 | — | 抗拉强度 | — | 代号 | — | 松弛等级 | — | 标准号

例如，直径为4.00 mm，抗拉强度为1 670 MPa，冷拉光圆钢丝，其标记为

预应力钢丝 4.00-1670-WCD-P-GB/T 5223—2014

(2)预应力混凝土用钢绞线。预应力混凝土用钢绞线是由若干根直径为2.5～5.0 mm的高强度钢丝，以一根钢丝为中心，其余钢丝围绕其中心钢丝绞捻，再经消除应力热处理而制成的。

根据《预应力混凝土用钢绞线》(GB/T 5224—2014)规定，按应力松弛性能分为Ⅰ级松弛和Ⅱ级松弛。

根据钢丝的股数分为三种结构类型：1×2、1×3和1×7。1×7结构钢绞线以一根钢丝

为芯、六根钢丝围绕其周围捻制而成。

预应力混凝土用钢绞线的标记方式如下：

预应力钢绞线 结构代号 — 公称直径 — 强度级别 — 标准号

例如，公称直径为 15.20 mm，强度级别为 1 860 MPa，七根钢丝捻制的标准型钢绞线，其代号为

预应力钢绞线 1×7-15.20-1860-GB/T 5224—2014

预应力混凝土用钢丝与钢绞线具有强度高、柔性好、松弛率低、抗腐蚀性强、无接头、质量稳定、安全可靠、施工时不需要冷拉及焊接等特点。其主要用于大跨度屋架及薄腹梁、电杆、轨枕、大跨度吊车梁、桥梁等预应力结构。

第五节　建筑钢材的防护

一、钢材的锈蚀

钢材的锈蚀是指其表面与周围介质发生化学作用或电化学作用而遭到破坏。

钢材锈蚀不仅使截面面积减小，性能降低甚至报废，而且产生锈坑，造成应力集中，加速结构破坏。尤其在冲击荷载、循环交变荷载的作用下，产生锈蚀疲劳现象，使钢材的疲劳强度大为降低，甚至出现脆性断裂。

根据锈蚀作用机理，钢材的锈蚀可分为化学锈蚀和电化学锈蚀两种。

1. 化学锈蚀

化学锈蚀是指钢材直接与周围介质发生化学反应而产生的锈蚀。

这种锈蚀多数是氧化作用，使钢材表面形成疏松的氧化物。在常温下，钢材表面形成一薄层氧化保护膜 FeO，可以起到一定的防止钢材锈蚀的作用，故在干燥环境中，钢材锈蚀进展缓慢。但在温度或湿度较高的环境中，化学锈蚀进展加快。

2. 电化学锈蚀

电化学锈蚀是指钢材与电解质溶液接触，形成微电池而产生的锈蚀。

潮湿环境中钢材表面会被一层电解质水膜所覆盖，而钢材本身含有铁、碳等多种成分，由于这些成分的电极电位不同，则会形成许多微电池。在阳极区，铁被氧化成为 Fe^{2+} 进入水膜；在阴极区，溶于水膜中的氧被还原为 OH^-。随后两者结合生成不溶于水的 $Fe(OH)_2$，并进一步氧化成为疏松易剥落的红棕色铁锈 $Fe(OH)_3$。电化学锈蚀是钢材锈蚀的最主要形式。

【小提示】　影响钢材锈蚀的主要因素有：环境中的湿度、氧，介质中的酸、碱、盐；钢材的化学成分及表面状况等。一些卤素离子，特别是氯离子能破坏保护膜，促进锈蚀反应，使锈蚀迅速发展。

二、防止钢材锈蚀的措施

1. 采用耐候钢

耐候钢即耐大气腐蚀钢，在钢中加入一定量的铬、镍、钛等合金元素，可制成不锈钢。

通过加入某些合金元素，可以提高钢材的耐锈蚀能力。

2. 金属覆盖

以电镀或喷镀的方法覆盖在钢材表面，提高钢材的耐腐蚀能力。薄壁钢材可采用热浸镀锌(白铁皮)、镀锡(马口铁)、镀铜、镀铬或镀锌后加涂塑料涂层等措施。

3. 非金属覆盖

通常，钢结构防止锈蚀采用表面刷漆，喷涂涂料、搪瓷、塑料等措施。常用的底漆有红丹、环氧富锌漆、铁红环氧底漆等；面漆有调和漆、醇酸磁漆、酚醛磁漆等。

4. 混凝土用钢筋的防锈

混凝土配筋的防锈措施，需根据结构的性质和所处环境，并考虑混凝土的质量要求等因素。主要作用是提高混凝土的密实度，保证足够的钢筋保护层厚度，限制氯盐外加剂的掺入量。混凝土中还可以掺用阻锈剂。

钢材锈蚀时会伴随体积增大，最严重的可达原体积的 6 倍，在钢筋混凝土中会使周围的混凝土胀裂。埋入混凝土中的钢材，由于混凝土的碱性介质(新浇混凝土的 pH 值为 12 左右)在钢材表面形成碱性保护膜，阻止锈蚀继续发展，故混凝土中的钢材一般不易锈蚀。

预应力钢筋一般含碳量较高，又多是经过变形加工或冷加工的，因而对锈蚀破坏较敏感，特别是高强度热处理钢筋，更容易产生锈蚀现象。所以，重要的预应力混凝土结构，除禁止掺用氯盐外，还应对原材料进行严格检验。

三、钢材的防火措施

钢是不燃性材料，但这并不表明钢材能够抵抗火灾。耐火试验与火灾案例调查表明：以失去支持能力为标准，无保护层时，钢柱和钢屋架的耐火极限仅为 0.25 h，而裸露钢梁的耐火极限仅为 0.15 h。温度在 200 ℃以内，可以认为钢材的性能基本不变；超过 300 ℃以后，弹性模量、屈服点和极限强度均开始下降，应变急剧增大；达到 600 ℃时，已失去承载能力。所以，没有防火保护层的钢结构是不耐火的。

钢结构防火保护的基本原理是采用绝热或吸热材料，阻隔火焰和热量，推迟钢结构的升温速率。防火方法以包覆法为主，即以防火涂料、不燃性板材或混凝土和砂浆将钢构件包裹起来。

1. 防火涂料

防火涂料按受热时的变化，分为膨胀型(薄型)和非膨胀型(厚型)两种。

(1)膨胀型防火涂料的涂层厚度一般为 2～7 mm，附着力很强，有一定的装饰效果。由于其内含膨胀组分，遇火后会膨胀增厚 5～10 倍，形成多孔结构，从而起到良好的隔热防火作用，根据涂层厚度可使构件的耐火极限达到 0.5～1.5 h。

(2)非膨胀型防火涂料的涂层厚度一般为 8～50 mm，呈粒状面，密度小，强度低，喷涂后需再用装饰面层隔护，耐火极限可达 0.5～3.0 h。为使防火涂料牢固地包裹钢构件，可在涂层内埋设钢丝网，并使钢丝网与钢构件表面的净距保持在 6 mm 左右。

2. 不燃性板材

常用的不燃性板材有石膏、硅酸钙板、蛭石板、珍珠岩板、岩棉板等，可通过胶粘剂或钢钉、钢箍等固定在钢构件上。

第六节　钢筋接头力学性能的测定

由于钢筋混凝土建筑物、构筑物的大量建造，钢筋连接技术得到迅速发展。《混凝土结构设计规范（2015 年版）》(GB 50010—2010)将钢筋连接分成两类，即绑扎搭接、机械连接或焊接。绑扎搭接为传统连接技术，在一定范围和条件下，仍然得到大量应用。现代土木建筑工程中越来越多地采用机械连接技术。

一、钢筋的绑扎搭接技术

1. 钢筋绑扎搭接的基本原理

钢筋绑扎搭接的基本原理是：将两根钢筋搭接一定长度，用细钢丝在多处将两根钢筋绑扎牢固，置于混凝土中。承受荷载后，一根钢筋中的力通过钢筋与混凝土之间的握裹力（黏结力）传递给附近的混凝土，再由混凝土传递给另一根钢筋。在受拉区域，HPB300 级光圆钢筋绑扎搭接接头中，还通过钢筋末端弯钩来增强钢筋与混凝土之间力的传递。

2. 钢筋绑扎搭接的使用范围和技术要求

《混凝土结构设计规范（2015 年版）》(GB 50010—2010)中规定：

(1)受力钢筋的接头宜设置在受力较小处，同一根钢筋上宜少设接头。

(2)轴心受拉及小偏心受拉杆件（如桁架和拱的拉杆）的纵向受力钢筋不得采用绑扎搭接接头。当受拉钢筋的直径 $d > 25$ mm 及受压钢筋的直径 $d > 28$ mm 时，不宜采用绑扎搭接接头。

(3)同一构件中相邻纵向受力钢筋的绑扎搭接接头宜相互错开。

钢筋绑扎搭接接头连接区段的长度为 1.3 倍搭接长度，凡搭接接头中点位于该连接区段长度内的搭接接头，均属于同一连接区段（图 8-14）。同一连接区段内纵向钢筋搭接接头面积百分率为该区段内有搭接接头的纵向受力钢筋截面面积与全部纵向受力钢筋截面面积的比值。

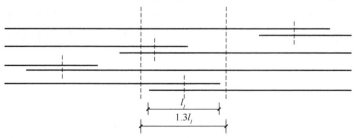

图 8-14　同一连接区段内的纵向受拉钢筋绑扎搭接接头

注：图中所示同一连接区段内的搭接接头钢筋为两根，
当钢筋直径相同时，钢筋搭接接头面积百分率为 50%。

位于同一连接区段内的受拉钢筋搭接接头面积百分率：对梁类、板类及墙类构件，不宜大于 25%；对柱类构件，不宜大于 50%。当工程中确有必要增大受拉钢筋搭接接头面积百分率时，对梁类构件，不应大于 50%；对板类、墙类及柱类构件，可根据实际情况放宽。

纵向受拉钢筋绑扎搭接接头的搭接长度根据位于同一连接区段内的钢筋搭接接头面积

百分率按下式计算：

$$l_i = \zeta_l l_a \qquad (8\text{-}6)$$

式中　l_i——纵向受拉钢筋的搭接长度；

ζ_l——纵向受拉钢筋搭接长度修正系数，按表 8-12 取用。当纵向搭接钢的接头面积百分率为表中数据的中间值时，修正系数可按内插取值。

表 8-12　纵向受拉钢筋搭接长度修正系数

纵向钢筋搭接接头面积百分率/%	≤25	50	100
ζ_l	1.2	1.4	1.6

在任何情况下，纵向受拉钢筋绑扎搭接接头的搭接长度均不应小于 300 mm。

（4）构件中的纵向受压钢筋，当采用搭接连接时，其受压搭接长度不应小于第（3）条规定的纵向受拉钢筋搭接长度的 70%，且在任何情况下均不应小于 200 mm。

（5）在纵向受力钢筋搭接长度范围内应配置箍筋，其直径不应小于搭接钢筋较大直径的 25%。当钢筋受拉时，箍筋间距不应大于搭接钢筋较小直径的 5 倍，且不应大于 100 mm；当钢筋受压时，箍筋间距不应大于搭接钢筋较小直径的 10 倍，且不应大于 200 mm。当受压钢筋直径 $d > 25$ mm 时，还应在搭接接头两个端面外 100 mm 范围内各设置两个箍筋。

二、钢筋焊接接头的试验方法

钢筋焊接技术自 20 世纪 50 年代开始逐步推广应用。近十几年来，焊接新材料、新方法、新设备不断涌现，工艺参数和质量验收逐步修正和完善。我国已制定相应的技术规程——《钢筋焊接及验收规程》（JGJ 18—2012），其他相关标准还包括《钢筋混凝土用钢　第 3 部分：钢筋焊接网》（GB/T 1499.3—2010）。

（一）钢筋的焊接性

钢筋的焊接性与钢材的焊接性是相近的，也可以碳当量 C_{eq} 来估计。C_{eq} 可按《钢筋混凝土用钢　第 2 部分：热轧带肋钢筋》（GB/T 1499.2—2007）中规定的公式计算：

$$C_{eq} = C + \frac{Mn}{6} + \frac{Cr + Mo + V}{5} + \frac{Ni + Cu}{15} \qquad (8\text{-}7)$$

式中的元素符号表示钢筋中化学成分元素的含量。

当 $C_{eq} < 0.4\%$ 时，钢筋的淬硬倾向不大，焊接性优良，焊接时可不预热；当 C_{eq} 为 0.4%～0.6% 时，钢筋的淬硬倾向增大，焊接时需采取预热、控制焊接参数等工艺措施；当 $C_{eq} > 0.6\%$ 时，钢筋的淬硬倾向强，属于较难焊钢筋，需要采取较高的预热温度、焊后热处理和严格的工艺措施。因此，HPB300 级钢筋的焊接性良好；HRB335、HRB400、HRB500 级钢筋的焊接性较差，应该采取合适的工艺参数和有效的工艺措施。原 RL540（Ⅵ级钢筋）的碳含量很高，属于较难焊钢筋。因此，在闪光对焊之后，必要时应进行焊后通电热处理。对于进口钢筋，由于各国钢筋化学成分和标准规定不同，要采取慎重态度，应进行试验后才能使用。

（二）焊接方法与原理

通常，将钢筋焊接分为钢筋电阻点焊、钢筋闪光对焊、钢筋电弧焊、钢筋电渣压力焊、钢筋气压焊、预埋件钢筋埋弧压力焊共六种方法。但一般来说，钢筋焊接可分为电弧焊和接触对焊两大类。

电弧焊是利用焊接时产生的高温电弧，使焊条金属熔化在钢筋上，成为连接钢筋的焊缝金属的方法。同时，电弧的高温使钢筋边缘熔化，由于扩散作用与熔化的焊条金属均匀而密切地熔合，从而实现钢筋之间的牢固连接。接触对焊是利用电流通过两根钢筋的接触面所产生的高温，熔融接触面钢筋，加压熔合而成的方法。接触对焊无须采用焊条。在焊接过程中，钢筋中常发生复杂的、不均匀的反应和变化，这是由于瞬时的高温使钢筋熔化，而且钢的传热和冷却速度很快，导致受热部位的剧烈膨胀和收缩，因此，极易产生变形以及内应力和组织的变化。

焊接不良易造成各种缺陷，常见的缺陷有焊缝金属缺陷(热裂纹、夹杂物和气孔)和钢筋热影响区的缺陷(冷裂纹、晶粒粗大、碳化物和氮化物析出)。对焊接件质量影响最大的缺陷是裂纹和缺口，会降低焊接部位的强度、塑性、韧性和耐疲劳性。

(三)各种焊接方法的适用范围

钢筋焊接时，各种焊接方法的适用范围应符合现行行业标准《钢筋焊接及验收规程》(JGJ 18—2012)中的规定。表 8-13 给出了不同焊接方法的适用范围。

表 8-13　不同焊接方法的适用范围

焊接方法			接头形式	适用范围	
				钢筋牌号	钢筋直径/mm
电阻点焊				HPB300	6～16
				HRB335 HRBF335	6～16
				HRB400 HRBF400	6～16
				CRB550	5～12
闪光对焊				HPB300	8～22
				HRB335 HRBF335	8～32
				HRB400 HRBF400	8～32
				HRB500 HRBF500	10～32
				CRB400	10～32
箍筋闪光对焊				HPB300	6～16
				HRB335 HRBF335	6～16
				HRB400 HRBF400	6～16
电弧焊	帮条焊	双面焊		HPB300	6～22
				HRB335 HRBF335	6～40
				HRB400 HRBF400	6～40
				HRB500 HRBF500	6～40
		单面焊		HPB300	6～22
				HRB335 HRBF335	6～40
				HRB400 HRBF400	6～40
				HRB500 HRBF500	6～40

焊接方法			接头形式	适用范围	
				钢筋牌号	钢筋直径/mm
电弧焊	搭接焊	双面焊		HPB300	6～22
				HRB335 HRBF335	6～40
				HRB400 HRBF400	6～40
				HRB500 HRBF500	6～40
		单面焊		HPB300	6～22
				HRB335 HRBF335	6～40
				HRB400 HRBF400	6～40
				HRB500 HRBF500	6～40
	熔槽帮条焊			HPB300	20～22
				HRB335 HRBF335	20～40
				HRB400 HRBF400	20～40
				HRB500 HRBF500	20～40
	坡口焊	平焊		HPB300	18～40
				HRB335 HRBF335	18～40
				HRB400 HRBF400	18～40
				HRB500 HRBF500	18～40
		立焊		HPB300	18～40
				HRB335 HRBF335	18～40
				HRB400 HRBF400	18～40
				HRB500 HRBF500	18～40
	钢筋与钢板搭接焊			HPB300	20～22
				HRB335 HRBF335	20～40
				HRB400 HRBF400	20～40
				HRB500 HRBF500	20～40
	窄间隙焊			HPB300	16～40
				HRB335 HRBF335	16～40
				HRB400 HRBF400	16～40
	预埋件电弧焊	角焊		HPB300	6～25
				HRB335 HRBF335	6～25
				HRB400 HRBF400	6～25
				HRB500 HRBF500	6～25
		穿孔塞焊		HPB300	20～25
				HRB335 HRBF335	20～25
				HRB400 HRBF400	20～25
				HRB500 HRBF500	20～25
		预埋件钢筋埋压力焊		HPB300	6～25
				HRB335 HRBF335	6～25
				HRB400 HRBF400	6～25
				HRB500 HRBF500	6～25

焊接方法		接头形式	适用范围	
			钢筋牌号	钢筋直径/mm
电渣压力焊			HPB300	12～32
			HRB335 HRBF335	12～32
			HRB400 HRBF400	12～32
			HRB500 HRBF500	12～32
气压焊	固态		HPB300	12～40
			HRB335 HRBF335	12～40
	熔态		HRB400 HRBF400	12～40
			HRB500 HRBF500	12～40

注：1. 电阻点焊时，适用范围的钢筋直径是指两根不同直径钢筋交叉叠接中较小钢筋的直径。

2. 电弧焊含焊条电弧焊和 CO_2 气体保护电弧焊。

3. 在生产中，对于有较高要求的抗震结构用钢筋，在牌号后加 E(例如：HRB400E，HRBF400E)，可参照同级别钢筋施焊。

4. 生产中，如果有 HPB300 级钢筋需要进行焊接时，可参考采用 HPB300 级钢筋的焊接工艺参数。

(四)钢筋焊接接头的测定方法

1. 取样数量及要求

焊接钢筋取样要求见表 8-14。

表 8-14　焊接钢筋取样要求

焊接接头形式	检验批组成	拉伸试样取样数量	弯曲试验取样数量
闪光对焊接头	同一台班内，由同一焊工完成的 300 个同牌号、同直径钢筋焊接接头为一批。当同一台班内焊接的接头数量较少，可在一周之内累计计算；累计仍不足 300 个接头时，应按一批计算	每批接头随机抽取三个接头	每批接头随机抽取三个接头
电弧焊接头	在现浇混凝土结构中，以 300 个同牌号钢筋，同形式接头作为一批。在房屋结构中，应在不超过两楼层中 300 个同牌号钢筋、同形式接头，作为一批。当不足 300 个接头时，仍应作为一批	每批接头随机抽取三个接头	—
电渣压力焊接头		每批接头随机抽取三个接头	—
气压焊接头		在柱、墙的竖向钢筋连接中及梁、板的水平钢筋连接中，每批接头随机抽取三个接头	在梁、板的水平钢筋连接中，每批接头随机抽取三个接头
预埋件钢筋 T 形接头	以 300 件同类型预埋件作为一批。一周内连续焊接时，可累计计算。当不足 300 件时，也应按一批计算	每批接头随机抽取三个接头	—

2. 试样制备及要求

拉伸试样（除预埋件钢筋 T 形接头外）的长度应为 l_s+2l_j，其中，l_s 为受试长度，l_j 为夹持长度。闪光对焊接头、电渣压力焊接头、气压焊接头 l_s 均为 $8d$（d 为钢筋直径），双面搭接焊接头 l_s 为 $8d+l_h$（l_h 为焊缝长度），单面搭接焊接头 l_s 为 $5d+l_h$。

3. 结果判定

钢筋闪光对焊接头、电弧焊接头、电渣压力焊接头、气压焊接头拉伸试验结果均应符合下列要求：

(1)3 个热轧钢筋接头试件的抗拉强度均不得小于该牌号钢筋规定的抗拉强度；RRB400 级钢筋接头试件的抗拉强度均不得小于 570 N/mm^2。

(2)至少应有 2 个试件断于焊缝之外，并应呈延性断裂。

当达到上述两项要求时，应评定该批接头为抗拉强度合格。

当试验结果有 2 个试件的抗拉强度小于钢筋规定的抗拉强度，或 3 个试件均在焊缝或热影响区发生脆性断裂时，则一次判定该批接头为不合格品。

当试验结果有 1 个试件的抗拉强度小于规定值或 2 个试件在焊缝或热影响区发生脆性断裂时，其抗拉强度均小于钢筋规定抗拉强度的 1.10 倍，应进行复验。复验时，应再切取 6 个试件。复验结果，当仍有 1 个试件的抗拉强度小于规定值，或有 3 个试件断于焊缝或热影响区并呈脆性断裂，其抗拉强度均小于钢筋规定抗拉强度的 1.10 倍，应判定为该批接头为不合格品。

注：当接头试件虽断于焊缝或热影响区，呈脆性断裂，但其抗拉强度均大于或等于钢筋规定抗拉强度的 1.10 倍时，可按断于焊缝或热影响区之外，呈延性断裂同等对待。

(3)弯曲试验可在万能试验机、手动或电动液压弯曲试验器上进行，焊缝应处于弯曲中心点，弯心直径和弯曲角应符合表 8-15 中的规定。

表 8-15　焊缝的弯心直径和弯曲角

钢筋牌号	弯心直径	弯曲角/(°)
HPB300	$2d$	90
HRB335、HRBF335	$4d$	90
HRB400、HRBF400、HRB400W	$5d$	90
HRB500、HRBF500	$7d$	90
注：1. d 为钢筋直径(mm)。 2. 直径大于 25 mm 的钢筋焊接接头，弯心直径应增加 1 倍钢筋直径。		

当试验结果弯至 90°并有 2 个或 3 个试件外侧（含焊缝和热影响区）未发生破裂时，应评定该批接头弯曲试验合格。当有 3 个试件均发生破裂，则一次判定该批接头为不合格品。当有 2 个试件发生破裂，应进行复检。复检时，应再切取 6 个试件。复检结果：当有 3 个试件发生破裂时，应判定该批接头为不合格品；当试件外侧横向裂纹宽度达到 0.5 mm 时，应认定已经破裂。

三、钢筋机械连接接头的试验方法

1. 钢筋机械连接的类型与特点

钢筋机械连接是通过连接件直接或间接的机械咬合作用或钢筋端面的承压作用将一根

钢筋中的力传递至另一钢筋的连接方法，国内外常用的钢筋机械连接方法有以下 6 种：

(1)挤压套筒接头。通过挤压力使连接用的钢套筒塑性变形并与带肋钢筋紧密咬合而形成的接头。挤压套筒接头又可分为径向挤压套筒接头和轴向挤压套筒接头，如图 8-15 所示。

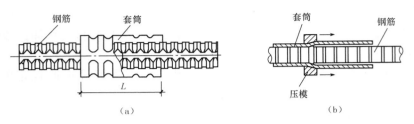

图 8-15 钢筋挤压套筒接头
(a)径向挤压套筒接头；(b)轴向挤压套筒接头
L—套筒长度

(2)锥螺纹套筒接头。通过钢筋端头特制的锥形螺纹与锥螺纹套筒咬合而形成的接头，如图 8-16 所示。

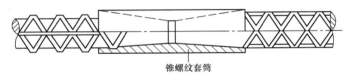

图 8-16 钢筋锥螺纹套筒接头

(3)直螺纹套筒接头。通过钢筋端头特制的直螺纹与直螺纹套筒咬合而形成的接头，如图 8-17 所示。直螺纹套筒接头又可分为镦粗直螺纹接头和滚轧直螺纹接头。镦粗直螺纹接头是指通过钢筋端头镦粗后制作的直螺纹与连接件螺纹咬合而形成的接头；滚轧直螺纹接头是指通过钢筋端头直接滚轧或剥肋后制作的直螺纹与连接件螺纹咬合而形成的接头。

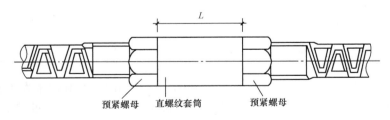

图 8-17 钢筋直螺纹套筒接头
L—套筒长度

(4)金属充填套筒接头。由高热剂反应产生熔融金属充填在钢制套筒内形成的接头，如图 8-18 所示。

(5)水泥灌浆充填套筒接头。用特制的水泥浆填充在特制的钢套筒内硬化后形成的接头，如图 8-19 所示。

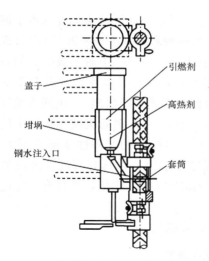

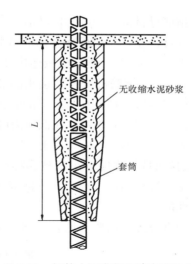

图 8-18　钢筋熔融金属充填套筒接头　　　图 8-19　钢筋水泥灌浆充填套筒接头

L—套筒长度

（6）受压钢筋端面平接头。被接钢筋端头按规定工艺平切后，端面直接接触传递压力的接头。另外，还有一些复合接头，如复合螺纹套筒接头、挤压直螺纹套筒接头、挤压螺纹套筒接头等。

2. 机械连接接头的性能

钢筋接头对混凝土结构的强度性能和变形性能（总伸长率、非弹性变形和残余变形）有重要的影响。机械连接接头与焊接接头的最大区别是接头的变形性能。所有能够承受拉力的钢筋机械连接的接头都是通过套筒剪切传力。这种接头在荷载作用下，接头端部的受力比较集中，钢筋与套筒或传力介质接触部分应力大，首先局部变形，这种变形逐步向接头内延伸。无论是直接连接的接头（螺纹套筒接头、挤压套筒接头），还是通过中间介质间接连接的接头（水泥灌浆充填套筒接头、熔融金属充填套筒接头），这些能承受拉伸荷载的机械连接接头在受力时都有类似的应力分布。因此，接头即使在远小于屈服强度的应力之下，还是会产生非弹性变形和残余变形。这是钢筋机械连接接头受力发生变形时最显著的特点，也是接头性能级别分类的主要依据之一。

钢筋焊接接头在不大于钢筋弹性极限荷载的情况下，接头的刚度是不变的，没有非弹性变形和残余变形。这是因为焊接接头是通过原子间的结合，钢筋焊接接头是一个相对连续的整体，其刚度只与接头形状有关，加强部位的刚度比钢筋还大。而机械连接接头的非弹性变形不仅与接头各组成部分的形状有关，还与各部分之间的紧密程度、预应力状况以及荷载大小有关。在不大于钢筋弹性极限荷载的情况下，焊接接头的刚度不变，也不产生残余变形，而机械连接接头的刚度在小荷载或中等荷载的条件下往往比钢筋大一些。随着荷载的增大，机械连接接头非弹性变形也增大，刚度逐渐减小。因此，在表示机械连接接头的非弹性变形（或残余变形）时，必须指明是在多大应力水平下发生的。钢筋机械连接接头根据强度、非弹性变形、残余变形、总伸长率、高应力和大变形条件下的反复拉压性能等指标的差异，可分为Ⅰ级、Ⅱ级和Ⅲ级。

Ⅰ级接头是钢筋机械连接接头中质量等级最高的接头。《钢筋机械连接技术规程》（JGJ 107—2016）规定，Ⅰ级接头的抗拉强度应大于或等于钢筋母材抗拉强度的实际值，或者大于或等于钢筋母材抗拉强度的标准值的 1.10 倍。这一要求保证了接头强度基本上能接近或达到钢筋母材强度，与现行行业标准《钢筋焊接及验收规程》(JGJ 18—2012)中对焊接接头的强度要求基本一致。《钢筋机械连接技术规程》(JGJ 107—2016)中对Ⅰ级接头的总伸长率要求不小于 4%。钢筋机械连接接头的非弹性变形反映连接套筒与钢筋在荷载下的相对滑移，但这也将会影响构件在荷载下的裂缝宽度，因此，必须予以限制。《钢筋机械连接技术规程》(JGJ 107—2016)规定：在低应力区，对于不大于 32 mm 钢筋机械连接接头的非弹性变形应不大于 0.1 mm，对于大于 32 mm 钢筋机械连接接头的非弹性变形应不大于 0.15 mm；Ⅱ级接头抗拉强度不小于被连接钢筋抗拉强度标准值，并具有高延性及反复抗压性能；Ⅲ级接头抗拉强度不小于被连接钢筋屈服强度标准值的 1.35 倍，并具有一定的延性及反复抗压性能。

Ⅱ级和Ⅲ级接头的要求见表 8-16 和表 8-17 的有关规定。

表 8-16 接头的抗拉强度

接头等级	Ⅰ级		Ⅱ级	Ⅲ级
抗拉强度	$f_{mst}^0 \geq f_{stk}$ 或 $f_{mst}^0 \geq 1.10 f_{stk}$	钢筋拉断 连接件破坏	$f_{mst}^0 \geq f_{stk}$	$f_{mst}^0 \geq 1.25 f_{stk}$

表 8-17 接头的变形性能

接头等级		Ⅰ级	Ⅱ级	Ⅲ级
单向拉伸	残余变形/mm	$u_0 \leq 0.10 (d \leq 32)$ $u_0 \leq 0.14 (d > 32)$	$u_0 \leq 0.14 (d \leq 32)$ $u_0 \leq 0.16 (d > 32)$	$u_0 \leq 0.14 (d \leq 32)$ $u \leq 0.16 (d > 32)$
	总伸长率/%	$A_{sgt} \geq 6.0$	$A_{sgt} \geq 6.0$	$A_{sgt} \geq 3.0$
高应力反复拉压	残余变形/mm	$u_{20} \leq 0.3$	$u_{20} \leq 0.3$	$u_{20} \leq 0.3$
大变形反复抗压	残余变形/mm	$u_4 \leq 0.3$ 且 $u_8 \leq 0.6$	$u_4 \leq 0.3$ 且 $u_8 \leq 0.6$	$u_4 \leq 0.6$

3. 取样数量及要求

(1)钢筋连接工程开始前及施工过程中，应对每批进场钢筋进行接头工艺检验。进行工艺检验时，应按以下规定进行：

1)每种规格钢筋的接头取不少于 3 个试件进行抗拉强度检验。

2)自接头试件的同一根钢筋上，割取一个钢筋母材试件进行抗拉强度检验。

3)3 根接头试件的抗拉强度均应符合表 8-16 的要求。另外，Ⅰ级接头，试件的抗拉强度尚应大于等于钢筋抗拉强度实测值的 95%；Ⅱ级接头应大于 90%。

(2)接头的现场检验按验收批进行。同一施工条件下采用同一批材料的同等级、同形式、同规格接头，以 500 个为一验收批，不足 500 个也作为一个验收批。现场检验进行外观质量和单向拉伸。

4. 结果判定

钢筋接头的破坏形态有三种，即钢筋拉断、接头连接件破坏、钢筋从连接件中拔出。

对于Ⅱ级、Ⅲ级接头，无论试件属于哪种破坏形态，只要满足标准要求即合格。对于Ⅰ级接头，当试件断于钢筋母材，需满足 $f^0_{mst} \geqslant f_{stk}$ 时试件合格；当试件断于接头长度区域内，需满足 $f^0_{mst} \geqslant 1.10 f_{stk}$ 时才能判为合格。对接头的每一验收批，必须在工程结构中随机截取3个接头试件做抗拉强度试验，按设计要求的接头等级进行评定。

当3个接头试件的抗拉强度均符合表8-16中相对应等级的要求时，该验收批评为合格。如有1个试件的强度不符合要求，应再取6个试件进行复检。复检中如仍有1个试件的强度不符合要求，则该验收批评为不合格。

注：现场检验连续10个验收批抽样试件抗拉强度试验一次合格率为100%时，验收批接头数量可以扩大一倍。

➤本章小结

(1)力学性能又称为机械性能，是钢材最重要的使用性能，主要包括抗拉性能、伸长率、断面收缩率、冲击韧性、硬度、疲劳强度等。

(2)工艺性能表示钢材在各种加工过程中的行为，包括冷弯性能、焊接性能等。

(3)建筑工程中常用的钢种分为钢结构用钢和钢筋混凝土结构用钢两大类。

(4)钢材的锈蚀是指其表面与周围介质发生化学作用或电化学作用而遭到破坏。根据锈蚀作用机理，钢材的锈蚀可分为化学锈蚀和电化学锈蚀两种。

(5)钢结构防火保护的基本原理是采用绝热或吸热材料，阻隔火焰和热量，推迟钢结构的升温速率。防火方法以包覆法为主，即以防火涂料、不燃性板材或混凝土和砂浆将钢构件包裹起来。

(6)钢筋连接可分成两类，即绑扎搭接、机械连接或焊接。绑扎搭接为传统连接技术，在一定范围和条件下仍然得到大量应用。现代土木建筑工程中越来越多地采用机械连接技术。

➤思考与练习

1. 钢材按化学成分及用途各分哪几类？
2. 建筑钢材的主要力学性能有哪些？测定这些性能各有何用处？
3. 冷加工和时效对钢材性能有何影响？为什么？
4. 简述碳素结构钢随含碳量变化，其组织及性能的变化规律。
5. 热轧钢筋依据哪些性能指标划分强度等级？各级钢筋的用途如何？
6. 如何防止钢筋混凝土中配筋的锈蚀？
7. 建筑常用的钢筋类型有哪些？
8. 为什么要对钢筋进行连接？连接方式有哪些？

第九章　建筑木材

　　通过本章的学习，了解木材的防腐措施以及木材在建筑工程中的应用；理解木材的各向异性、湿胀干缩性以及含水率对木材性质的影响；掌握木材的分类与构造。

技能目标

　　能够熟知木材加工的分类、用途以及技术指标，并能够进行木材的防护。

　　木材是传统的三大建筑材料之一，具有很多优良的性能，如轻质高强、导电导热性低、较好的弹性和韧性、能承受冲击和振动、易于加工等。但天然木材构造不均匀，具有各向异性，易吸湿变形，且易腐、易燃。树木生长周期长、成材不易，所以在应用木材做建筑材料时，对木材的节约使用和综合利用十分重要。

第一节　树木的分类及木材的构造

一、树木的分类

　　树木分为针叶树和阔叶树两类。

　　针叶树树叶细长，大部分为常绿树，其树干直而高大，纹理顺直，木质较软，易加工，故又称为软木材。其表观密度小，强度较高，胀缩变形小，是建筑工程中的主要用材。杉木、红松、白松、黄花松等均为针叶树。

　　阔叶树树叶宽大呈片状，大多数为落叶树，其树干通直部分较短，木材较硬，加工比较困难，故又称为硬(杂)木材。其表观密度较大，易胀缩、翘曲、开裂，常用作室内装饰、次要承重构件、胶合板等。桦、榆、水曲柳等均为阔叶树。

二、木材的构造

1. 木材的微观构造

　　从植物学的角度来说，构成木材的各种细胞按其功能的不同可以概括地区别为输导组织、机械组织和贮藏组织三类。

　　(1)输导组织是指在树木生长过程中主要行使输导水分或树液功能的各种细胞，如针叶材中的早材管胞和阔叶材中的导管。

　　(2)机械组织是指在树木生长过程中起支持树体重力和使树木稳固地屹立于地面并使枝

条张紧而不下垂的各种功能的细胞组织，如针叶材中的晚材管胞和阔叶材中的木纤维等。

（3）贮藏组织是指在树木生长过程中起贮藏和分配养分作用的细胞，如针叶材和阔叶材中的薄壁组织和木射线。

2. 木材的宏观构造

木材的宏观构造特征是指用肉眼或借助于 10 倍放大镜所能观察到的木材构造特征。木材的宏观构造特征是人们用以识别木材的依据，在木材生产、流通、贸易领域中对木材检验、鉴定与识别及木材合理加工利用等均有重要意义。

从不同的方向锯切木材，可以得到不同的切面。利用各切面上细胞及组织所表现出来的特征，可识别木材和研究木材的性质、用途。要全面、正确地了解木材的细胞或组织所形成的各种构造特征，就必须通过木材的三个切面来观察。树干的三个标准切面是横切面、径切面和弦切面，如图 9-1 所示。

（1）横切面（端面）。如图 9-1 所示，横切面是与树干主轴或木材纹理成垂直的切面，也称为树干的端面或横端面。从图中可以看出横向细胞或组织，如木射线的宽度、长度等的特征；在这个切面上，木材中的各种纵向细胞或组织，如管胞、导管、木纤维和轴向薄壁组织的横断面形态及分布规律都能反映出来。

横切面较全面地反映了细胞间的相互联系，是识别木材最重要的切面。在原木特征中所谓的树干断面，实际上就是木质部（木材）的横切面。

（2）径切面（径面）。如图 9-1 所示，树干的径面是与树干主轴或木材纹理方向（通过髓心）相平行的切面。在该切面上，能显露纵向细胞（导管）的长度和宽度及横向组织（木射线）的长度和高度。

（3）弦切面（弦面）。如图 9-1 所示，树干的弦面是与树干主轴或木材纹理方向（不通过髓心）平行并与木射线垂直的切面。在该切面上，能显露纵向细胞（导管）的长度和宽度及横向细胞或组织（木射线）的高度和宽度。

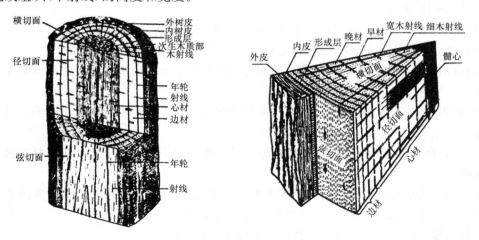

图 9-1　针（阔）叶材的三个切面

径切面和弦切面都是沿纹理方向的切面，所以这两个切面被笼统地称为纵切面。在木材生产和流通中，借助横切面，将板宽面与生长轮之间的夹角在 45°～90°的板材称为径切板；将板宽面与生长轮之间的夹角在 0°～45°的板材称为弦切板，如图 9-2 所示。

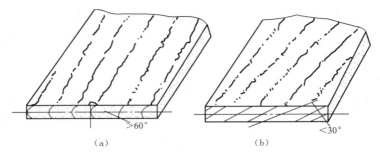

图 9-2　径切板和弦切板示意

(a)径切板；(b)弦切板

第二节　木材的主要性质

一、物理性质

木材的物理力学性质主要有密度、含水率、湿胀干缩、强度等。其中，含水率对木材的物理力学性质影响很大。

1. 木材的密度和表观密度

(1)密度。木材的密度为 $1.48\sim1.56$ g/cm³，平均约为 1.55 g/cm³，由于木材的分子结构基本相同，因此木材的密度基本相同。

(2)表观密度。木材的孔隙率、含水率等因素决定了木材的表观密度，木材的表观密度越大，其湿胀干缩变化也越大。不同的树种，表观密度也不同。在常用木材中表观密度较大的(如麻栎)达 980 kg/m³，较小的(如泡桐)仅 280 kg/m³。一般木材的表观密度为 $400\sim600$ kg/m³。

2. 木材的含水率

木材的含水率是指木材中所含水分的质量占木材干燥质量的百分数。

木材中的水分主要有三种，分别是自由水、吸附水和结合水。

(1)自由水是指存在于木材细胞腔和细胞间隙中的水分。自由水的变化只影响木材的表观密度。

(2)吸附水是指被吸附在细胞壁内细纤维之间的水分。吸附水的变化是影响木材强度和胀缩变形的主要原因。

(3)结合水是指木材化学组成中的水分。结合水常温下不发生变化，对木材的性质一般没有影响。

木材细胞壁内充满吸附水，达到饱和状态，而细胞腔和细胞间隙中没有自由水时的含水率称为纤维饱和点。木材的纤维饱和点随树种而异，一般介于 $25\%\sim35\%$，平均值为 30%。纤维饱和点是木材物理力学性质发生变化的转折点。

【小提示】　木材所含水分与周围空气的湿度达到平衡时的含水率，称为木材的平衡含水率，是木材干燥加工时的重要控制指标。

3. 木材的湿胀与干缩变形

木材具有显著的湿胀干缩性。当木材的含水率在纤维饱和点以上时，只有自由水增减变化，木材的体积不发生变化。当木材的含水率在纤维饱和点以下时，随着干燥，细胞壁中的吸附水开始蒸发，体积收缩；反之，干燥木材吸湿后，体积将发生膨胀，直到含水率达到纤维饱和点为止。

【小提示】　木材的湿胀干缩变形随树种的不同而异，一般情况下，表观密度大的、夏材含量多的木材，湿胀干缩变形较大。

4. 木材的吸湿性

木材具有较强的吸湿性，它的含水率会随着环境温度、湿度的变化而变化。木材的吸湿性对木材的性能，特别是木材的湿胀干缩影响很大。因此，木材在使用时其含水率应接近或稍低于平衡含水率。

二、力学性质

木材的强度按照受力状态分为抗压、抗拉、抗剪和抗弯四种。但由于木材的各向异性，在不同的纹理方向上强度表现不同。当顺纹抗压强度为 1 时，理论上木材的不同纹理间的强度关系见表 9-1。

表 9-1　木材各种强度间的关系

抗压	顺纹	1
	横纹	1/10～1/3
抗拉	顺纹	2～3
	横纹	1/20～1/3
抗剪	顺纹	1/7～1/3
	横纹	1/2～1
抗弯	顺纹	1.5～2.0
	横纹	1.5～2.0

木材的强度除与自身的树种构造有关之外，还与含水率、疵病、荷载时间、环境温度等因素有关。当含水率在纤维饱和点以下时，木材的强度随含水率的增加而降低；木材的天然疵病，如节子、构造缺陷、裂纹、腐朽、虫蛀等都会明显降低木材强度；木材在长期荷载作用下的强度会降低 $50\%\sim60\%$（称为持久强度）；木材使用环境的温度超过 50 ℃ 或者受冻融作用后也会降低强度。木材的持久强度如图 9-3 所示。

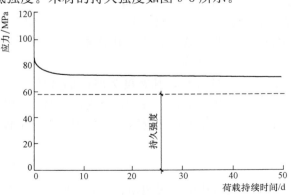

图 9-3　木材的持久强度

第三节 木材的防护

一、木材的腐蚀

木材的腐蚀变质通常是由真菌和昆虫的侵害造成的。真菌包括霉菌、变色菌和腐朽菌。腐朽菌破坏木材的细胞壁，使木材腐朽变坏。

二、木材的防腐

木材的防腐是针对真菌和昆虫的生存条件（如水分、温度和养料等），采取相应的防腐措施（如使用防腐剂、通风、干燥、浸没在水中、深埋于地下或表面涂油漆），来抑制真菌的生长和昆虫的侵害。

三、木材的防火

木材的防火措施有两种，分别是表面涂敷法和溶液浸注法。表面涂敷法是在木材表面涂刷一层防火涂料，这种方法的优点在于，它不仅可以起到防火的作用，还可以起到防腐的作用；溶液浸注法是一种将阻燃剂逐渐注入木材中的方法。

第四节 木材在建筑工程中的应用

在建筑工程施工中，应根据已有木材的树种、等级、材质情况等合理使用木材，做到大材不小用、好材不零用。

一、木材的种类与规格

建筑工程中常用木材按其用途和加工程度有原条、原木、锯材和枕木四类。

原条——除去皮、根、树梢的木料，但尚未按一定尺寸加工成规定直径和长度的材料。主要用于建筑工程的脚手架、建筑用材和家具等。

原木——已经除去皮、根、树梢的木材，并已按一定尺寸加工成规定直径和长度的材料。主要用于建筑工程的屋架、檩、椽等；也可用作桩木、电杆、坑木等；对原木加工后可制得胶合板、造船、用作机械模型等。

锯材——已经加工锯解成材的木料，凡宽度为厚度的3倍或3倍以上的，称为板材，不足3倍的称为枋材。主要用于建筑工程、桥梁、家具、造船、车辆、包装箱板等。

枕木——按枕木断面和长度加工而成的材料。主要用于铁道工程。

二、人造木材

人造木材就是将木材加工过程中的大量边角、碎料、刨花、木屑等，经过再加工处理，制成各种人造板材，可有效提高木材利用率。常用的人造板材有以下几种。

1. 胶合板

胶合板是用原木旋切成薄片，经干燥处理后，再用胶粘剂按奇数层数，以各层纤维互相垂直的方向，黏合热压而成的人造板材。一般为3～13层。工程中常用的是三合板和五合板。针叶树和阔叶树均可制作胶合板。

胶合板的特点：材质均匀，强度高，无明显纤维饱和点存在，吸湿性小，不翘曲、开裂，无疵病，幅面大，使用方便，装饰性好。

胶合板广泛用作建筑室内隔墙板、护壁板、顶棚、门面板以及各种家具和装修。

普通胶合板的胶种、特性及适用范围见表9-2。

表9-2　普通胶合板的胶种、特性及适用范围

种类	分类	名称	胶种	特性	适用范围
阔叶树材普通胶合板	Ⅰ类	NQF(耐气候胶合板)	酚醛树脂胶或其他性能相当的胶	耐久、耐煮沸或蒸汽处理、耐干热、抗菌	室外工程
	Ⅱ类	NS(耐水胶合板)	脲醛树脂胶或其他性能相当的胶	耐冷水浸泡及短时间热水浸泡、不耐煮沸	室外工程
	Ⅲ类	NC(耐潮胶合板)	血胶，带有多量填料的脲醛树脂胶或其他性能相当的胶	耐短期冷水浸泡	室内工程一般常态下使用
	Ⅳ类	BNS(不耐潮胶合板)	豆胶或其他性能相当的胶	有一定胶合强度，但不耐水	室内工程一般常态下使用
松木普通胶合板	Ⅰ类	Ⅰ类胶合板	酚醛树脂胶或其他性能相当的合成树脂胶	耐久、耐热、抗真菌	室外长期使用工程
	Ⅱ类	Ⅱ类胶合板	脱水脲醛树脂胶或其他性能相当的合成树脂胶	耐水、抗真菌	潮湿环境下使用的工程
	Ⅲ类	Ⅲ类胶合板	血胶和加少量填料的脲醛树脂胶	耐湿	室内工程
	Ⅳ类	Ⅳ类胶合板	豆胶和加多量填料的脲醛树脂胶	不耐水、不耐湿	室内工程(干燥环境下使用)

2. 纤维板

纤维板是将树皮、刨花、树枝等废料，经破碎浸泡、研磨成木浆，加入胶粘剂或利用木材自身的胶黏物质，再经过热压成型、干燥处理而制成的人造板材。因成型时温度和压力不同，纤维板分为硬质、半硬质和软质三种。

纤维板对木材利用率高达90%以上且材质均匀，各向强度一致，弯曲强度大，不易胀缩和翘曲开裂，完全避免了木材的各种缺陷。

硬质纤维板在建筑上应用很广，可代替木板用于室内壁板、门板、地板、家具和其他装修等。软质纤维板表观密度小(<400 kg/m^3)，孔隙率大，多用于绝热、吸声材料。

3. 刨花板、木丝板、木屑板

刨花板、木丝板、木屑板是利用木材加工中产生的大量刨花、木丝、木屑为原料，经干燥，与胶结料拌和，热压而成的板材。所用胶结料有动植物胶(豆胶、血胶)、合成树脂

胶(酚醛树脂、脲醛树脂等)、无机胶凝材料(水泥、菱苦土等)。

这类板材表观密度小,强度较低,主要用作绝热和吸声材料。经饰面处理后,还可用作吊顶板材、隔断板材等。

4. 细木工板

细木工板是综合利用木材而加工的人造板材。芯板用木板条拼接而成,两个表面为胶贴木质单板的实心板材。

按其结构分:芯板条不胶拼的细木工板、芯板条胶拼的细木工板。

按表面加工状况分:一面砂光细木工板、两面砂光细木工板、不砂光细木工板。

按所使用的胶合剂分:Ⅰ类胶细木工板、Ⅱ类胶细木工板。

细木工板面板的材质和加工工艺质量分一、二、三等。各类细木工板的规格尺寸见表 9-3。

表 9-3　细木工板规格、尺寸　　　　　　　　　　　　mm

长度						宽度	厚度
915	1 200	1 520	1 830	2 135	2 440		
915	—	—	1 830	2 135	—	915	16	19
—	1 220	—	1 830	2 135	2 440	1 220	22	25

注:细木工板的芯条顺纹理方向为细木工板的长度方向。

细木工板的技术性能指标:含水率为 7%～13%;横向静曲强度,当板厚度为 16 mm 时,不低于 15 MPa;当板厚度小于 16 mm 时,不低于 12 MPa;胶层剪切强度不低于 1 MPa。

细木工板具有吸声、绝热、质坚、易加工等特点,主要适用于家具、车厢和建筑室内装修等。

➤ 本章小结

(1)木材与钢筋、水泥并称为三大建筑材料。

(2)木材按树叶分为针叶树和阔叶树。

(3)建筑使用的木材是树木的木质部,分心材和边材两部分。木质部具有深浅相间的同心圆环,称为年轮。

(4)从木材构造的三个切面(横切面、径切面、弦切面)可知木材结构的不均匀性。木材最大的特点是各向异性,即各方向的物理力学性质有很大差异,如湿胀干缩、强度等。木材的另一个重要特点是含水率不同,对木材各项性能的影响不同。

(5)在现代建筑中,由于木材具有轻质、高强、弹性、韧性好,导热系数小,耐久性好,装饰性好,易于加工,安装施工方便等独特的优良性,其在建筑工程中,尤其是装饰领域有着重要的地位。

(6)为了经济合理地使用木材,利用木材的边角碎料生产各种人造板材,是对木材进行综合利用的重要途径。并应加强对木材的防腐、防火处理，以提高木材的耐久性，延长使用年限。

➤ 思考与练习

1. 木材如何分类？
2. 木材有哪些性质？
3. 木材含水率的变化对其强度、变形、导热、表观密度等有什么影响？
4. 将同一树种，含水率分别为纤维饱和点和大于纤维饱和点的两块木材进行干燥，问哪块干缩率大，为什么？
5. 木材的构造特征有哪些？
6. 木材的主要性质有哪些？
7. 木材的含水率变化对其强度的影响如何？
8. 木材在吸湿或干燥过程中，体积变化有何规律？
9. 试说明木材腐朽的原因。采用哪些方法可以防止木材腐朽？说明其原理。
10. 常言道，木材是"湿千年，干千年，干干湿湿二三年"，请分析其中的道理。

第十章 沥青及防水材料

学习目标

通过本章的学习，了解各类防水卷材的技术要求、主要品种及应用，各类防水涂料的技术要求、主要品种及应用，各类建筑密封材料的技术要求、主要品种及应用；掌握沥青的技术要求及应用。

能力目标

能够根据各种防水材料的性能特点，结合工程实际情况选择防水材料的种类。

本章主要介绍了沥青材料的组成、分类和基本性质，以及主要沥青制品及其用途；防水材料的分类和基本性质，防水卷材、防水涂料和密封材料的主要类型、性能特点以及建筑防水材料在工程中的选用原则；沥青混合料的分类和制备以及常用的沥青混合料。

第一节 沥 青

沥青是早期应用最广泛的柔性防水材料。它属于憎水有机胶凝材料，是一种复杂的高分子碳氢化合物和非金属(氧、硫、氮等)衍生物的混合物。其颜色呈褐色或黑褐色，常温下呈固态、半固态或黏性液态。在工程中多用于屋面、地面、地下结构的防水，也可用于木材、钢材的防腐。

沥青按产源可分为地沥青(天然沥青、石油沥青)和焦油沥青(煤沥青、页岩沥青)。工程中常用的是石油沥青。

一、石油沥青

将石油原油分馏提炼出各种轻质油(汽油、煤油、柴油等)及润滑油后的残留物，再经过加工炼制而得到的产品就是石油沥青。建筑上主要使用的是由建筑石油沥青制成的各种防水制品，道路工程中使用的主要是道路石油沥青。

在分析沥青的化学组成时，往往将沥青的化学成分与物理、化学性质相似且具有某些共同特征的部分划分成若干组，称为组分，不同的组分对沥青性质的影响不同。石油沥青的组分可划分为油分、树脂和沥青质三个组分。

1. 石油沥青的组分

(1)油分。油分为淡黄色至红褐色的油状液体，是沥青中相对分子质量最小和密度最小的组分。其密度为 $0.7 \sim 1.0 \ \text{g/cm}^3$，加热至 $170 \ ℃$ 可以挥发。其可溶于大多数有机溶剂(如二硫化碳、苯、四氯甲烷等），但不溶于酒精。其在石油沥青中的含量为 $40\%\sim60\%$。油分使沥青具有流动性，含量适当还能增大沥青的延度。

（2）树脂。树脂也称为沥青脂胶，为黑褐色或红褐色的黏稠状物质，密度略大于 $1.0\ g/cm^3$。可溶于汽油、三氯甲烷和苯等有机溶剂，但在丙酮和酒精中难溶或溶解度很低。在石油沥青中其含量为 $15\%\sim30\%$。树脂使石油沥青具有流动性、塑性与黏结性。

（3）沥青质。沥青质为深褐色至黑色的固态无定形物质，密度为 $1.1\sim1.5\ g/cm^3$。其可溶于二硫化碳和三氯甲烷，但不溶于汽油、酒精。其在石油沥青中的含量为 $10\%\sim30\%$。沥青质决定了石油沥青的温度敏感性和黏性，其含量越高，石油沥青的软化点越高，脆性越大。

石油沥青的结构是以地沥青质为核心，周围吸附部分树脂和油分的互溶物而构成胶团，无数胶团分散在油分中形成胶体结构。石油沥青的结构包括溶胶结构、凝胶结构和溶－凝胶结构。

【小提示】　石油沥青中常含有一定量的有害成分——固体石蜡，它会降低沥青的黏结性、塑性、温度稳定性和耐热性，常采用氯盐（$AlCl_3$、$FeCl_3$ 等）处理或用高温吹氧、溶剂脱蜡等方法处理，以改善多蜡石油沥青的性质，提高其软化点，降低针入度。

2. 石油沥青的基本性质

（1）黏滞性（也称为黏性）。黏滞性是指沥青在外力或自重的作用下，沥青材料抵抗相对流动和变形的能力。液态石油沥青的黏滞性用黏度表示，半固态或固态沥青的黏滞性用针入度表示。黏度和针入度是划分沥青牌号的主要指标。

黏度是液体沥青在一定温度条件下，经规定直径的孔，漏下 $50\ cm^3$ 所需的时间（单位为 s）。黏度常以符号 C_t^d 表示，其中，d 为孔径（mm），t 为试验时沥青的温度（℃）。C_t^d 代表在规定的 d 和 t 条件下漏满 $50\ cm^3$ 所需的时间，即所测得的黏度值。石油沥青流出的时间越长，黏度越大，沥青的稠度也越大。黏度测定示意如图 10-1 所示。

针入度是指在温度为 25 ℃的条件下，质量 100 g 的标准针，经 5 s 沉入沥青中的深度（每沉入 0.1 mm 称为 1°）。针入度值越大，说明沥青的流动性越大，黏滞性越小。

影响沥青黏滞性的主要因素是组分和温度。沥青质含量越高，温度越低，黏滞性越大。

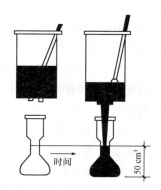

图 10-1　黏度测定示意

（2）塑性。塑性是沥青在外力作用下产生变形而不破坏，除去外力后仍能保持其变形后的形状的性质。塑性表示沥青开裂后自愈或者受机械应力作用后变形且不破坏的能力。沥青之所以能被制造成性能良好的柔性防水材料，很大程度上取决于这种性质。沥青的塑性用"延伸度（也称延度）"或"延伸率"表示。延伸度测定示意如图 10-2 所示。按标准试验方法，将沥青制成"8"形标准试件，试件中间最狭处断面面积为 $1\ cm^2$，在规定温度（一般为25 ℃）和规定速度（5 cm/min 或 10 cm/min）的条件下，在延伸仪上进行拉伸，以试件拉至断裂时的长度表示，单位以"cm"计。沥青的延伸度越大，塑性越好。

影响沥青塑性的因素包括组分、温度和拉伸速度等。树脂含量和温度越高、拉伸速度越快，沥青的塑性越好。

（3）温度稳定性（温度敏感性）。温度稳定性是指石油沥青的黏滞性和塑性随温度升降而变化的性能，常用软化点表示。温度稳定性高，黏滞性和塑性随温度改变的变化大；温度稳定性低，黏滞性和塑性随温度改变的变化小。

软化点是沥青材料由固体转变为具有一定流动性膏体时的温度，通过"环球法"试验测定（图 10-3）。将沥青试件装入规定尺寸的铜环中，上置规定尺寸和质量的钢球（直径为 9.5 mm，重 3.5 g），再将置球的铜环放在有水或甘油的烧杯中，以 5 ℃/min 的速率加热，沥青软化下垂达 25.4 mm 时的温度，即沥青软化点，以"℃"计。不同沥青的软化点不同，一般为 25 ℃～100 ℃。

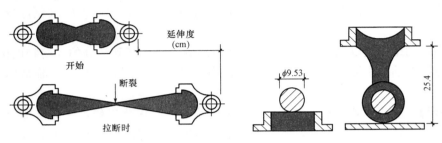

图 10-2　延伸度测定示意　　　　图 10-3　软化点测定示意

温度稳定性是沥青材料的一个重要性质，其影响因素主要是组分和石蜡含量。沥青质含量越高，石蜡含量越少，温度稳定性越低。工程中应用的沥青软化点不能太低，如沥青屋面防水材料，受日照辐射作用可能发生流淌和软化，失去防水作用而不能满足使用要求；但也不能太高，否则太硬不易施工，冬季易发生脆裂现象。因此，工程中优先选用温度稳定性较好的沥青。为了提高沥青的温度稳定性和其耐寒性或耐热性，常常对沥青进行改性，如在沥青中掺入增塑剂、橡胶、树脂和填料等。

（4）大气稳定性（抗老化性）。大气稳定性是指石油沥青在多种因素（如热、阳光、氧气和潮湿等）的长期综合作用下，抵抗老化的性能。石油沥青中的各组分具有不稳定的特点。在阳光、热、氧气、水分等外界因素的作用下，各组分会不断变化，油分、树脂会逐渐减少，沥青质会逐渐增多。随着时间的推移，石油沥青的流动性和塑性变小，硬脆性增大，直至脆裂松散，沥青失去防水、防腐的效能，这称为沥青的老化。

大气稳定性用沥青的蒸发损失或蒸发后针入度比来评定。先测定沥青试件的质量及其针入度，然后将试件放置于加热损失试验专用的烘箱中，在 160 ℃ 的温度下加热蒸发 5 h，待冷却后再测定其质量及针入度。蒸发损失质量占原质量的比例，即蒸发损失；蒸发后的针入度占原针入度的比例，即蒸发后针入度比。蒸发损失越小，针入度比越大，沥青的大气稳定性越好。

（5）其他性质。

1）闪点、燃点。沥青加热时，轻质油分挥发的蒸气与周围空气组成混合气体。油分蒸发的浓度随沥青加热温度的升高而增大。闪点就是这些混合气体遇火时着火的最低温度；燃点则是在温度继续升高时，遇火后沥青开始燃烧，火焰持续燃烧 5 s 时沥青的温度。沥青的闪点一般为 240 ℃～330 ℃，燃点比闪点高 3 ℃～6 ℃。因此，在熬制沥青时，加热温度不应超过闪点，以防火灾，保证安全生产。

2）脆点。在温度下降的过程中，沥青材料由黏塑性状态转变为弹脆性状态的温度，称为脆点。脆点是沥青发生脆性破坏的温度界限，是表征低温特性的指标。其测试方法是：

将沥青在 40 mm×20 mm 的金属片上涂成厚 0.15 mm 的薄膜，将其装在弯曲器上（可使其两夹钳之间的距离缩短 2.5 mm）；然后，将弯曲器放入冷却浴中，以 1 ℃/mm 的冷却速度降温。同时，试件以 1 次/min 的频率进行变曲，沥青薄膜开始出现裂纹时的温度即脆点，如图 10-4 所示。

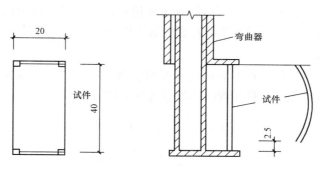

图 10-4　脆点试验示意

3）溶解度。沥青可溶于苯、四氯化碳、三氯甲烷等有机溶剂，如沥青中存在无机杂质及碳青质和油焦质时，这些组分不能溶于上述溶剂。因此，溶解度指标可用来检查生产过程是否正常以及沥青中是否混入无机杂质。

3. 石油沥青的技术标准

石油沥青产品分为道路石油沥青、建筑石油沥青及普通石油沥青三种。石油沥青的牌号主要根据针入度、延伸度和软化点等质量指标划分，以牌号表示。同一品种的石油沥青，牌号越大，则其针入度越大（黏滞性越小）、延伸度越大（塑性越好）、软化点越低（温度稳定性越高）。

每一牌号的建筑石油沥青应保证相应的延伸度、软化点、溶解度、蒸发损失、蒸发后针入度比、闪点等。其技术要求见表 10-1。应根据工程类别（房屋、防腐）及当地气候条件、所处部位（屋面、地下）来选用不同牌号的沥青（或选取两种牌号的沥青掺配使用）。

表 10-1　建筑石油沥青的技术要求（GB/T 494—2010）

项目		质量指标			试验方法
		10 号	30 号	40 号	
针入度(25 ℃，100 g，5 s)/(1/10 mm)		10~25	26~35	36~50	GB/T 4509
针入度(46 ℃，100 g，5 s)/(1/10 mm)		实测值	实测值	实测值	
针入度(0 ℃，200 g，5 s)/(1/10 mm)	不小于	3	6	6	
延伸度(25 ℃，5 cm/min)/cm	不小于	1.5	2.5	3.5	GB/T 4508
软化点(环球法)/℃	不低于	95	75	60	GB/T 4507
溶解度(三氯乙烯)/%	不小于	99.0			GB/T 11148
蒸发后质量变化(163 ℃，5 h)/%	不大于	1			GB/T 11964
蒸发后 25 ℃针入度比/%	不小于	65			GB/T 4509
闪点(开口杯法)/℃	不低于	260			GB/T 267

注：测定蒸发损失后样品的 25 ℃针入度与原 25 ℃针入度之比乘以 100 后，所得的百分比，称为蒸发后针入度比。

建筑石油沥青针入度较小(黏滞性较好)、软化点较高(耐热性较好)，但延伸度较小(塑性较差)，主要用于制造油纸、油毡、防水涂料和沥青嵌缝膏。它们绝大部分用于屋面及地下防水、沟槽防水、防腐蚀及管道防腐等工程。为避免夏季流淌，一般屋面用沥青材料的软化点应比本地区屋面的最高温度高20℃以上。若软化点过低，夏季易流淌；若过高，冬季低温时易硬脆，甚至开裂。道路石油沥青主要用来拌制沥青混凝土或沥青砂浆，用于道路路面或车间地面等工程。普通石油沥青在建筑工程中不宜直接使用。

4. 沥青的掺配使用

当单独使用一种牌号的沥青不能满足工程的耐热性(软化点)要求时，可以用同产源的两种或三种沥青进行掺配。两种沥青的掺配量可按下式计算：

$$P_1 = \frac{T_1 - T}{T_1 - T_1} \times 100\%$$ （10-1）

$$P_2 = 100 - P_1$$ （10-2）

式中　P_1——低软化点沥青的用量(%)；

　　　P_2——高软化点沥青的用量(%)；

　　　T——掺配后的沥青软化点(℃)；

　　　T_1——低软化点沥青的软化点值(℃)；

　　　T_2——高软化点沥青的软化点值(℃)。

按上式得到的掺配沥青，由于掺配后破坏了原来两种沥青的胶体结构，两种沥青的加入量并非简单的线性关系，其软化点总是低于计算软化点。一般来说，若以调高软化点为目的掺配沥青，如两种沥青计算值各占50%，则在实配时高软化点的沥青应多加10%左右。

三种沥青掺配时，先求出两种沥青的配比，然后再与第三种沥青进行配比计算。

根据计算的掺配比例和其邻近的比例[±(5%~10%)]分别进行不少于三组的试配，测定掺配后的软化点，绘制掺配比-软化点曲线，即可从曲线上确定所需的掺配比例。

二、煤沥青

煤沥青是从由煤干馏得到的煤焦油经再次蒸馏出轻油、中油、重油和蒽油后所剩的残渣中提取得到的副产品。按蒸馏程度不同，煤沥青可分为低温煤沥青、中温煤沥青和高温煤沥青。建筑上多采用半固态的低温煤沥青。

煤沥青与石油沥青相比，其大气稳定性和温度稳定性较差，宜硬脆；塑性较差，变形后易开裂；煤沥青中含酚，有毒性；表面活性物质较多，与矿物表面的黏结力好。对两者必须认真鉴别，不能混淆，简易的鉴别方法可参考表10-2。

表10-2　石油沥青与煤沥青的鉴别

鉴别方法	煤沥青	石油沥青
密度/(g·cm⁻³)	大于1.10(约1.25)	接近1.00
锤击	声清脆、韧性差	声哑、富有弹性、韧性好
燃烧	烟多、黄色、臭气大、有毒	烟无色，无刺激性臭味
溶液颜色	用30~50倍汽油或煤油溶解后，将溶液滴于滤纸上，斑点分内外两圈，呈内黑外棕或黄色	溶解方法同煤沥青，斑点完全均匀散开，呈棕色

煤沥青防腐性好，适用于地下防水层或作木材等的防腐材料。由于煤沥青在技术性能上存在较多的缺点，而且成分不稳定并有毒性，对人体和环境不利，近年来已很少用于建筑、道路和防水工程之中。

三、改性沥青

建筑工程中使用的沥青应具备良好的综合性能，如在高温条件下要具有足够的强度和稳定性，在低温条件下具有良好的弹性和塑性；在加工和使用过程中具有一定的抗老化能力；与各种矿物和结构表面有较强的黏结力。通常，普通石油沥青的性能不一定能全面满足这些要求，为此，常用橡胶、树脂和矿物填料等对沥青进行改性。性能得到不同程度改善的新沥青，称为改性沥青。按照改性材料的不同，改性沥青可分为橡胶改性沥青、树脂改性沥青、橡胶和树脂并用改性沥青、再生胶改性沥青和矿物填充剂改性沥青等。

1. 合成树脂类改性沥青

掺入树脂的改性石油沥青，可以改善沥青的防水性、黏滞性和低温性能，对耐热性、温度稳定性的改善效果更为明显。由于石油沥青中含芳香性化合物很少，故树脂和石油沥青的相溶性较差。树脂与煤沥青的相溶性较好，是煤沥青的重要改性材料。

(1)环氧树脂改性沥青。环氧树脂改性沥青具有热固性材料的性质。其改性后沥青的强度和黏结力大大提高，但延伸性改变不大。环氧树脂改性沥青可应用于屋面和卫生间、浴室的修补，效果较好。

(2)聚乙烯树脂改性沥青。一般认为，聚乙烯树脂与多蜡沥青的相溶性较好，对多蜡沥青的改性效果较好。将沥青加热，使其熔化脱水，再加入 5%～10% 的低密度聚乙烯树脂并不断搅拌 30 min，温度保持在 140 ℃左右，即可得到均匀的聚乙烯树脂改性沥青。

(3)古马隆树脂改性沥青。古马隆树脂又名香豆酮树脂，为热塑性树脂。其呈浅黄色至黑色的黏稠液体或固体状，易溶于氯化烃、酯类、硝基苯、酮类等有机溶剂。

将沥青加热，使其熔化脱水，在温度为 150 ℃～160 ℃的情况下，把古马隆树脂放入熔化的沥青中并不断搅拌，再将温度升至 185 ℃～190 ℃，保持一定时间，使其充分混合均匀，即可得到古马隆树脂改性沥青。树脂掺量约为 40%，这种沥青的黏滞性较大，可以与 SBS 等材料一起用于自黏结油毡和沥青基胶粘剂。

2. 橡胶改性沥青

橡胶与沥青有较好的相溶性，是重要的沥青改性材料，橡胶改性沥青高温时变形很小，低温时具有一定的塑性。天然橡胶、合成橡胶和再生橡胶是常用的沥青改性材料。用不同的方法掺入不同品种、不同量的橡胶，所形成改性沥青的性能也各不相同。常用的几种分述如下：

(1)SBS 热塑性弹性体改性沥青。SBS 是以丁二烯、苯乙烯为单体，加溶剂、引发剂、活化剂，以阴离子聚合反应生成的共聚物。SBS 是一种热塑性弹性体，它兼有橡胶和树脂的特性，常温下具有橡胶的弹性，高温下具有接近线性聚合物的流体状态，是一种良好的改性沥青材料，是目前应用较广的改性沥青材料之一。

(2)丁基橡胶改性沥青。丁基橡胶是异丁烯和异戊二烯的共聚物，其中，以异丁烯为主。丁基橡胶改性沥青的配制方法与氯丁橡胶改性沥青类似。将丁基橡胶碾切成小片，在搅拌条件下把小片加到 100 ℃的溶液中(不得超过 110 ℃)，制成浓溶液。同时，将沥青加热，使其脱水熔化成液体状沥青。通常，在 100 ℃左右把两种液体按比例混合搅拌均匀后，浓缩 15～20 min，以达到要求性能指标。丁基橡胶在混合物中的含量一般为 2%～4%。同样，也可以分别将丁基橡胶和沥青制备成乳液混合。

【小提示】 由于丁基橡胶改性沥青具有优异的耐分解性，并有较好的低温抗裂性和耐热性，因此多用于制作密封材料和涂料。

(3)氯丁橡胶改性沥青。沥青中掺入氯丁橡胶后，其气密性、低温柔性、耐化学腐蚀性、耐光性、耐臭氧性、耐气候性和耐燃烧性等大大改善。生产方法有溶剂法和水乳法。溶剂法是先将氯丁橡胶溶于一定的溶剂中形成溶液，然后掺入沥青(液体状态)中，混合均匀；水乳法是将橡胶和沥青制成乳液，再混合均匀。

【小提示】 氯丁橡胶改性沥青可用于制作密封材料和涂料。

(4)再生橡胶改性沥青。沥青中掺入再生橡胶后，其气密性、低温柔性、耐光(热)性、耐臭氧性和耐气候性等有很大的提高。对于再生橡胶改性沥青材料的制备，可以先将废旧橡胶加工成微小的颗粒，然后与沥青混合，经加热搅拌脱硫，就能得到具有一定弹性、塑性和良好黏结力的再生橡胶改性沥青材料。废旧橡胶的掺量视需要而定，一般为 3%～15%。在热沥青中加入适量磨细的废橡胶粉并强烈搅拌，也可得到废橡胶粉改性沥青。废橡胶粉改性沥青质量的好坏，主要取决于混合时的温度、橡胶的种类和细度、沥青的质量等。废橡胶粉加入沥青中，可明显提高沥青的软化点，降低沥青的脆点。

【小提示】 再生橡胶改性沥青可以制成卷材、片材、密封材料、胶粘剂和涂料等。

3. 其他品种改性沥青

(1)橡胶和树脂改性沥青。橡胶和树脂用于沥青改性，可使沥青同时具有橡胶和树脂的特性，而且树脂比橡胶便宜，两者又有较好的混溶性，故效果较好。配制时，采用不同的原材料品种、配比、制作工艺，可以得到多种性能各异的产品，主要有卷材、片材、密封材料、防水涂料等。

(2)矿物填充料改性沥青。为了提高沥青的黏结力和耐热性，提高沥青的温度稳定性，扩大沥青的使用温度范围，经常加入一定数量的粉状或纤维状矿物填充料。常用的矿物粉有滑石粉、石灰粉、云母粉、硅藻土粉等。

(3)植物油类改性沥青。在沥青中掺入适量的蓖麻油、鱼油、桐油或桐油渣等，对沥青有一定改性作用。这类材料价格较便宜，可以就地取材，因此得到了不断的发展和应用。

第二节 防水卷材

一、防水卷材的分类

防水卷材是可卷曲的片状柔性防水材料。防水卷材的品种很多，根据其主要防水组成材料，可分为沥青防水卷材、高聚物改性沥青防水卷材和合成高分子防水卷材三大类，如图 10-5 所示。

卷材根据其结构的不同，又可分为有胎卷材和无胎卷材两种。有胎卷材是指用纸、玻璃布、棉麻织品、聚酯毡、无纺布或塑料薄膜等增强材料作胎料，将沥青、高分子材料等浸渍或涂覆在胎料上制成的片状防水卷材；无胎卷材是指将沥青、塑料或橡胶与填充料、添加剂等经配料、硫化、冷却等工艺制成的片状卷材。

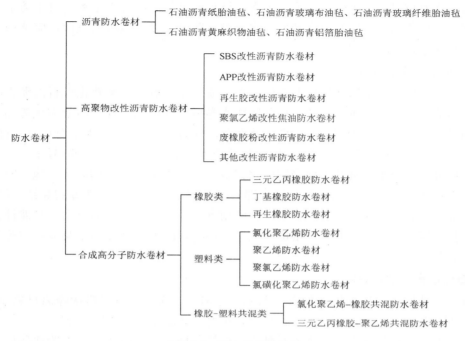

图 10-5　防水卷材的分类

二、防水卷材的性能

根据使用环境和其施工工艺，防水卷材要满足建筑工程防水要求，必须具备下列几点性能：

(1)柔韧性。柔韧性是指防水卷材在低温条件下保持柔韧性的性能。它在保证易于施工、不脆裂方面十分重要，常用柔度、低温弯折性等指标表示。

(2)温度稳定性。温度稳定性是指防水卷材在高温下不流淌、不滑动、不起泡，在低温下不脆裂的性能，也就是在一定温度变化下保持原有性能的能力，常用耐热度、耐热性等指标表示。

(3)耐水性。耐水性是指防水卷材在水的作用下和被水浸润后其性能基本不变，在压力水的作用下具有不透水性，常用不透水性、吸水性等指标表示。

(4)大气稳定性。大气稳定性是指防水卷材在阳光、热、臭氧及其他化学侵蚀介质等因素的长期综合作用下抵抗侵蚀的能力，常用耐老化性、热老化保持率等指标表示。

(5)机械强度、抗断裂性和延伸性。机械强度、抗断裂性和延伸性是指防水卷材承受一定荷载、应力或在一定变形的条件下不断裂的性能，常用抗拉强度、断裂伸长率和拉伸强度等指标表示。

三、沥青防水卷材

沥青防水卷材俗称油毡，是在基胎(如原纸、纤维织物等)上浸涂沥青后，再在表面撒布粉状或片状的隔离材料而制成的可卷曲的片状防水材料。沥青防水卷材是传统的防水材料，因其性能远不及改性沥青，因此逐渐被改性沥青卷材所代替。

沥青防水卷材仅适用于屋面防水等级为三级和四级的屋面防水工程。对于防水等级为三级的屋面，应选用三毡四油沥青卷材防水；对于防水等级为四级的屋面，应选用二毡三油沥青卷材防水。

1. 石油沥青纸胎油毡

石油沥青纸胎油毡是用低软化点石油沥青浸渍原纸，然后用高软化点石油沥青涂盖油纸两面，再撒以隔离材料所制成的一种纸胎防水卷材。油毡按物理性能分为优等品、一等品和合格品三个等级；按原纸 1 m^2 的质量克数，分为 200 号、350 号、500 号三种标号。其中，200 号油毡适用于简易防水、临时性建筑防水、防潮及包装等；350 号和 500 号油毡适用于三级和四级防水等级的屋面多层防水以及地下、水利等工程的防水。施工时，黏结材料要与油毡使用的沥青为同系列材料，即石油沥青油毡要用石油沥青胶黏结。储运时，卷材要直立，堆高不应超过两层。要避免日晒雨淋，并注意通风。油毡由于易腐蚀、耐久性差、抗拉强度较低，而且消耗大量优质纸源，目前，已大量用玻璃布及玻纤毡等为胎基生产沥青卷材。

2. 石油沥青玻璃布油毡

石油沥青玻璃布油毡是以玻璃布为胎基，经浸渍、涂敷、撒布粉状隔离材料制得的。油毡幅宽 1 000 mm，每卷面积(20±0.3)m^2，按物理性能分为一等品和合格品。

玻璃布油毡抗拉强度高，胎体不易腐烂，材料柔韧性好，耐久性比纸胎油毡提高一倍以上。适用于铺设地下防水、防腐层，并用于屋面做防水层及金属管道(热管道除外)的防腐保护层。

3. 石油沥青玻璃纤维胎油毡

石油沥青玻璃纤维胎油毡(简称玻纤胎油毡)是以无纺玻璃纤维薄毡为胎芯，用石油沥青浸涂薄毡两面，并涂撒隔离材料所制成的防水卷材。玻纤胎油毡按上表面材料分为膜面、粉面和砂面三个品种；按物理性能可分为优等品(A)、一等品(B)和合格品(C)三个等级；按油毡每 10 m^2 标称质量(kg)分为 15 号、25 号、35 号三种标号。其中，15 号油毡用于一般工业与民用建筑的多层防水，并用于包扎管道(热管道除外)作防腐保护层；25 号和 35 号油毡适用于屋面、地下、水利等工程多层防水；35 号可采用热熔法施工，用于多层或单层防水。玻纤胎油毡质地柔软，适用于建筑物表面不平整部位(如屋面阴阳角部位)的防水处理，其边角服帖、不宜翘曲、易与基材黏结牢固。彩砂面玻纤胎油毡适用于防水屋面面层和不再作表面处理的斜屋面。

此外，近年来还大量采用玻纤毡为胎基，浸涂氧化沥青，在其表面用压纹铝箔贴面，底面撒以细颗粒矿物材料或覆盖聚乙烯膜，制成的一种具有热反射和装饰功能的防水卷材，作为防水工程的面层。

4. 其他沥青卷材

除了上述介绍的几种沥青防水卷材以外，若以石棉布、麻布、合成纤维布等为胎基代替原纸，经浸渍、涂盖、撒布制得的油毡，分别称为石棉布油毡、麻布油毡、合成纤维布油毡等。此外，还有玻璃毛纱布油毡。由于这些油毡的胎基材料比原纸抗拉强度高，柔韧性好、吸水率小、耐蚀性和耐久性好，因而提高了油毡的性能。它们的用途与纸胎油毡基本相同。常用的沥青防水卷材的特点和适用范围见表 10-3。

表 10-3　常用的沥青防水卷材的特点和适用范围

卷材名称	特点	适用范围
石油沥青纸胎油毡	低温柔性差，防水耐用年限较短，价格较低	三毡四油、二毡三油铺设的屋面工程
石油沥青玻璃布油毡	柔韧性较好，抗拉强度较高，胎体不易腐烂，耐久性比纸胎油毡提高一倍以上	地下防水、防腐层，并用于屋面做防水层及金属管道(热管道除外)的防腐保护层
石油沥青玻璃纤维胎油毡	耐水性、耐久性、耐腐蚀性较好，柔韧性优于纸胎油毡	屋面或地下防水工程、包扎管道(热管道除外)作防腐保护层，其中，35 号可采用热熔法施工，适用于多层或单层防水工程的面层
石油沥青铝箔胎油毡	防水功能好，有一定的抗拉强度，阻隔蒸汽渗透能力高	可以单独使用或与玻璃纤维配合用于隔汽层，30 号油毡适用于多层防水工程的面层，40 号油毡适用于单层或多层防水工程的面层

四、高聚物改性沥青防水卷材

高聚物改性沥青防水卷材是以合成高分子聚合物改性沥青为涂盖层，以纤维织物或纤维毡为胎体，以粉状、粒状、片状或薄膜材料为覆面材料制成的可卷曲的防水材料。高聚物改性沥青与传统的氧化沥青等相比，其使用温度区间大为扩展，做成的卷材光洁、柔软、高温不流淌、低温不脆裂，而且可做成 4～5 mm 的厚度。可以单层使用，具有 10～20 年可靠的防水效果。利用高聚物改性沥青作防水卷材已是全世界普遍的趋势，也是我国近期主要发展的防水卷材品种。

1. SBS 改性沥青防水卷材

SBS 改性沥青防水卷材又称为弹性体沥青防水卷材，是一种以苯乙烯-丁二烯-苯乙烯(SBS)热塑性弹性体作改性剂，以聚酯毡或玻纤毡为胎基，两面覆以隔离材料所制成的卷材。该类卷材按胎基可分为聚酯胎(PY)和玻纤胎(G)两类；按上表面隔离材料可分为聚乙烯膜(PE)、细砂(S)及矿物粒(片)料(M)三种；按物理力学性能可分为Ⅰ型和Ⅱ型。

卷材幅宽为 1 000 mm。聚酯胎卷材厚度为 3 mm 和 4 mm；玻纤胎卷材厚度为 2 mm、3 mm 和 4 mm。每卷面积有 15 m²、10 m² 和 7.5 m² 三种。该类防水卷材广泛适用于工业与民用建筑的屋面及地下防水工程，尤其适用于寒冷地区和结构变形频繁的建筑物防水。

2. APP 改性沥青防水卷材

APP 改性沥青防水卷材属于塑性体沥青防水卷材，是以聚丙烯(APP)或聚烯烃类聚合物(APAO、APO)作改性剂，以聚酯毡或玻纤毡为胎基，两面覆以隔离材料所制成的建筑防水卷材。

APP 卷材的品种、规格与 SBS 卷材相同。该类防水卷材广泛适用于各类建筑防水、防潮工程，尤其适用于高温或有强烈太阳辐射地区的建筑物防水。

3. 改性沥青聚乙烯胎防水卷材

改性沥青聚乙烯胎防水卷材是以改性沥青为基料，以高密度聚乙烯膜为胎体，以聚乙烯膜或铝箔为上表面覆盖材料，经滚压、水冷、成型制成的防水材料。按基料的不同，可分为改性氧化沥青防水卷材、丁苯橡胶改性氧化沥青防水卷材、高聚物改性氧化沥青防水卷材三类。

改性沥青聚乙烯胎防水卷材，综合了沥青和塑料薄膜的功能，具有抗拉强度高、延伸率大、不透水强并可热熔黏结等特点，适用于工业与民用建筑的单层或多层防水工程。另外，上表面覆盖聚乙烯膜的卷材常用于非外露防水工程；上表面覆盖铝箔的卷材常用于外露防水工程。

【知识链接】 一般常用高聚物改性沥青防水卷材的特点和适用范围见表10-4。

表 10-4　常用高聚物改性沥青防水卷材的特点和适用范围

卷材名称	特点	适用范围	施工工艺
SBS 改性沥青防水卷材	耐高温、低温性能有明显提高，弹性和耐疲劳性明显改善	单层铺设或复合使用，适用于寒冷地区和结构变形频繁的建筑	冷施工或热熔铺贴
APP 改性沥青防水卷材	具有良好的强度、延伸性、耐热性、耐紫外线照射及耐老化性能	单层铺设，适合于紫外线辐射强烈及炎热地区屋面使用	冷施工或热熔铺贴
再生胶改性沥青防水卷材	有一定的延伸性和防腐蚀能力，低温柔韧性较好，价格低廉	适用于变形较大或档次较低的防水工程	热沥青粘贴
聚氯乙烯改性焦油防水卷材	有良好的耐热性及耐低温性，最低开卷温度为−18 ℃	适用于在冬季负温度下施工	可热作业，也可冷施工
废橡胶粉改性沥青防水卷材	相比普通石油沥青纸胎的抗拉强度、低温柔韧性均有明显改善	叠层适用于一般屋面防水工程，易在寒冷地区使用	热沥青粘贴

五、合成高分子防水卷材

合成高分子防水卷材是以合成橡胶、合成树脂或两者的共混体为基料，加入适量的化学助剂和填充料等，经不同工序（混炼、压延或挤出等）加工而成的可卷曲的片状防水材料，或将上述材料与合成纤维等复合制成的可卷曲的片状防水材料。合成高分子防水卷材分为橡胶类（聚氨酯、三元乙丙橡胶、丁基橡胶等）防水卷材、塑料类（聚乙烯、聚氯乙烯等）防水卷材和橡胶－塑料共混类防水卷材三大类。

此类卷材按厚度分为 1.0 mm、1.2 mm、1.5 mm、2.0 mm 等规格，具有拉伸强度和抗撕裂强度高、断裂伸长率大、耐热性和低温柔性好、耐腐蚀、耐老化等一系列优异的性能，是新型高档防水卷材。合成高分子防水卷材适用于防水等级为Ⅰ级、Ⅱ级和Ⅲ级的屋面防水工程。一般单层铺设，可采用冷粘法施工。

1. 三元乙丙橡胶（EPDM）防水卷材

三元乙丙橡胶防水卷材也称为屋顶三元乙丙橡胶防水片材，是以乙烯、丙烯和少量双环戊二烯三种单体共聚合成的三元乙丙橡胶为主要原料，掺入适量的丁基橡胶、硫化剂、促进剂、软化剂、补强剂和填充剂等，经密炼、拉片、过滤、挤出（或压出）成型、硫化而成的一种高弹性的新型防水材料。

三元乙丙橡胶防水卷材的拉伸强度高、耐高低温性能好、断裂伸长率高，能适应防水基层伸缩与开裂变形的需要，耐老化性能好，使用寿命达20年以上。三元乙丙橡胶防水卷材适用于屋面防水工程作单层外露防水、严寒地区以及有较大变形的部位，也可用于其他防水工程中。

2. 聚氯乙烯(PVC)防水卷材

聚氯乙烯防水卷材是以聚氯乙烯树脂掺入填充料和适量的增塑剂等，经混炼、压延或挤出成型、分卷包装而成的防水卷材。PVC防水卷材根据基料的组分及其特性，分为 S 型（以煤焦油与聚氯乙烯树脂混溶料为基料的柔性卷材）和 P 型（以增塑聚氯乙烯为基料的塑性卷材）两种类型。卷材的宽度为 1 000 mm、1 200 mm、1 500 mm 等。

聚氯乙烯防水卷材的抗拉强度、断裂伸长率、撕裂强度高，低温柔性好，吸水率小，卷材的尺寸稳定，耐腐蚀性能好，使用寿命为 10～15 年，主要用于屋面防水要求高的工程和水池、堤坝等防水、抗渗工程。施工时一般采用全粘法，也可采用局部粘贴法。

3. 氯化聚乙烯－橡胶共混防水卷材

氯化聚乙烯－橡胶共混防水卷材是以氯化聚乙烯树脂和合成橡胶共混物为主体，加入适量的硫化剂、促进剂、稳定剂、软化剂和填充剂等加工制成的高弹性防水卷材。它分为 S 型和 N 型，不仅具有氯化聚乙烯所特有的高强度和优异的耐臭氧、耐老化性能，而且具有橡胶类材料所特有的高弹性、高延伸性和良好的低温柔性，拉伸强度、断裂伸长率高，脆性温度很低，不易热老化。因此，该类卷材适用于寒冷地区或变形较大的建筑防水工程。

【知识链接】 常见的合成高分子防水卷材的特点和适用范围见表 10-5。

表 10-5　常见的合成高分子防水卷材的特点和适用范围

卷材名称	特点	适用范围	施工工艺
三元乙丙橡胶防水卷材	防水性能优异，耐候性好，耐臭氧性、耐化学腐蚀性好，弹性和抗拉强度大，对基层变形开裂的适应性强，质量小，使用温度范围宽，寿命长；但价格高，黏结材料还需配套完善	单层或复合使用，适用于防水要求较高、防水层耐用年限要求长的工业与民用建筑	冷粘法施工
丁基橡胶防水卷材	有较好的耐候性、耐油性、抗拉强度和延伸率，耐低温性能稍低于三元乙丙防水卷材	单层或复合使用，适用于要求较高的防水工程	冷粘法施工
氯化聚乙烯防水卷材	具有良好的耐候、耐臭氧、耐热老化、耐油、耐化学腐蚀及抗撕裂的性能	单层或复合使用，适用于紫外线强的炎热地区	冷粘法施工
氯磺化聚乙烯防水卷材	延伸率较大，弹性较好，对基层变形开裂的适应性较强，耐高温、低温性能好，耐腐蚀性能优良，难燃性好	适用于有腐蚀介质影响及在寒冷地区的防水工程	冷粘法施工
聚氯乙烯防水卷材	具有较高的拉伸和撕裂强度，延伸率较大，耐老化性能好，原材料丰富，价格便宜，容易黏结	单层或复合使用，适用于外露或有保护层的防水工程	冷粘法或热风焊接法施工
氯化聚乙烯-橡胶共混防水卷材	不但具有氯化聚乙烯特有的高强度和优异的耐臭氧、耐老化性能，而且具有橡胶所特有的高弹性、高延伸性以及良好的低温柔性	单层或复合使用，尤其适用于寒冷地区或变形较大的防水工程	冷粘法施工
三元乙丙橡胶-聚乙烯铬镍钢混防水卷材	是热塑性弹性材料，有良好的耐臭氧和耐老化性能，使用寿命长，低温柔性好，可在负温条件下施工	单层或复合使用，外露防水层面，宜在寒冷地区使用	冷粘法施工

第三节　防水涂料

防水涂料(胶粘剂)以高分子合成材料、沥青等为主体所构成，在常温下呈流态或半流态，主要组成材料一般包括成膜物质、溶剂及催干剂，有时也加入增塑剂及硬化剂等。涂布于基材表面后，经溶剂或水分挥发或各组分之间的化学反应，能形成具有一定厚度的弹性连续薄膜，使基材与水隔绝，起到防水、防潮的作用。防水涂料特别适用于结构复杂、不规则部位的防水。大多采用冷施工，可人工涂刷或喷涂施工，操作简单、进度快、便于维修，减少了环境污染、改善了劳动条件。

一、防水涂料的分类

防水涂料按成膜物质的主要成分不同，可分为沥青类、高聚物改性沥青类和合成高分子类，如图10-6所示。按其液态类型可分为溶剂型、水乳型和反应型三种。其中，溶剂型黏结性较好，但污染环境；水乳型价格低，但黏结性稍差。从防水涂料的发展趋势来看，在水乳型性能不断改善的基础上，它的应用会更广。

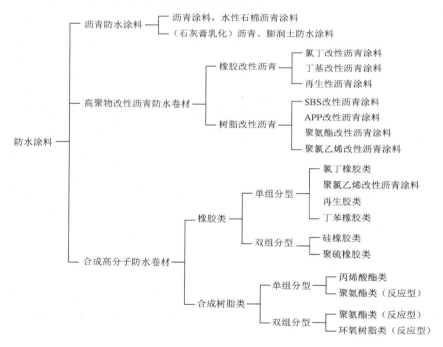

图 10-6　防水涂料分类

二、防水涂料的性能

防水涂料要满足防水工程的要求，必须具备以下几点性能：

(1)柔性。柔性是指防水涂料成膜后的膜层在低温下保持柔韧的性能。它反映了防水涂料在低温下的施工和使用性能。

（2）固体含量。固体含量是指防水涂料中所含有固体的比例。因为涂料涂刷后涂料中的固体成分形成涂膜，所以，固体含量的多少与成膜的厚度及涂膜质量紧密相关。

（3）延伸性。延伸性是指防水涂料适应基层变形的能力。由于温差、干湿等因素致使建筑的基层一般都有一定的变形，因此，防水涂料成膜后必须具有一定的延伸性，以便保证防水效果。

（4）耐热度。耐热度是指防水涂料成膜后的防水薄膜在高温下不发生流淌、软化变形的性能。它反映了防水涂膜的耐高温性能。

（5）不透水性。不透水性是指防水涂料成膜后，其涂膜在一定水压（静水压或动水压）和一定时间内不出现渗漏的性能。它是防水涂料满足防水功能要求的主要质量指标。

三、沥青基防水涂料

1. 冷底子油

冷底子油是将沥青溶解于有机溶剂中的沥青涂料。通常用30％～40％的10号或30号石油沥青与60％～70％的稀释剂（汽油、煤油、轻柴油）按比例配制而成。因它多在常温下用于防水工程的底层，故名冷底子油。冷底子油的黏度小，能渗入混凝土、砂浆、木材等材料的毛细孔隙中，待溶剂挥发后与基面牢固结合，使基面具有一定的憎水性，为黏结同类防水材料创造了有利条件。在冷底子油上铺热沥青胶粘贴卷材，该卷材防水层可与基层粘贴牢固。冷底子油应涂刷在干燥的基面上，通常要求水泥砂浆找平层的含水率≤10％。冷底子油应随配随用，储存时应使用密闭容器，以防止溶剂挥发。

2. 乳化沥青

乳化沥青又称为水乳型沥青防水涂料，是在机械强力搅拌下，将熔化的沥青微粒均匀地分散于含有乳化剂的溶剂中，形成稳定的悬浮体。制作乳化沥青的乳化剂是表面活性剂，可分为有机型（分阳离子型、阴离子型及非离子型）和无机型两类。目前，使用较多的是阴离子型，如肥皂、洗衣粉、松香皂、十二烷基硫酸钠等。

乳化沥青基涂料分为两大类，即厚质防水涂料和薄质防水涂料。厚质防水涂料常温时为膏体或黏稠液体，一次施工厚度可以在3 mm以上；薄质防水涂料常温时为液体，具有自流平的性能，一次施工厚度不能大于1 mm，因此，需要施工多层才能满足涂膜防水的厚度要求。目前，国内市场上用量最大的薄质乳化沥青防水涂料是氯丁胶乳沥青防水涂料，其次还有丁苯胶乳薄质沥青防水涂料、丁腈胶乳薄质沥青防水涂料、SBS改性乳化沥青薄质防水涂料、再生胶乳化沥青薄质防水涂料等。

建筑上使用的乳化沥青是一种棕黑色的水乳液，具有无毒、无臭、不燃、干燥快、黏结力强等特点，在0 ℃以上可流动，易于涂刷和喷涂。乳化沥青与其他类型的涂料相比，其主要特点是可以在潮湿的基础上使用，具有相当大的黏结力；可以冷施工，不需要加热，避免了采用热沥青施工可能造成的烫伤、中毒事故等；有利于消防和安全，降低施工人员的劳动强度，提高工作效率、加快施工进度；价格便宜，施工机具容易清洗。乳化沥青与一般的橡胶乳液、树脂乳液具有良好的相溶性，混溶后性能比较稳定，能显著地改善乳化沥青的耐高温性能和低温柔性。

乳化沥青材料的稳定性较差，储存时间一般不超过6个月，储存时间过长容易分层变质。乳化沥青一般不能在 0 ℃以下储存和运输，也不能在 0 ℃以下施工和使用。

3. 沥青胶

沥青胶是沥青与适量的粉状或纤维状矿物质填充料的混合物，均匀混合制成。填料有粉状的(如滑石粉、石灰石粉、白云石粉等)、纤维状的(如木纤维等)或者两者的混合物。填充料节省了沥青，提高了其耐热性，增加了韧性，降低了沥青在低温下的脆性。

沥青胶标号以耐热度表示，分为六个标号。对沥青胶的质量要求有耐热性、柔韧性、黏结力等，见表 10-6。

表 10-6　石油沥青胶的质量要求

指标名称	标号					
	S-60	S-65	S-70	S-75	S-80	S-85
耐热性	用 2 mm 厚的沥青胶黏合两张沥青油纸，于不低于下列温度(℃)，在 1∶1 坡度上停放 5 h 的沥青胶不应流淌，油纸不应滑动					
	60	65	70	75	80	85
柔韧性	涂在沥青油纸上的 2 mm 厚的沥青胶层，在(18±2)℃时，围绕下列直径(mm)的圆棒，用 2 s 的时间以均衡速度弯成半周，沥青胶不应有裂纹					
	10	15	15	20	25	30
黏结力	用手将两张用沥青胶粘贴在一起的油纸慢慢地撕开，从油纸和沥青胶粘贴面的任何一面的撕开部分，其沥青胶之间的撕裂面积不大于粘贴面积的 1/2					

沥青胶按配制和使用方法，可分为热用和冷用两种类型。热用沥青胶是将沥青加热至 180 ℃～200 ℃，使其脱水后，再与干燥填料热拌混合均匀，属热用施工。冷用沥青胶是将沥青熔化脱水后，缓慢加入溶剂(如绿油、柴油、蒽油等)，再掺入填料，混合拌匀而制得，在常温下使用。冷用沥青胶虽比热用沥青胶耗费溶剂，但施工方便、涂层薄、节省沥青。

沥青胶主要用于粘贴防水卷材，也可用于防水涂层、沥青砂浆防水层的底层及接头密封等。选用时应根据屋面坡度及历年室外最高气温等条件来选择，以保证夏季不流淌、冬季不开裂。若采用一种沥青不能满足配制沥青所要求的软化点，可采用两种或三种沥青进行掺配。

四、高聚物改性沥青防水涂料

高聚物改性沥青防水涂料是指以沥青为基料，用橡胶、树脂等高分子聚合物对其进行改性处理，制成的水乳型或溶剂型防水涂料。这类涂料在柔韧性、弹性、延伸性、耐高低温性能、使用寿命等方面，与沥青基涂料相比均有很大改善。其适用于Ⅱ、Ⅲ、Ⅳ级防水等级的工业与民用建筑工程的屋面防水工程，以及地下室和卫生间的防水工程等。

1. 氯丁橡胶沥青防水涂料

氯丁橡胶沥青防水涂料是把小片的丁基橡胶加到溶剂中搅拌成浓溶液。同时，将沥青加热脱水熔化成液体状沥青，再把两种液体按比例混合搅拌均匀而成。氯丁橡胶沥青防水涂料具有优异的耐分解性，并具有良好的低温抗裂性和耐热性。它可分为溶剂型和水乳型两种。

(1)溶剂型氯丁橡胶沥青防水涂料的主要成膜物质是氯丁橡胶和石油沥青，它是这两种成膜物质溶于甲基苯(或二甲苯)而形成的一种混合胶体溶液。

（2）水乳型氯丁橡胶沥青防水涂料的主要成膜物质也是氯丁橡胶和石油沥青，它是以阳离子型氯丁胶乳与阳离子型沥青乳液相混合而制成的。与溶剂型涂料不同的是，其以水代替了甲苯等有机溶剂，降低成本并无毒。

2. 水乳型再生橡胶防水涂料

水乳型再生橡胶防水涂料，简称 JG-2 防水冷胶料，是以再生橡胶为改性剂，以水为溶剂，再加填料(滑石粉、碳酸钙等)经加热搅拌而成。它是由 A 液(乳化橡胶)和 B 液(阴离子型乳化沥青)组成的双组分水乳型防水冷胶结料，两液包装于不同的袋内，现场配制使用。涂料为黑色、无光泽的黏稠液体，略有橡胶味、无毒。该产品改善了沥青防水涂料的柔韧性和耐久性，原材料来源广泛、生产工艺简单、成本低、不污染环境。可冷操作，加入碱玻璃丝布或无纺布后的防水层，抗裂性好，可在潮湿但无积水的基层上施工。其适用于屋面、墙体、地面、地下室、冷库的防水防潮，也可用于嵌缝及防腐工程等。

3. 聚氨酯防水涂料

聚氨酯防水涂料是由甲组分(含有异氰酸基的预聚体)和乙组分(含有多羟基的固化剂与增塑剂、稀释剂等)组成的双组分反应型涂料。甲、乙两组分混合后，经固化反应，形成均匀而富有弹性的防水涂膜。

聚氨酯防水涂料有透明、彩色、黑色等品种，并兼有耐磨、装饰及阻燃等性能。由于其防水、延伸及温度适应性能优异，施工简便，因此，其在中高级公用建筑的卫生间、水池等防水工程及地下室和有保护层的屋面防水工程中得到了广泛应用。

第四节　建筑密封材料

密封材料又称为嵌缝材料，是为了承受位移且能达到气密、水密的目的而嵌入建筑物缝隙中的防水材料。

一、密封材料的分类

密封材料按常温下是否具有流动性，分为定型密封材料和不定型密封材料两大类。定型密封材料是具有一定形状和尺寸的密封材料，如密封条、止水带等；不定型密封材料通常是黏稠状的材料，如密封膏和嵌缝膏等。不定型密封材料按原材料及其性能，可分为塑性密封膏、弹塑性密封膏和弹性密封膏三大类；按构成类型，可分为溶剂型、乳液型和反应型；按使用时的组分，可分为单组分密封材料和多组分密封材料。密封材料的分类如图 10-7 所示。

二、密封材料的性能

建筑密封材料除应有较高的黏结强度外，还必须具备良好的弹性、柔韧性、耐冻性和一定的抗老化性，以适应屋面板和墙板的热胀冷缩、结构变形、高温不流淌、低温不脆裂的要求，保证接缝处不渗漏、不透气的密封作用。建筑密封材料的合理选用能够使工程中的施工缝、构件连接缝、变形缝等各种接缝保持水密、气密，保证建筑物的整体抗渗性和防水性能。

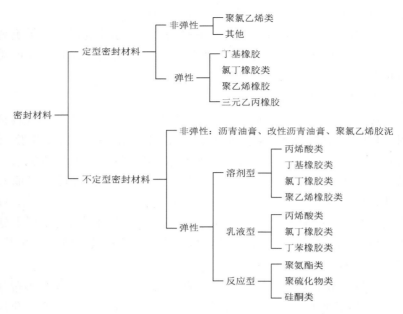

图 10-7　密封材料的分类

三、建筑防水密封膏(胶)

1. 沥青嵌缝油膏

沥青嵌缝油膏又称为建筑防水沥青嵌缝油膏,是以石油沥青为基料,加入改性材料、稀释剂及填充料混合制成的密封膏。改性材料有废橡胶粉和硫化鱼油,稀释剂有松节重油和机油等,填充料有石棉绒和滑石粉等。

沥青嵌缝油膏主要用于冷施工型的屋面、墙面防水密封及桥梁、涵洞、沟槽及地下工程等的防水密封。

2. 聚氯乙烯接缝膏

聚氯乙烯接缝膏简称为 PVC 接缝膏,是以煤焦油和聚氯乙烯(PVC)树脂粉为基料,按一定比例加入增塑剂(邻苯二甲酸二丁酯、邻苯二甲酸二辛酯)、稳定剂(三盐基硫酸铝、硬脂酸钙)及填充料(滑石粉、石英粉)等,在 130 ℃～140 ℃的温度下塑化而成的膏状密封材料。也可采用废旧聚氯乙烯塑料代替聚氯乙烯树脂粉。

PVC 接缝膏有良好的黏结性、防水性、弹塑性、耐热、耐寒、耐腐蚀和抗老化性。这种密封材料可以热用,也可以冷用。热用时,将聚氯乙烯接缝膏用文火加热,加热温度不得超过 140 ℃,达到塑化状态后,应立即浇灌于清洁、干燥的缝隙或接头等部位;冷用时,加溶剂稀释。适用于各种屋面嵌缝或大型墙板嵌缝和表面涂布作为防水层,也可用于水渠、管道等接缝以及工业厂房自防水屋面的嵌缝。冬期施工时,缝内应刷冷底子油。

3. 聚氨酯密封膏

聚氨酯密封膏是以聚氨基甲酸酯聚合物为主要成分的双组分反应固化型建筑密封材料。聚氨酯密封膏按流变性,分为 N 型(非下垂型)和 L 型(自流平型)两种类型。

聚氨酯建筑密封膏具有延伸率大、弹性高、黏结性好、耐低温、耐油、耐酸碱及使用年限长等优点，被广泛应用于各种装配式建筑屋面板、墙板、地面等部位的接缝、施工缝的密封，建筑物沉降缝、伸缩缝的防水密封；桥梁、涵洞、管道、水池、厕浴间等工程的接缝防水密封；建筑物渗漏修补等。

4. 丙烯酸酯密封膏

丙烯酸酯密封膏是在丙烯酸树脂中掺入增塑剂、分散剂、碳酸钙、增量剂等配制而成的建筑密封膏。这种密封膏弹性好，能适应一般基层伸缩变形的需要。其主要优点是：耐候性能优异，其使用年限在 15 年以上；耐高温性能好，在 $-20\ ℃\sim100\ ℃$ 的情况下，长期保持柔韧性；黏结强度高，耐酸碱性好，并有良好的着色性。但它固化后有 15%～20% 的收缩率，使用时应事先考虑；由于它的耐水性不好且抗疲劳性较差，不宜用于长期浸水部位和频繁受振动的工程。丙烯酸酯密封膏应用范围广泛，可用于混凝土、玻璃、陶瓷、金属等材料的嵌缝防水以及用作钢窗、铝合金窗的玻璃腻子等，还可用于各种预制板材、门窗等接缝密封防水及裂缝修补。

5. 硅酮密封胶

硅酮密封胶是以聚硅氧烷为主要成分的单组分和双组分室温固化型建筑密封材料。其中，以单组分应用较多，双组分应用较少。硅酮密封胶具有良好的耐热、耐寒和耐候性，与各种材料都有较好的黏结性能，耐水性好，能适应基层较大的变形，外观装饰效果好。

根据《硅酮建筑密封胶》GB/T 14683 的规定，硅酮建筑密封胶按用途分为 F 类和 G 类两种类别。其中，F 类为建筑接缝用密封胶，适用于预制混凝土墙板、水泥板、大理石板的外墙接缝，混凝土和金属框架的黏结，卫生间和公路接缝的防水密封等；G 类为镶玻璃用密封胶，主要用于镶嵌玻璃和建筑门、窗的密封。其技术性能应符合标准规定的要求。

四、高分子止水带(条)

合成高分子止水带属于定形建筑密封材料，它是将具有气密和水密双重性能的橡胶或塑料制成一定形状(带状、条状、片状等)，嵌入建筑物施工接缝、伸缩缝、沉降缝等结构缝内的密封防水材料。主要用于工业及民用建筑工程的地下及屋顶结构缝防水工程；闸坝、隧洞、溢洪道等水工建筑物变形缝的防漏止水；闸门、管道的密封止水等。

目前，工程中常用的合成高分子止水材料有橡胶止水带和止水橡皮、遇水膨胀型橡胶止水带、塑料止水带等。

1. 橡胶止水带和止水橡皮

橡胶止水带和止水橡皮是以天然橡胶及合成橡胶为主要原料，加入各种助剂和填充料后而制得的具有各种形状和尺寸的止水、密封材料。常用的橡胶材料有天然橡胶、氯丁橡胶、三元乙丙橡胶、再生橡胶等。止水橡皮的断面形状有 P 形、无孔 P 形、L 形、U 形等；埋入型止水带有桥形、哑铃形、锯齿形等，如图 10-8 所示。橡胶止水带和止水橡皮可单独使用，也可几种橡胶复合使用。

2. 遇水膨胀型橡胶止水带

遇水膨胀型橡胶止水带是用改性橡胶制得的一种新型橡胶止水带。将无机或有机吸水材料及高黏性树脂等材料作为改性剂，掺入合成橡胶后可制得遇水膨胀的改性橡胶。这种橡胶既保留原橡胶的弹性、延展性等，又具有遇水膨胀的特性。遇水膨胀橡胶止水带的工

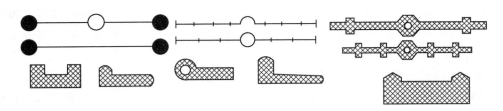

图 10-8　橡胶止水带和止水橡皮断面形状

作原理是将遇水膨胀橡胶止水带嵌在地下混凝土管或衬砌的接缝中，通过止水带的遇水膨胀，使管道或衬砌的缝隙更为密封，使其达到完全不漏水状态。常用的吸水性材料有膨润土(无机)及亲水性聚氨酯树脂等。

（1）BW 型遇水膨胀橡胶止水带。它所用的原料是橡胶、膨润土、高黏性树脂等。这种止水带具有自黏性，可直接粘贴在混凝土基面上，施工简便；遇水或几十分钟内即可逐渐膨胀，吸水膨胀率可达 300%～500%；耐腐蚀、耐老化，具有良好的耐久性；使用温度范围广，在 150 ℃的温度下不流淌，在 −20 ℃的温度下不发脆。

（2）SPJ 型遇水膨胀橡胶带。它所用的原料是亲水性聚氨酯及合成橡胶(为氯丁橡胶)。这种止水带能长期阻挡水分及化学溶液渗透；遇水膨胀后与在低温下仍具有弹性和良好的防水性能；干燥时已膨胀的胶带可释放出水分，体积得到恢复，防水性能不变；在淡水及含盐的海水中具有相同的遇水膨胀性，可用于各种环境的止水工程。

3. 塑料止水带

塑料止水带是用聚氯乙烯树脂、增塑剂、防老化剂、填料等原料加工而成的止水密封材料，其断面形状有桥形、哑铃形等(与橡胶止水带相似)。塑料止水带的物理性能见表 10-7。

表 10-7　塑料止水带的物理性能

项目	指标	项目		指标
硬度(邵氏 A)(度)	60～75	热空气老化 (70 ℃×360 h)	抗拉强度	＞95
抗拉强度/MPa	≥12		相对伸长	＞95
100%延伸率定伸强度/MPa	≥4.5	耐酸碱性能 1%KOH 或 NaOH 65 ℃～66 ℃，30 d	抗拉强度	＞95
相对伸长率/%	≥300		相对伸长	＞95
低温对折/℃	≤−40			

塑料止水带具有强度高、耐老化、成本低廉、可节约大量橡胶及紫铜片等贵重材料等优点，虽然其各项物理性能较橡胶止水带稍有不足，但均能满足工程要求。塑料止水带采用热熔法连接，施工方便、应用广泛。

第五节　沥青混合料

沥青混合料是沥青混凝土混合料和沥青碎石混合料的总称。沥青混凝土混合料(简称 AC)是由适当比例的粗集料、细集料及填料与沥青在严格控制条件下拌和的沥青混合料；

沥青碎石混合料(简称 AM)是由适当比例的粗集料、细集料及填料(或不加填料)与沥青拌和的沥青混合料。

一、沥青混合料的分类

沥青混凝土按所用结合料的不同,可分为石油沥青的混合料和煤沥青的混合料两大类。有些国家或地区也有采用或掺用天然沥青拌制的混合料。

沥青混凝土按所用集料品种不同,可分为碎石、砾石、砂质、矿渣等,以碎石采用最为普遍;按混合料最大颗粒尺寸不同,可分为粗粒(35~40 mm)、中粒(20~25 mm)、细粒(10~15 mm)、砂粒(5~7 mm)等。

沥青混凝土按混合料的密实程度的不同,可分为密级配、半开级配和开级配等数类,开级配混合料也称为沥青碎石。其中,热拌热铺的密级配碎石混合料经久耐用,强度高,整体性好,是修筑高级沥青路面的代表性材料,应用最广。

沥青混凝土按施工温度(沥青混合料拌制和摊铺温度),可分为热拌热铺沥青混合料和常温沥青混合料。

【小提示】 各国对沥青混凝土制定有不同的规范,我国制定的热拌热铺沥青混合料技术规范,以空隙率在10%及以下者称为沥青混凝土,它又细分为Ⅰ型和Ⅱ型,Ⅰ型的空隙率为3%(或2%)~6%,属密级配型;Ⅱ型为6%~10%,属半开级配型;空隙率在10%以上者称为沥青碎石,属开级配型。混合料的物理力学指标有稳定度、流值和空隙率等。

二、沥青混凝土的制备

沥青混合料的强度主要表现在两个方面:一是沥青与矿粉形成的胶结料的黏结力;二是集料颗粒之间的内摩阻力和锁结力。矿粉细颗粒(大多小于 0.074 mm)的巨大表面积使沥青材料形成薄膜,从而提高了沥青材料的黏结强度和温度稳定性;而锁结力则主要在粗集料颗粒之间产生。选择沥青混凝土矿料级配时要兼顾两者,以达到加入适量沥青后的混合料能形成密实、稳定、粗糙度适宜、经久耐用的路面。配合矿料有多种方法,可以用公式计算,也可以凭经验规定级配范围,我国目前采用经验曲线的级配范围。沥青混合料中的沥青适宜用量,应以试验室试验结果和工地使用情况来确定,一般在相关规范内均列有可供参考的沥青用量范围作为试配的指导。当矿料品种、级配范围、沥青稠度和种类、拌和设施、地区气候及交通特征较固定时,也可采用经验公式估算。

三、常用的沥青混合料

1. 传统的沥青混凝土面层(AC)

传统的沥青混凝土面层(AC),即普通密级配沥青混凝土。《公路沥青路面设计规范》(JTG D50—2017)中规定,19 mm、细粒式(公称最大粒径 9.5 mm 或 13.2 mm)、砂粒式(公称最大粒径小于 9.5 mm)沥青混合料。

其组合原则是:沥青面层集料的最大粒径宜从上层至下层逐渐增大。上层宜使用中粒式及细粒式,且上面层沥青混合料集料的最大粒径不宜超过层厚的1/2,中、下面层集料的最大粒径不宜超过层厚的2/3。

2. 多碎石沥青混凝土面层(SAC)

多碎石沥青混合料是采用较多的粗碎石形成骨架,沥青砂胶填充骨架中的空隙并使骨架胶合在一起而形成的沥青混合料。具体组成为：粗集料含量 69%～78%，矿粉含量 6%～10%，油石比为 5% 左右。经几条高等公路的实践证明，多碎石沥青混凝土面层既能提供较深的表面构造，又具有传统Ⅰ型沥青混凝土的较小空隙及较小透水性，同时又具有较好的抗形变能力(动稳定度较高)。即多碎石沥青混凝土既具有传统Ⅰ型沥青混凝土的优点，又具有Ⅱ型沥青混凝土的优点，同时，又避免了两种传统沥青混凝土结构形式的不足。

3. 沥青玛𤧛脂碎石混合料面层(SMA)

沥青玛𤧛脂碎石混合料(SMA)是一种以沥青、矿粉及纤维稳定剂组成的沥青玛𤧛脂结合料，填充于间断级配的矿料骨架中所形成的混合料。其组成特征主要包括两个方面：一是含量较多的粗集料互相嵌锁组成高稳定性(抗变形能力强)的结构骨架；二是细集料矿粉、沥青和纤维稳定剂组成的沥青玛𤧛脂将骨架胶结在一起，并填充骨架空隙，使混合料有较好的柔性及耐久性。SMA 的结构组成可概括为三多一少，即粗集料多、矿粉多、沥青多、细集料少。具体来讲，SMA 是一种间断级配的沥青混合料，5 mm 以上的粗集料比例高达70%～80%，矿粉的用量达 7%～13%("粉胶比"超出通常值 1.2 的限制)，由此形成的间断级配，很少使用细集料；为加入较多的沥青，一方面增加矿粉用量，同时使用纤维作为稳定剂；沥青用量较多，高达 6.5%～7.0%，黏结性要求高，并选用针入度小、软化点高、温度稳定性好的沥青(最好采用改性沥青)。

SMA 的特点是：沥青玛𤧛脂碎石混合料是当前国际上公认(使用较多)的一种抗变形能力强、耐久性较好的沥青面层混合料。由于粗集料的良好嵌挤，混合料有非常好的高温抗车辙能力，同时由于沥青玛𤧛脂的黏结作用，使低温变形性能和水稳定性也有较多的改善。添加纤维稳定剂，使沥青结合料保持高黏度，其摊铺和压实效果较好。间断级配在表面形成大孔隙，构造深度大、抗滑性能好。同时，混合料的空隙又很小，耐老化性能及耐久性都很好，从而全面提高了沥青混合料的路面性能。

4. 橡胶沥青(AR)

橡胶沥青是先将废旧轮胎原质加工成为橡胶粉粒，再按一定的粗细级配比例进行组合，同时添加多种高聚合物改性剂，并在充分拌和的高温条件下(180 ℃以上)，与基质沥青充分熔胀反应后形成的改性沥青胶结材料。橡胶沥青具有高温稳定性、低温柔韧性、抗老化性、抗疲劳性、抗水损坏性等性能，是较为理想的环保型路面材料，目前，主要应用于道路结构中的应力吸收层和表面层中。

橡胶沥青路面具有以下性能优势：

(1)优异的抗疲劳性，可提高路面的耐久性能。

(2)由于胶结料含量高、弹性好，提高了路面对疲劳裂缝、反射裂缝的抵抗能力。

(3)较强的低温柔韧性减轻了路面的温度敏感性。

(4)因为胶结料含量高、油膜厚以及轮胎中含有抗氧化剂，故提高了道路抗老化、抗氧化能力。

(5)优异的抗车辙、抗永久变形能力。

(6)由于道路的耐久性得到提高，道路的养护费用显著降低；大量使用废旧轮胎，既节约了能源，也有利于环境保护。

(7)橡胶中的炭黑能够使路面黑色长期保存，与标线的对比度高，提高了道路的安全性。

(8)橡胶沥青用于沥青混合料时，由于施工厚度小、施工迅速，缩短了施工时间。

5. Superpave 沥青混合料(SUP)

Superpave 沥青混合料是美国战略公路研究计划(SHRP)的研究成果之一。Superpave 是 Superior Performing Asphalt Pavement 的缩写，中文意思就是"高性能沥青路面"。Superpave 沥青混合料设计法是一种全新的沥青混合料设计法，包含沥青结合料规范，沥青混合料体积设计方法，计算机软件及相关的使用设备、试验方法和标准。Superpave 沥青混合料设计系统是根据项目所在地的气候和设计交通量，把材料选择与混合料设计都集中在体积设计法中，该方法要求在设计沥青路面时，充分考虑在服务期内温度对路面的影响，要求路面在最高设计温度时能满足高温性能的要求，不产生过量的车辙；在路面最低温度时，能满足低温性能的要求，避免或减少低温开裂；在常温范围内控制疲劳开裂。对于沥青结合料，采用旋转薄膜烘箱试验来模拟沥青混合料在拌和和摊铺工程中的老化；采用压力老化容器模拟沥青在路面使用工程中的老化。对于集料，在进行混合料级配设计时，采用控制点和限制区的概念来限定，优选试验级配设计。对于沥青混合料，在拌好后，采用短期老化来模拟沥青混合料在拌和摊铺压实过程中的老化，沥青混合料试件采用旋转压实仪准备。试件压实过程中，记录旋转压实次数与试件高度的关系，从而对沥青混合料体积特性进行评价。

6. SBS 改性沥青混凝土(SBS)

SBS 改性沥青是在原有基质沥青的基础上，掺入 2.5%、3.0%、4.0% 的 SBS 改性剂。改性后的沥青与原沥青相比，其高温黏度增大、软化点升高。在良好的设计配合比和施工条件下，沥青路面的耐久性和高温稳定性明显提高。

7. 热压式沥青混凝土(HRA)

热压式沥青混凝土路面(Hot Rolled Asphalt Pavement，HRA)作为一种独特的沥青混凝土路面形式，是一种细集料间断级配沥青混凝土路面。它是在摊铺完成的砂粒式沥青混凝土表面撒布一层等粒径、耐磨抗滑的预拌沥青碎石集料，然后通过碾压形成抗滑磨耗层的路面。

➤ 本章小结

(1)沥青是早期应用最广泛的柔性防水材料。它属于憎水有机胶凝材料，是一种复杂的高分子碳氢化合物和非金属(氧、硫、氮等)衍生物的混合物。在工程中多用于屋面、地面、地下结构的防水，也可用于木材、钢材的防腐。沥青按产源可分为地沥青(天然沥青、石油沥青)和焦油沥青(煤沥青、页岩沥青)。工程中常用的是石油沥青。

(2)防水卷材是可卷曲的片状柔性防水材料。防水卷材的品种很多，根据其主要防水组成材料可分为沥青防水卷材、高聚物改性沥青防水卷材和合成高分子防水卷材三大类。

(3)防水卷材必须具备以下几点性能：柔韧性，温度稳定性，耐水性，大气稳定性，机械强度、抗断裂性和延伸性。

(4)防水涂料(胶粘剂)以高分子合成材料、沥青等为主体所构成，在常温下呈流态或半流态，主要组成材料一般包括成膜物质、溶剂及催干剂，有时也加入增塑剂及硬化剂等。防水涂料特别适用于结构复杂、不规则部位的防水。

（5）防水涂料按成膜物质的主要成分不同可分为沥青类、高聚物改性沥青类和合成高分子类；按其液态类型可分为溶剂型、水乳型和反应型三种。

（6）防水涂料要满足防水工程的要求，必须具备以下几点性能：柔性、固体含量、延伸性、耐热度、不透水性。

（7）密封材料又称为嵌缝材料，是为了承受位移且能达到气密、水密的目的而嵌入建筑物缝隙中的防水材料。密封材料按常温下是否具有流动性，分为定型密封材料和不定型密封材料两大类。

（8）沥青混合料是沥青混凝土混合料和沥青碎石混合料的总称。沥青混凝土混合料（简称 AC）是由适当比例的粗集料、细集料及填料与沥青在严格控制条件下拌和的沥青混合料；沥青碎石混合料（简称 AM）是由适当比例的粗集料、细集料及填料（或不加填料）与沥青拌和的沥青混合料。

➤ 思考与练习

1. 影响沥青黏滞性的主要因素是什么？
2. 常用的改性沥青有哪些？
3. 防水卷材要满足建筑工程防水要求，必须具备哪些性能？
4. 沥青防水卷材适用于哪些屋面防水工程？
5. 乳化沥青与其他类型的涂料相比，其主要特点是什么？
6. 沥青为什么会发生老化？如何延缓其老化？
7. 常用的建筑密封材料可分为哪几种？
8. 为满足防水要求，防水卷材应具有哪些技术性能？
9. 有了防水卷材，为何还需要防水涂料？
10. 沥青混合料 SMA 的特点是什么？

第十一章　建筑塑料、涂料和胶粘剂
合成高分子材料

学习目标

通过本章的学习，了解高分子化合物的概念及反应类型；熟悉建筑塑料、建筑涂料、建筑胶粘剂的基本组成，高分子化合物的分类及品种；掌握常用建筑塑料、涂料、胶粘剂的性能及应用。

能力目标

能够根据各种合成高分子材料的性能，结合工程实际情况选择建筑塑料、涂料与胶粘剂的品种。

合成高分子材料大都由一种或几种低分子化合物（单体）聚合而成，也称为高分子化合物或高聚物。

按来源不同，有机高分子材料分为天然高分子材料和合成高分子材料两大类。木材、天然橡胶、棉织品、沥青等都是天然高分子材料；而现代生活中广泛使用的塑料、橡胶、化学纤维以及某些涂料、胶粘剂等，都是以高分子化合物为基础材料制成的，这些高分子化合物大多数又是人工合成的，故称为合成高分子材料。

合成高分子材料是现代工程材料中不可缺少的一类材料。由于有机合成高分子材料的原料（石油、煤等）来源广泛，化学结合效率高，产品具有多种建筑功能且具有质轻、强韧、耐化学腐蚀、多功能、易加工成型等优点，因此，在建筑工程中应用日益广泛，不仅可用作保温、装饰、吸声材料，还可用作结构材料以代替钢材、木材。

第一节　高分子化合物的基本知识

一、高分子化合物的概念

高分子化合物是由千万个原子彼此以共价键连接的大分子化合物，其相对分子量一般在 10^4 以上，通常指高聚物或聚合物。虽然它的相对分子质量很大，但其化学组成却比较简单，一个大分子往往是由许多相同的、简单的结构单元通过共价键重复连接而成的。它是生产建筑塑料、胶粘剂、建筑涂料、高分子防水材料等材料的主要原料。

二、高分子化合物的反应类型

高分子化合物是由不饱和的低分子化合物(称为单体)聚合或含两个及两个以上官能团的分子间缩合而成的。其反应类型有加聚反应和缩聚反应。

1. 加聚反应

加聚反应是由许多相同或不同的低分子化合物,在加热或催化剂的作用下,相互加合成高聚物而不析出低分子副产物的反应。其生成物称为加聚物(也称为加聚树脂),加聚物具有与单体类似的组成结构。例如:

$$nCH_2{=}CH_2 \longrightarrow \{CH_2{-}CH_2\}_n \tag{11-1}$$

其中,n 代表单体的数目,称为聚合度。n 值越大,聚合物相对分子质量就越大。

工程中常见的加聚物有聚乙烯、聚氯乙烯、聚丙烯、聚苯乙烯、聚甲基丙烯酸甲酯、聚四氟乙烯等。

2. 缩聚反应

缩聚反应是由许多相同或不同的低分子化合物,在加热或催化剂的作用下,相互结合成高聚物并析出水、氨、醇等低分子副产物的反应。其生成物称为缩聚物(也称为缩合树脂),缩聚物的组成与单体完全不同。例如,苯酚和甲醛两种单体经缩聚反应得到酚醛树脂:

$$nC_6H_5OH + nCH_2O \longrightarrow \{C_6H_3CH_2OH\}_n + nH_2O \tag{11-2}$$

工程中常用的缩聚物有酚醛树脂、脲醛树脂、环氧树脂、聚酯树脂、三聚氰胺甲醛树脂及有机硅树脂等。

三、高分子化合物的分类及性质

(一)高分子化合物的分类

高分子化合物的分类方法很多,常见的有以下两种。

1. 按分子链的几何形状分类

高分子化合物按其链节(碳原子之间的结合形式)在空间排列的几何形状,可分为线型结构、支链型结构和体型结构(或称为网状型结构)三种。

(1)线型结构聚合物各链节连接成一长链[图 11-1(a)],支链型结构聚合物带有支链[图 11-1(b)],这两种聚合物可以溶解在一定的溶剂中,可以软化,以致熔化。

(2)体型结构聚合物是线型大分子间相互交联,形成网状的三维聚合物[图 11-1(c)],这种聚合物加热时不软化,也不能流动,一般不溶于有机溶剂,强度、硬度、脆性较高,塑性差。

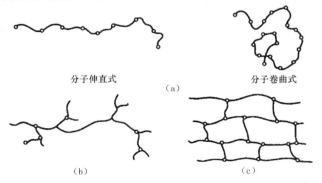

图 11-1 高聚物结构示意

(a)线型结构;(b)支链型结构;(c)体型结构

2. 按受热时的性质分类

高分子化合物按其在热作用下所表现出来的性质的不同,可分为热塑性聚合物和热固性聚合物两种。

(1)热塑性聚合物。热塑性聚合物一般为线型或支链型结构,在加热时分子活动能力增加,可以软化到具有一定的流动性或可塑性,在压力作用下可加工成各种形状的制品。冷却后分子重新"冻结",成为一定形状的制品。这一过程可以反复进行,即热塑性聚合物制成的制品可重复利用、反复加工。这类聚合物的密度、熔点都较低,耐热性较低,刚度较小,抗冲击韧性较好。

(2)热固性聚合物。热固性聚合物在成型前分子量较低,且为线型或支链型结构,具有可溶、可熔性,在成型时因受热或在催化剂、固化剂作用下,分子发生交联成为体型结构而固化。这一过程是不可逆的,并成为不溶、不熔的物质,因而固化后的热固性聚合物是不能重新再加工的。这类聚合物的密度、熔点都较高,耐热性较高,刚度较大,质地硬而脆。

(二)高分子化合物的主要性质

1. 物理力学性质

高分子化合物的密度小,导热性很小,是很好的轻质保温隔热材料。它的电绝缘性好,是极好的绝缘材料。它的比强度(材料强度与表观密度的比值)高,是极好的轻质高强材料。它的减震、消声性好,一般可制成隔热、隔声和抗震材料。

2. 化学性质

(1)老化。在光、热、大气作用下,高分子化合物的组成和结构发生变化,致使其性质变化,如失去弹性、出现裂纹、变硬、变脆或变软、发黏失去原有的使用功能等,这种现象称为老化。

目前采用的防老化措施主要有改变聚合物的结构、涂防护层的物理方法和加入各种防老化剂的化学方法。

(2)耐腐蚀性。一般的高分子化合物对侵蚀性化学物质(酸、碱、盐溶液)及蒸汽的作用具有较高的稳定性。但有些聚合物在有机溶液中会溶解或溶胀,使几何形状和尺寸改变,性能恶化,使用时应注意。

(3)可燃性及毒性。聚合物一般属于可燃的材料,但可燃性受其组成和结构的影响有很大差别。如聚苯乙烯遇明火会很快燃烧起来,而聚氯乙烯则有自熄性,离开火焰会自动熄灭。一般液体状态的聚合物几乎全部有不同程度的毒性,而固化后的聚合物多半是无毒的。

第二节　建筑塑料

建筑塑料作为装修装饰材料,可用于制造门窗、隔墙板、楼梯扶手、栏杆、踢脚板、塑料地砖地板、塑料地板革、塑料壁纸;可制成涂料及建筑胶粘剂;可作为防水工程材料,如塑料止水带、嵌缝材料、塑料防潮膜等;也可制成各种类型的水暖设备,如管道、卫生洁具及隔热隔声材料;还可作为工程材料,如土工布、塑料模板、聚合物混凝土等。

一、塑料的组成

塑料是一种以高分子聚合物为主要成分,内含各种助剂,在一定条件下可塑制成一定形状,并在常温下能保持形状不变的材料。

1. 合成树脂

合成树脂是塑料中的基本组分，在单组分塑料中树脂的含量几乎为 100%，多组分塑料中树脂的含量占 30%～70%。树脂起着胶结其他组分的作用。由于树脂的种类、性质、数量、用量不同，故其物理力学性能、用途及成本也不同。

建筑塑料中常用的合成树脂有聚氯乙烯、聚乙烯、酚醛树脂、环氧树脂等。

2. 填料

填料又称为填充料，可改善和增强塑料的性能（如提高机械强度、硬度或耐热性等），降低塑料的成本。填料可分为有机填料和无机填料两类，在多组分塑料中常加入填料，其掺量为 40%～70%，主要是一些化学性质不活泼的粉状、片状或纤维状的固体物质。

在建筑工程塑料中，按一定配方填料可降低成本，增加制品体积，改善加工性能，提高某些物理性能。几乎所有的填料都能改善塑料的耐热性，但会降低其力学性能，并使加工变得困难。

常用的有机填料有玻璃纤维、云母、木粉、棉布、纸张和木材单片等，无机填料有滑石粉、石墨粉、碳酸钙、陶土粉等。

3. 增塑剂

为增加塑料的柔顺性和可塑性，减小脆性而加入的化合物称为增塑剂。增塑剂为分子量小、高沸点、难挥发的液体或低熔点的固态有机化合物。增塑剂可降低塑料制品的机械性能和耐热性等，所以在选择增塑剂的种类和加入量时应根据塑料的使用性能来决定。

常用的增塑剂有邻苯二甲酸二丁酯、邻苯二甲酸二辛酯、二苯甲酮、樟脑等。

4. 着色剂

在塑料中加入着色剂后，可使其具有鲜艳的色彩和美丽的光泽。所选用的着色剂应色泽鲜明、分散性好、着色力强、耐热耐晒，在塑料加工过程中稳定性良好，与塑料中的其他组分不起化学反应，同时，还应不降低塑料的性能。

常用的着色剂有有机染料、无机染料和颜料，有时也采用能产生荧光或磷光的颜料，如钛白粉、氧化铁红、群青、铬酸铅等。

5. 润滑剂

在塑料加工时，为降低其内摩擦和增加流动性，便于脱模和使制品表面光滑美观，可加入 0.5%～1.0% 的润滑剂。

常用的润滑剂有高级脂肪酸及其盐类，如硬脂酸钙、硬脂酸镁等。

6. 稳定剂

为防止塑料过早老化，延长塑料的使用寿命，常加入少量稳定剂。塑料在热、光、氧和其他因素的长期作用下，会过早地产生降解、氧化断链、交链等现象，而使塑料性能降低，丧失机械强度，甚至不能继续使用。这种因结构不稳定而使材料变质的现象，称为老化。稳定剂应是耐水、耐油、耐化学侵蚀的物质，能与树脂相溶，并在成型过程中不发生分解。

常用的稳定剂有光屏蔽剂（炭黑）、紫外线吸收剂（水杨酸苯酯等）、能量转移剂（含 Ni 或 CO 的络合物）、热稳定剂（硬脂酸铅等）、抗氧剂（酚类化合物，如抗氧剂 2246、CA、330 等）。

7. 固化剂和固化促进剂

固化剂又称为硬化剂，是调节和促进固化反应的单一物质或混合物，使合成树脂中的线性分子结构交联成体型分子结构，从而使树脂具有热固性。

固化剂的种类很多，通常随塑料的品种及加工条件不同而异，如环氧树脂常用的固化剂有胺类(乙二胺、间苯二胺)、酸酐类(邻苯二甲酸酐、顺丁烯二酸酐)，热塑性酚醛树脂常用的固化剂为乌洛托品(六亚甲基四胺)。

8. 其他添加剂

为使塑料具有某种特定的性能或满足某种特定的要求而掺入的其他添加剂，如掺入抗静电剂(季铵盐类)，可使塑料安全，不易吸尘；掺入发泡剂(异氰酸酯或某些偶氮化合物)可制得泡沫塑料；掺入阻燃剂(某些卤化物、磷化物)可阻滞塑料制品的燃烧，并使之具有自熄性；掺入香酯类物品，可制得经久发出香味的塑料。

二、建筑塑料的性质

塑料是具有可塑性的高分子材料，具有质轻、绝缘、耐腐、耐磨、绝热、隔声等优良性能，在建筑上可作为装饰材料、绝热材料、吸声材料、防火材料、墙体材料、管道及卫生洁具等。它与传统材料相比，具有以下优异性能：

(1)质轻、比强度高。塑料的密度为 $0.9 \sim 2.2 \ g/cm^3$，平均为 $1.45 \ g/cm^3$，约为铝的 1/2、钢的 1/5、混凝土的 1/3。而其比强度却远远超过水泥、混凝土，接近或超过钢材，是一种优良的轻质高强材料。玻璃钢的比强度超过钢材和木材。

(2)导热性低。密实塑料的热导率一般为 $0.12 \sim 0.80 \ W/(m \cdot K)$。泡沫塑料是良好的绝热材料，热导率甚小。

(3)耐腐蚀性好。塑料对酸、碱、盐类的侵蚀具有较高的抵抗性。

(4)电绝缘性好。塑料的导电性低，是良好的电绝缘材料。

(5)装饰性好。塑料具有良好的装饰性能，能制成线条清晰、色彩鲜艳、光泽动人的塑料制品。

塑料的性能范围宽广，可根据使用需要制成具有各种特殊功能，如绝热、吸声、耐磨、耐酸等的特殊材料。

塑料的主要缺点是：耐热性低，耐火性差，易老化，弹性模量小(刚度差)。在建筑中使用塑料时，应扬长避短，充分发挥其优越性。

三、建筑塑料的分类及品种

建筑上常用的塑料可分为热塑性塑料和热固性塑料两大类。

(一)热塑性塑料的常用品种

1. 聚乙烯塑料(PE)

聚乙烯塑料由乙烯单体聚合而成。单体是指能发生聚合反应而生成高分子化合物的简单化合物。按单体聚合方法，可分为高压法、中压法和低压法三种。随聚合方法的不同，产品的结晶度和密度不同。高压聚乙烯的结晶度低，密度小；低压聚乙烯的结晶度高，密度大。结晶度和密度的增加，聚乙烯的硬度、软化点、强度等随之增加，而冲击韧性和伸长率则下降。

聚乙烯塑料具有较高的化学稳定性和耐水性，强度虽不高，但低温柔韧性大。掺加适量炭黑，可提高聚乙烯的抗老化性能。

2. 聚氯乙烯塑料(PVC)

聚氯乙烯塑料由氯乙烯单体聚合而成,是建筑上常用的一种塑料。聚氯乙烯的化学稳定性高,抗老化性好,但耐热性差,在 100 ℃以上时会引起分解、变质而破坏,通常其的使用温度应在 60 ℃～80 ℃。根据增塑剂掺量的不同,可制得硬质或软质聚氯乙烯塑料。

3. 聚苯乙烯塑料(PS)

聚苯乙烯塑料由苯乙烯单体聚合而成。聚苯乙烯塑料的透光性好,易于着色,化学稳定性高,耐水、耐光,成型加工方便,价格较低。但聚苯乙烯性脆,抗冲击韧性差,耐热性低、易燃,因此,其应用受到一定限制。

4. 聚丙烯塑料(PP)

聚丙烯塑料由丙烯单体聚合而成。聚丙烯塑料的特点是质轻(密度为 0.90 g/cm³),耐热性较高(100 ℃～120 ℃),刚性、延性和抗水性均好。它的不足之处是低温脆性较显著,抗大气性差,故适用于室内。近年来,聚丙烯的生产发展较迅速,聚丙烯已与聚乙烯、聚氯乙烯等,共同成为建筑塑料的主要品种。

5. 聚甲基丙烯酸甲酯(PMMA)

由甲基丙烯酸甲酯加聚而成的热塑性树脂,俗称为有机玻璃。它的优点是透光性好,低温强度高,吸水性低,耐热性和抗老化性好,成型加工方便;缺点是耐磨性差,价格较高。

(二)热固性塑料的常用品种

1. 酚醛树脂(PF)

酚醛树脂由酚和醛在酸性或碱性催化剂作用下缩聚而成。酚醛树脂的黏结强度高,耐光、耐水、耐热、耐腐蚀,电绝缘性好,但性脆。在酚醛树脂中掺加填料、固化剂等,可制成酚醛塑料制品。这种制品表面光洁,坚固耐用,成本低,是最常用的塑料品种之一。

2. 聚酯树脂(PR)

聚酯树脂由二元或多元醇和二元或多元酸缩聚而成。聚酯树脂具有优良的胶结性能,弹性和着色性好,柔韧、耐热、耐水。

3. 有机硅树脂(OR)

有机硅树脂由一种或多种有机硅单体水解而成。有机硅树脂耐热、耐寒、耐水、耐化学腐蚀,但机械性能不佳、黏结力不高。用酚醛、环氧、聚酯等合成树脂或用玻璃纤维、石棉等增强,可提高其机械性能和黏结力。

4. 玻璃纤维增强塑料(GRP)

玻璃纤维增强塑料俗称为玻璃钢,是由合成树脂胶结玻璃纤维或玻璃纤维布(带、束等)而成的。玻璃纤维增强塑料在性能上的主要优点是轻质高强、耐腐蚀,其主要缺点是弹性模量小,变形较大。其在土木工程中主要用于结构加固、防腐和管道等。

四、建筑上常用塑料的性能与用途

建筑上常用塑料的性能及用途见表 11-1。

表 11-1　建筑上常用塑料的性能与用途

种类		特性	主要用途	备注
热塑性塑料	聚乙烯	质轻,耐低温性好,耐化学腐蚀及有机溶剂,电绝缘性好,耐水,不易碎裂,强度不高	各种板材、管道包装、薄膜、电绝缘材料、冷水箱、零配件和日常生活用品等	耐热性差(使用温度＜50℃),耐老化性差。避免强光照射,不能长期与煤油、汽油接触
	聚氯乙烯	耐腐蚀性、电绝缘性好,高温和低温强度不高	薄板、薄膜、壁纸、地毯、地面卷材、零配件等	热敏性聚合物,成型时避免受热时间长和多次受热
	聚苯乙烯	耐化学腐蚀性、电绝缘性好,无色透明而坚硬,耐水,性脆,易燃,无毒无味	水箱、泡沫塑料、零配件、电绝缘材料,各种仪器中的透明装置等	脆性大,耐油性差,切忌与有机溶剂和樟脑接触
	聚丙烯	质轻,刚性、延性、耐热性好,耐腐蚀,不耐磨,无毒,易燃	化工容器、管道、建筑零件、耐腐蚀衬板等	耐油性差,耐紫外线差,易老化,受重力冲击易碎裂
热固性塑料	酚醛塑料（电木）	耐热、耐寒性能好,受热不熔化,遇冷不发脆,表面硬度不高,不易传热,耐腐蚀性好,绝缘性好	各种层压板、保温绝热材料、玻璃纤维增强塑料等	韧性差,色泽单调,敲击易碎裂
	脲醛塑料（电玉）	电绝缘性好,耐弱酸、碱,无色、无味、无毒,着色力好,不易燃烧	胶合板和纤维板、泡沫塑料、绝缘材料、装饰品等	耐热性差,耐水性差,不利于复杂造型
	有机硅塑料	耐高温、耐腐蚀,电绝缘性好,耐水、耐光、耐热	防水材料、胶粘剂、电工器材、涂料等	固化后的强度不高

第三节　建筑涂料

　　涂料是指涂敷于物体表面,能与基体材料很好黏结,干燥后形成完整且坚韧保护膜的物质。早期的涂料以植物油和天然漆为主要原料,故称为油漆。随着合成材料工业的发展,大部分植物油已被合成树脂所取代,遂改称为涂料。

　　涂料品种繁多,新产品不断涌现,目前市场上销售的涂料规格有千余种。在建筑工程中,涂料已成为不可缺少的重要饰面材料。

一、建筑涂料的功能

　　建筑涂料对建筑物的功能主要表现在以下几个方面:

　　(1)保护功能。建筑涂料涂敷于建筑物表面形成涂膜后,使结构材料与环境中的介质隔开,可减缓介质的破坏作用,延长建筑物的使用性能;同时涂膜有一定的硬度、强度、耐磨、耐候、耐蚀等性质,可以提高建筑物的耐久性。

　　(2)装饰功能。建筑涂料装饰的涂层,具有不同的色彩和光泽,它可以带有各种填料,再施以不同的施工工艺,形成各种纹理、图案及不同程度的质感,起到美化环境及装饰建筑物的作用。

（3）其他特殊功能。建筑涂料除了具有保护、装饰功能外，一些涂料还具有各自的特殊功能，进一步适应各种特殊使用要求的需要，如防水、防火、吸声隔声、隔热保温、防辐射等。

二、建筑涂料的基本组成

组成建筑涂料的各原料成分，按其所起作用可分为主要成膜物质（又称为胶粘剂或固着剂）、次要成膜物质和辅助成膜物质。

1. 主要成膜物质

主要成膜物质是组成涂料的基础，其主要作用是将其他组分黏结成一个整体，并能附着在被涂基层表面而形成坚韧的保护膜。

2. 次要成膜物质

次要成膜物质主要是指涂料中所用的颜料，它不能离开主要成膜物质而单独构成涂料。其主要作用是使涂膜具有各种颜色。涂料组分中没有颜料的透明体称为清漆，加有颜料的称为色漆。

3. 辅助成膜物质

辅助成膜物质不能单独构成涂膜，仅对涂料的成膜过程或对涂膜的性能起一些辅助作用，主要包括溶剂和辅助材料两大类。

溶剂是能溶解成膜物质的挥发液体。用有机液体作溶剂的为溶剂型涂料，用水作溶剂的为水性涂料。

辅助材料能改善涂料的性能，常用辅助材料按其功能主要有催化剂、增塑剂等。

三、常用建筑涂料

常用建筑涂料是指具有装饰功能和保护功能的一般建筑涂料。其主要适用于建筑工程中的室内外墙柱面、顶棚、楼地面等部位，并且适用于各种基体，如混凝土、抹灰层、石膏板、金属和木材等表面涂装。

(一)内墙、顶棚涂料

内墙、顶棚涂料用于室内环境，其主要作用是装饰和保护墙面、顶棚面。涂层应质地平滑、细腻，色彩丰富，具有良好的透气性、耐碱、耐水、耐污、耐粉化等性能，并且施工方便。

1. 水性乙-丙乳胶漆

水性乙-丙乳胶漆是以水性乙-丙共聚乳液为主要成膜物质，掺入适量的颜料、填料和辅助材料后，经过研磨或分散后配置而成的半光或有光内墙涂料。

乙-丙共聚乳液为醋酸乙烯、丙烯酸酯类的共聚乳液。乳液中的固体含量约为 40%，乳液占涂料总量的 50%～60%。由于在乙-丙乳胶漆中加入了丙烯酸丁酯、甲基丙烯酸甲酯、丙烯酸、甲基丙烯酸等有机物单体，提高了乳液的光稳定性和涂膜的柔韧性。乙-丙乳胶漆的耐碱性、耐水性和耐候性都比较好，属中高档内外墙装饰涂料。乙-丙乳胶漆的施工温度应大于 10 ℃，涂刷面积为 4 m²/kg。

2. 苯-丙乳胶漆(水泥漆)

由苯乙烯和丙烯酸酯类的单体、乳化剂、引发剂等，通过乳液的聚合反应得到苯-丙共聚乳液，以该乳液为主要成膜物质，加入颜料、填料和助剂等原材料制得的涂料称为苯-丙乳胶漆。苯-丙乳胶漆具有遮盖力强、附着力高、涂刷面积多、抗碱、防霉、防潮、耐活性好、耐洗刷性优、无毒、无味、无光泽等特点，适用于各种内墙的高档装潢和外墙涂刷。涂刷面积 6 m^2/kg，施工温度应不低于 5 ℃，也不宜高于 35 ℃，湿度不大于 85%。

3. 乳液型仿瓷涂料

乳液型仿瓷涂料是以丙烯酸树脂乳液为基料，加入颜料、填料、助剂等配制而成的具有瓷釉亮光的涂料。乳液型仿瓷涂料的漆膜坚硬光亮、色泽柔和、平整丰满，有陶瓷釉料的光泽感，它与基层之间有良好的附着力，耐水性和耐腐蚀性好，施工方便。这种涂料可用于厨房、卫生间、医院、餐厅等场所的墙面装饰以及某些工业设备的表面装饰和防腐。

乳液型丙烯酸仿瓷涂料分为双组分和单组分两种。双组分的乳液型丙烯酸仿瓷涂料具有优异的光泽和良好的硬度；单组分的乳液型丙烯酸仿瓷涂料的涂膜强度、耐污性、耐水性、耐候性高，干燥速度快，既可用于室内又可用于室外。

4. 幻彩涂料

幻彩涂料又称为梦幻涂料、云彩涂料，是用特种树脂乳液和专门的有机、无机颜料制成的高档水性内墙涂料。所用的树脂乳液是经特殊聚合工艺加工而成的合成树脂乳液，具有良好的触变性及适当的光泽，涂膜具有优异的抗回黏性。

幻彩涂料的膜层外表面一般喷涂透明涂料，以保护面层不受污染。可用于家庭的各个房间、宾馆的标准间、办公楼的会议室和办公室、酒店等场所的内墙装饰。

5. 纤维质涂料

纤维质涂料又称为"好涂壁"，它是在各种色彩的纤维材料中加入胶粘剂和辅助材料而制得的。该涂料的主要成膜物质一般用水溶性的有机高分子胶粘剂。纤维材料主要采用合成纤维或天然纤维。所用的助剂有防霉剂和阻燃剂等。

纤维质涂料的涂层具有立体感强、质感丰富、阻燃、防霉变、吸声效果好等特性，涂层表面的耐污性和耐水性较差。可用于多功能厅、歌舞厅和酒吧等场所的墙面装饰。

6. 静电植绒涂料

静电植绒涂料是在基体表面先涂抹或喷涂一层底层涂料，再用静电植绒机将合成纤维短绒头"植"在涂层上。这种涂料的表面具有丝绒布的质感，不反光、无气味、不褪色，吸声能力强，但它的耐潮湿性能和耐污性较差，表面不能擦洗。可用于家庭、宾馆客房、会议室、舞厅等场所的内墙装饰。

7. 彩砂涂料

彩砂涂料是由合成树脂乳液、彩色石英砂、着色颜料及助剂等物质组成的。在石英砂中掺加带金属光泽的某些填料，可使涂膜质感强烈，有金属光亮感。该涂料无毒、不燃、附着力强、保色性及耐候性好、耐水、耐酸碱腐蚀、色彩丰富，表面有较强的立体感，适用于各种场所的室内外墙面装饰。

(二)外墙涂料

外墙涂料是用于装饰和保护建筑物外墙面的涂料。外墙涂料具有色彩丰富、施工方便、价格便宜、维修简便、装饰效果好等特点。通过改良，它的耐久性、保色性、耐水性和耐污性等都比以前有了很大的提高，是建筑外立面装饰中经常使用的一种装饰材料。

1. 聚合物水泥系涂料

聚合物水泥系涂料是在水泥中掺加有机高分子材料制成的，它的主要组成是水泥、高分子材料、颜料和助剂等。

常用的高分子聚合物有聚合物水溶液胶水和聚合物乳液两大类，它的掺入量为水泥质量的 20%～30%。水泥采用强度等级为 42.5 的普通硅酸盐水泥或白色硅酸盐水泥。颜料要求耐碱性能和耐久性能好、价格便宜，一般用氧化铁、氧化钛、炭黑等无机颜料。由于水泥涂料易受污染，常在涂层的表面涂饰甲基硅醇钠作为罩面材料。

聚合物水泥涂料系外墙涂料为双组分涂料，甲组分是高分子聚合物、颜料、分散剂和水等，乙组分是白水泥或普通水泥。施工时只需将甲组分和乙组分按照一定的比例混合搅拌后即可使用，主要适用于要求不高的外墙面的粉刷。

2. 聚氨酯系外墙涂料

聚氨酯系外墙涂料是以聚氨酯树脂或聚氨酯与其他树脂的复合物为主要成膜物质，加入溶剂、颜料、填料和助剂等，经研磨而成的。它的品种有聚氨酯-丙烯酸酯外墙涂料和聚氨酯高弹性外墙防水涂料。

聚氨酯系外墙涂料的膜层弹性强，具有很好的耐水性、耐酸碱腐蚀性、耐候性和耐污性。聚氨酯系外墙涂料中以聚氨酯-丙烯酸酯外墙涂料用得较多。这种涂料的固体含量较高，膜层的柔软性好，有很高的光泽度，表面呈瓷状质感，与基层的黏结力强。其可直接涂刷在水泥砂浆、混凝土基层的表面，但基层的含水率应低于 8%。在施工时应将甲组分和乙组分按要求称量，搅拌均匀后使用，做到随配随用，并应注意防火。

3. 丙烯酸酯有机硅外墙涂料

丙烯酸酯有机硅外墙涂料是由有机硅改性丙烯酸酯为主要成膜物质，加入颜料、填料、助剂后制成的。丙烯酸酯有机硅外墙涂料的渗透性、流平性、耐候性、保色性、耐水性、耐污性和耐磨性好，涂膜表面有一定的光泽度，易清洁。适用于各种砖石、混凝土等建筑物的保护和装饰。施工时，基层的含水率不应超过 8%，并防淋雨和灰尘沾污，注意防火。

4. 丙烯酸外墙涂料

丙烯酸外墙涂料又称为丙烯酸酯外墙涂料，有溶剂型和乳液型（即乳胶型）两种。它是以丙烯酸酯乳液为基料，再添加颜料、填料及助剂等，经研磨、分散、混合配制而成的，是目前建筑业中重要的外墙涂料品种之一。它不仅装饰效果好，而且使用寿命长，一般可达 10 年以上。它具有涂膜光泽柔和、装饰性好，不受温度限制，保色性、耐洗性好，使用寿命长等特点，专供涂饰和保护建筑物外壁使用。

5. 彩砂外墙涂料

彩砂外墙涂料是以丙烯酸乳液为胶粘剂，彩色石英砂为集料，加各种助剂制成的。具有无毒、无溶剂污染、快干、不燃、耐强光、不褪色、耐污性能好等特点。施工方法简便。

6. 水乳型环氧树脂外墙涂料

水乳型环氧树脂外墙涂料是以水乳型合成树脂乳液为基料，加以填料、颜料等配制而成的水性厚浆涂料。其具有黏结力强、使用安全方便、抗水、耐晒等特点。可刷涂、滚涂、喷涂，涂层质感丰满、美观大方。如用水性丙烯酸清漆罩面，则可使其的耐老化、耐污染、耐水等性能更为良好。

7. 碱金属硅酸盐系外墙涂料

碱金属硅酸盐系外墙涂料是以碱金属硅酸盐为主要成膜物质，配以固化剂、分散剂、稳定剂及颜料和填料配制而成的。其具有良好的耐候、保色、耐水、耐洗刷、耐酸碱等特点。

(三)地面涂料

地面涂料是用于装饰和保护室内地面，使其清洁、美观的涂料。地板涂料应具有良好的黏结性能，以及耐碱、耐水、耐磨及抗冲击等性能。地面涂料可分为木地板涂料(各种油漆)、塑料地板涂料和水泥砂浆地面涂料。

1. 过氯乙烯水泥地面涂料

过氯乙烯水泥地面涂料是以过氯乙烯树脂为主要成膜物质，溶于挥发性溶剂中，再加入颜料、填料、增塑剂和稳定剂等附加成分而成的。

过氯乙烯水泥地面涂料施工简便、干燥速度快，有较好的耐水性、耐磨性、耐候性、耐化学腐蚀性，但由于其是挥发性溶剂，易燃、有毒，在施工时应注意做好防火、防毒工作。其可广泛应用于防化学腐蚀涂装、混凝土建筑涂料。

2. 聚氨酯-丙烯酸酯地面涂料

聚氨酯-丙烯酸酯地面涂料是以聚氨酯-丙烯酸酯树脂溶液为主要成膜物质，醋酸丁酯等为溶剂，再加入颜料、填料和各种助剂等，经过一定的加工工序制作而成的。

聚氨酯-丙烯酸酯地面涂料的耐磨性、耐水性、耐酸碱腐蚀性能好。它的表面有瓷砖的光亮感，因而又称为仿瓷地面涂料。这种涂料的组成为双组分，施工时可按规定的比例进行称量，然后搅拌混合，做到随拌随用。

3. 丙烯酸硅地面涂料

丙烯酸硅地面涂料是以丙烯酸酯系树脂和硅树脂进行复合的产物为主要成膜物质，再加入溶剂、颜料、填料和各种助剂等，经过一定的加工工序制作而成的。

丙烯酸硅地面涂料的耐候性、耐水性、耐洗刷性、耐酸碱腐蚀性和耐火性能好，渗透力较强，与水泥砂浆等材料之间的黏结牢固，具有较好的耐磨性。它的耐候性能好，可用于室外地面的涂饰，施工方便。

4. 环氧树脂地面涂料

环氧树脂地面涂料是以环氧树脂为主要成膜物质，加入稀释剂、颜料、填料、增塑剂和固化剂等，经过一定的制作工艺加工而成的。

环氧树脂地面涂料是一种双组分常温固化型涂料，甲组分有清漆和色漆，乙组分是固化剂。它具有无接缝、质地坚实、耐药性佳、防腐、防尘、保养方便、维护费用低廉等优点。可根据客户要求进行多种涂装方案，如薄层涂装、1～5 mm 厚的自流平地面，防滑耐磨涂装，砂浆型涂装，防静电、防腐蚀涂装等。产品适用于各种场地，如厂房、机房、仓库、实验室、病房、手术室、车间等。

5. 彩色聚氨酯地面涂料

彩色聚氨酯地面涂料由聚氨酯、颜色填料、助剂调制而成。其具有优异的耐酸碱、防水、耐辗轧、防磕碰、不燃、自流平等性能，是专为食品厂、制药厂的车间仓库等地面、墙面而设计的。同时，其具有无菌、防滑、无接缝、耐腐蚀等特点，还可用于医院、电子厂、学校、宾馆等地面、墙面的装饰。

四、特种建筑涂料

特种建筑涂料又称为功能性建筑涂料，这类涂料某一方面的功能特别显著，如防水、防火、防霉、防腐、隔热和隔声等。

特种建筑涂料的品种有防水涂料、防火涂料、防霉涂料、防腐蚀涂料、防结露涂料、防辐射涂料、防虫涂料、隔热涂料和吸声涂料等。

1. 防水涂料

防水涂料是指能够形成防止雨水或地下水渗漏的膜层的一类涂料。按使用部位不同，可分为屋面防水涂料、地下工程防水涂料等；按照涂料的组成成分不同，可分为水乳再生胶沥青防水涂料、阳离子型氯丁胶乳沥青防水涂料、聚氨酯系防水涂料、丙烯酸酯乳胶防水涂料和 EVA 乳胶防水涂料；按照涂料的形式与状态不同，可分为乳液型、溶剂型和反应型等。

(1)乳液型防水涂料属单组分的水乳型涂料。它具有无毒、不污染环境、不易燃烧和防水性能好等特点。

(2)溶剂型防水涂料是以高分子合成树脂有机溶剂的溶液为主要成膜物质，加入颜料、填料及助剂而形成的一种溶剂型涂料。它的防水效果好，可以在较低的温度下施工。

(3)反应型防水涂料是双组分型，它的膜层是由涂料中的主要成膜物质与固化剂进行反应后形成的。它的耐水性、耐老化性和弹性均好，具有较好的抗拉强度、延伸率和撕裂强度，是目前工程中使用较多的一类涂料。

2. 防火涂料

防火涂料是指涂饰在易燃材料表面上，能够提高材料的耐火性能的一类涂料。防火涂料在常温状态下具有一定的保护和装饰作用，在发生火灾时具有不燃性和难燃性，不易燃烧或具有自熄性。

按照防火涂料的组成不同，分为非膨胀型防火涂料和膨胀型防火涂料。非膨胀型防火涂料是由难燃或不燃的树脂及阻燃剂、防火填料等材料组成的，它的涂膜具有较好的难燃性，能够阻止火焰蔓延；膨胀型防火涂料是由难燃树脂、阻燃剂及成碳剂、脱水成碳催化剂、发泡剂等材料组成的。这种涂料的涂层在受到高温或火焰作用时会产生体积膨胀，形成比原来涂层厚度大几十倍的泡沫碳质层，从而能有效地阻挡外部热源对基层材料的作用，达到阻止燃烧进一步扩展的效果。

3. 防霉涂料

防霉涂料是指能够抑制霉菌生长的一种功能性涂料，它通过在涂料中加入适量的抑菌剂来达到防止霉菌生长的目的。

防霉涂料按照成膜物质和分散介质不同，分为溶剂型和水乳型两类；按照涂料的用途不同，分为外用、内用和特种用途等类型。防霉涂料不仅具有良好的装饰性和防霉功能，而且涂料在成膜时不会产生对人体有害的物质。这种涂料在施工前应做好基层处理工作，先将基层表面的霉菌清除干净，再用 7%～10%的磷酸三钠水溶液涂刷，最后才能刷涂防霉涂料。

4. 防腐蚀涂料

防腐蚀涂料是一种能够将酸、碱及各类有机物与材料隔离开来，使材料免于有害物质侵蚀的涂料。它的耐腐蚀性能高于一般的涂料，维护保养方便、耐久性好，能够在常温状态下固化成膜。

防腐蚀涂料在配置时应注意所采用的颜料、填料等都应具有防腐蚀性能，如石墨粉、瓷土、硫酸钡等。施工前必须将基层清洗干净，并充分干燥。涂层施工时应分多道涂刷。

特种建筑涂料还有各类防锈涂料、彩色闪光涂料和自干型有机硅高温耐热涂料等。随着建材业的发展，更多新型特种建筑涂料会大量出现。

第四节　建筑胶粘剂

一、胶粘剂的概念与分类

(一)胶粘剂的概念

胶粘剂是一种能在两个物体表面间形成薄膜并能把它们紧密胶结起来的材料。胶粘剂在建筑装饰施工中是不可缺少的配套材料，常用于墙柱面、吊顶、地面工程的装饰黏结。

(二)胶粘剂的分类

胶粘剂品种繁多，分类方法较多。

1. 按基料组成成分分类

胶粘剂按基料组成成分分类，如图11-2所示。

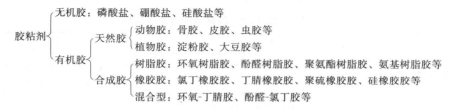

图11-2　胶粘剂按基料组成成分分类

2. 按强度特性分类

按强度特性不同，胶粘剂可分为：

(1)结构胶粘剂。结构胶粘剂的胶结强度较高，至少与被胶结物本身的材料强度相当，同时对耐油、耐热和耐水性等都有较高的要求。

(2)非结构胶粘剂。非结构胶粘剂要求有一定的强度，但不承受较大的力，只起定位作用。

(3)次结构胶粘剂。次结构胶粘剂又称为准结构胶粘剂，其物理力学性能介于结构与非结构胶粘剂之间。

3. 按固化条件分类

按固化条件的不同，胶粘剂可分为溶剂型、反应型和热熔型。

(1)溶剂型胶粘剂中的溶剂从黏合端面挥发或者被吸收，形成黏合膜而发挥黏合力。这种类型的胶粘剂有聚苯乙烯、丁苯橡胶胶等。

(2)反应型胶粘剂的固化是由不可逆的化学变化而引起的。按照配方及固化条件，可分为单组分、双组分甚至三组分的室温固化型、加热固化型等多种形式。这类胶粘剂有环氧树脂胶、酚醛树脂胶、聚氨酯树脂胶、硅橡胶胶等。

(3)热熔型胶粘剂以热塑性的高聚物为主要成分，是不含水或溶剂的固体聚合物，通过加热熔融黏合，随后冷却、固化，发挥黏合力。这类胶粘剂有醋酸乙烯、丁基橡胶、松香、虫胶、石蜡等。

二、胶粘剂的基本组成材料

目前使用的合成胶粘剂大多数是由多种组分物质组成的，主要由胶料、固化剂、填料和稀释剂等组成。

(1)胶料。胶料是胶粘剂的基本组分，它是由一种或几种聚合物配制而成的，对胶粘剂的性能(胶黏强度、耐热性、韧性、耐老化等)起决定性作用，主要有合成树脂和橡胶。

(2)固化剂。固化剂可以增加胶层的内聚强度，它的种类和用量直接影响胶粘剂的使用性质和工艺性能，如胶结强度、耐热性、涂胶方式等，主要有胺类、高分子类等。

(3)填料。填料的加入可以改善胶粘剂的性能，如提高强度、提高耐热性等，常用的填料有金属及其氧化物粉末、水泥、玻璃及石棉纤维制品等。

(4)稀释剂。稀释剂用于溶解和调节胶粘剂的黏度，主要有环氧丙烷、丙酮等。

为了提高胶粘剂的某些性能，还可加入其他添加剂，如防老化剂、防霉剂、防腐剂等。

三、常用胶粘剂

建筑上常用的胶粘剂可分为热塑性树脂胶粘剂、热固性树脂胶粘剂和合成橡胶胶粘剂三大类。建筑上常用胶粘剂的性能及应用见表 11-2。

表 11-2　建筑上常用胶粘剂的性能及应用

种类		特性	主要用途
热塑性树脂胶粘剂	聚乙烯缩醛胶粘剂	黏结强度高，抗老化，成本低，施工方便	粘贴塑胶壁纸、瓷砖、墙布等。加入水泥砂浆中改善砂浆性能，也可配成地面涂料
	聚醋酸乙烯酯胶粘剂	黏附力好，水中溶解度高，常温固化快，稳定性好，成本低，耐水性、耐热性差	黏结各种非金属材料、玻璃、陶瓷、塑料、纤维织物、木材等
	聚乙烯醇胶粘剂	水溶性聚合物，耐热、耐水性差	适合胶结木材、纸张、织物等。与热固性胶粘剂并用
热固性树脂胶粘剂	环氧树脂胶粘剂	又称为万能胶，固化速度快，黏结强度高，耐热、耐水、耐冷热冲击性能好，使用方便	黏结混凝土、砖石、玻璃、木材、皮革、橡胶、金属等，多种材料的自身黏结与相互黏结。适用于各种材料的快速胶接、固定和修补
	酚醛树脂胶粘剂	黏附性好，柔韧性好，耐疲劳	黏结各种金属、塑料和其他非金属材料
	聚氨酯胶粘剂	黏结力较强，耐低温性与耐冲击性良好。耐热性差，自身强度低	适用于胶结软质材料和热膨胀系数相差较大的两种材料
合成橡胶胶粘剂	丁腈橡胶胶粘剂	弹性及耐候性良好，耐疲劳、耐油、耐溶剂性好，耐热，有良好的混溶性。黏着性差，成膜缓慢	适用于耐油部件中橡胶与橡胶，橡胶与金属、织物等的黏结。尤其适用于黏结软质聚氯乙烯材料
	氯丁橡胶胶粘剂	黏附力、内聚强度高，耐燃、耐油、耐溶液性好。储存稳定性差	用于结构黏结或不同材料的黏结。如橡胶、木材、陶瓷、金属、石棉等不同材料的黏结
	聚硫橡胶胶粘剂	具有很好的弹性、黏附性。耐油、耐候性好，对气体和蒸汽不渗透，防老化性好	作密封胶及用于路面、地坪、混凝土的修补、表面密封和防滑。用于海港、码头及水下建筑物的密封
	硅橡胶胶粘剂	具有良好的耐紫外线、耐老化性及耐热、耐腐蚀性，黏附性好，防水防震	用于金属陶瓷、混凝土、部分塑料的黏结。尤其适用于门窗玻璃的安装以及隧道、地铁等地下建筑中瓷砖、岩石接缝间的密封

► 本章小结

本章介绍了高分子化合物的基本知识，同时还介绍了建筑塑料、涂料及胶粘剂的基本组成材料、性质及常用品种等内容。

(1)高分子化合物通常指高聚物或聚合物，是生产建筑塑料、胶粘剂、建筑涂料、高分子防水材料等材料的主要原料。

(2)塑料是以合成或天然高分子有机化合物为主要原料，在一定条件下塑化成型，在常温常压下产品能保持形状不变的材料。在建筑中适当采用塑料，代替其他传统建筑材料，能获得良好的装饰及艺术效果，减轻建筑物自重，提高工效，减少施工安装费用。

(3)常用建筑涂料是指具有装饰功能和保护功能的一般建筑涂料。其主要适用于建筑工程中的室内外墙柱面、顶棚、楼地面等部位，并且适用于各种基体，如混凝土、抹灰层、石膏板、金属和木材等表面涂装。

(4)胶粘剂是一种能在两个物体表面间形成薄膜并能把它们紧密黏结起来的材料。胶粘剂在建筑装饰施工中是不可缺少的配套材料，常用于墙柱面、吊顶、地面工程的装饰黏结。

► 思考与练习

一、填空题

1. _____是一种以高分子聚合物为主要成分，内含各种助剂，在一定条件下可塑制成一定形状，并在常温下能保持形状不变的材料。

2. 填料可分为_____和无机填料两类。

3. _____大都由一种或几种低分子化合物(单体)聚合而成，也称为高分子化合物或高聚物。

4. _____是由许多相同或不同的低分子化合物，在加热或催化剂的作用下，相互加合成高聚物而不析出低分子副产物的反应。

5. _____是由许多相同或不同的低分子化合物，在加热或催化剂的作用下，相互结合成高聚物并析出水、氨、醇等低分子副产物的反应。

6. 高分子化合物按其在热作用下所表现出来的性质的不同，可分为_____聚合物和热固性聚合物两种。

7. 在光、热、大气作用下，高分子化合物的组成和结构发生变化，致使其性质变化，这种现象称为_____。

8. 在塑料加工时，为降低其内摩擦和增加流动性，便于脱模和使制品表面光滑美观，可加入_____的润滑剂。

9. 建筑上常用的塑料可分为_____和热固性塑料两大类。

二、选择题(有一个或多个答案)

1. 下列属于天然高分子材料的是(　　)。

A. 天然橡胶　　　　B. 沥青　　　　　C. 木材　　　　　D. 橡胶

2. 下列高分子化合物中不属于加聚物的是（　　）。

　　A. 聚乙烯　　　　　B. 酚醛树脂　　　　C. 聚酯树脂　　　　D. 聚苯乙烯

3. 高分子化合物的主要力学性质有（　　）。

　　A. 老化　　　　　　B. 耐腐蚀性　　　　C. 可燃性　　　　　D. 毒性

4. 热塑性塑料的常用品种有（　　）。

　　A. 聚乙烯塑料　　　B. 聚氯乙烯塑料　　C. 聚苯乙烯塑料　　D. 聚丙烯塑料

5. 建筑涂料涂敷于建筑物表面形成涂膜后，使结构材料与环境中的介质隔开，可减缓介质的破坏作用，延长建筑物的使用寿命，属于建筑涂料的（　　）。

　　A. 保护功能　　　　B. 装饰功能　　　　C. 防水防火功能　　D. 防辐射功能

6. 建筑工程中，适合用作内墙、顶棚涂料的是（　　）。

　　A. 水性乙-丙乳胶漆　　　　　　　　　B. 乳液型仿瓷涂料

　　C. 聚合物水泥系涂料　　　　　　　　　D. 幻彩涂料

7. 下列不属于热熔型胶粘剂的是（　　）。

　　A. 聚苯乙烯　　　　B. 环氧树脂　　　　C. 醋酸乙烯　　　　D. 丁基橡胶

8. 常见的高分子有机化合物有（　　）。

　　A. 纤维素酯　　　　B. 沥青　　　　　　C. 合成树脂　　　　D. 天然树脂

9. 下列不属于热固性树脂胶粘剂的是（　　）。

　　A. 环氧树脂胶粘剂　　　　　　　　　　B. 酚醛树脂粘结剂

　　C. 聚硫橡胶胶粘剂　　　　　　　　　　D. 硅橡胶胶粘剂

10. 下列属于胶料的是（　　）。

　　A. 合成树脂　　　B. 玻璃　　　　　　C. 橡胶　　　　　　D. 胺类

三、简答题

1. 什么是高分子化合物？按来源可分为哪几类？

2. 什么是加聚反应？常见的加聚物有哪些？

3. 什么是缩聚反应？常用的缩聚物有哪些？

4. 高分子化合物的主要物理力学性质有哪些？

5. 塑料与传统材料相比有哪些优点？

6. 什么是单体？单体的聚合方法各有什么特点？

7. 建筑涂料主要有哪些功能？

8. 什么是胶粘剂？其主要应用于哪些方面？

第十二章　绝热材料和吸声材料

学习目标

通过本章的学习，了解绝热材料、节能材料、吸声材料的分类、质量标准、取样规定和检测方法，绝热材料、节能材料、吸声材料的主要技术性能和指标。

能力目标

会正确取样、检测绝热材料、节能材料、吸声材料的主要技术性能指标，填写检测报告，能根据检测结果判断其质量。

第一节　绝热材料

建筑绝热保温和吸声隔声是节约能源、降低环境污染、提高建筑物使用功能非常重要的方面。随着人民生活水平的逐步提高，人们对建筑物质量的要求越来越高。建筑用途的扩展，使人们对其功能方面的要求也越来越高。因此，建筑绝热材料的地位和作用也越来越受到人们的重视。

一、绝热材料概述

绝热材料是指用于建筑围护结构或热工设备、阻抗热流传递的材料或材料复合体；既包括保温隔热材料，又包括保冷材料。控制室内热量外流的材料叫做保温材料，防止热量进入室内的材料叫作隔热材料。绝热制品则是指被加工成至少有一面与被覆盖面形状一致的各种绝热材料的制成品(图 12-1)。

材料保温隔热性能的好坏是由材料导热系数的大小决定的。导热系数越小，保温隔热性能越好。材料的导热系数与其成分、表观密度、内部结构以及传热时的平均温度和材料的含水量有关。绝大多数建筑材料的导热系数(λ)介于 0.023～3.490 W/(m·K)，通常把 λ 值不大于 0.230 W/(m·K)的材料称为绝热材料，而将其中 λ 值小于 0.140 W/(m·K)的绝热材料称为保温材料。根据材料的适用温度范围，将可在零摄氏度以下使用的称为保冷材料，适用温度超过 1 000 ℃者称为耐火保温材料。习惯上通常将保温材料分为三档，即低温保温材料(使用温度低于 250 ℃)、中温保温材料(使用温度在 250 ℃～700 ℃)和高温保温材料(使用温度在 700 ℃以上)。

除节能这一主要功能外，建筑绝热材料还应具备如下功能：

(1)绝热保温或保冷，阻止热交换、热传递的进行。

图 12-1　常用保温材料及构造

(a)玻璃棉毡；　(b)挤塑型聚苯乙烯保温板；

(c)玻璃棉板(带防潮铝箔贴面)；　(d)墙体外保温-外贴保温板材

(2)隔热防火。

(3)减轻建筑物的自重。

二、绝热材料的基本要求和使用功能

绝热材料是用于减少结构物与环境热交换的一种功能材料。建筑工程中使用的绝热材料，一般要求其导热系数不宜大于 0.230 W/(m·K)，表观密度不大于 600 kg/m³，抗压强度不小于 0.4 MPa。在具体选用时除考虑上述基本要求外，还应了解材料在耐久性、耐火性和耐侵蚀性等方面是否符合要求。

导热系数(λ)是材料导热特性的一个物理指标。当材料厚度、受热面积和温差相同时，导热系数(λ)值主要取决于材料本身的结构与性质。因此，导热系数是衡量绝热材料性能优劣的主要指标。λ 值越小，通过材料传送的热量就越少，其绝热性能也越好。材料的导热系数取决于材料的组分、内部结构、表观密度；也取决于传热时的环境温度和材料的含水率。通常表观密度小的材料其孔隙率大，因此导热系数小。孔隙率相同时，孔隙尺寸大，导热系数就大；孔隙相互连通比相互不连通(封闭)者的导热系数大。对于松散纤维制品，当纤维之间压实至某一表观密度时，其 λ 值最小，则该表观密度为最佳表观密度。纤维制品的表观密度小于最佳表观密度时，表明制品中纤维之间的空隙过大，易引起空气对流，因而其 λ 值增加，因为水的 λ 值[0.580 W/(m·K)]远大于密闭空气的导热系数[0.023 W/(m·K)]。当受潮的绝热材料受到冰冻时，其导热系数会进一步增加，因为冰

的 λ 值为 2.330 W/(m·K)，比水大。因此，绝热材料应特别注意防潮。

当材料处在 0 ℃～50 ℃ 范围内时，其 λ 值基本不变。高温时材料的 λ 值随温度的升高而增大。对各向异性材料(如木材等)，当热流平行于纤维延伸方向时，热流受到的阻力小，其 λ 值较大；而热流垂直于纤维延伸方向时，受到的阻力大，其 λ 值就小。

为了常年保持室内温度的稳定性，凡房屋围护结构所用的建筑材料，必须具有一定的绝热性能。在建筑中合理地采用绝热材料，能提高建筑物的效能，保证正常的生产、工作和生活。在采暖、空调、冷藏等建筑物中采用必要的绝热材料，能减少散热损失，节约能源，降低成本。据统计，绝热良好的建筑，其能源消耗可节省 25%～50%，因此，在建筑工程中，合理地使用绝热材料具有重要意义。

三、常用的绝热材料

绝热材料的品种很多，按材质可分为无机绝热材料、有机绝热材料和金属绝热材料三大类；按形态可分为纤维状、多孔(微孔、气泡)状、层状等数种。目前在我国建筑工程中应用比较广泛的纤维状绝热材料如岩矿棉、玻璃棉、硅酸铝棉及其制品，以木纤维、各种植物秸秆、废纸等有机纤维为原料制成的纤维板材；多孔状绝热材料如膨胀珍珠岩、膨胀蛭石、微孔硅酸钙、泡沫石棉、泡沫玻璃以及加气混凝土，泡沫塑料类如聚苯乙烯、聚氨酯、聚氯乙烯、聚乙烯以及酚醛、脲醛泡沫塑料等；层状绝热材料如铝箔、各种类型的金属或非金属镀膜玻璃及以各种织物等为基材制成的镀膜制品。

此外，玻璃绝热材料的种类有很多，如热反射膜镀膜玻璃、低辐射膜镀膜玻璃、导电膜镀膜玻璃、中空玻璃、泡沫玻璃等建筑功能性玻璃。反射型绝热保温材料如铝箔波形纸保温隔热板、玻璃棉制品铝复合材料、反射型保温隔热卷材和 AFC 外护绝热复合材料也都得到了长期发展，产品的品种、质量和数量都在迅速提高。随着我国对建筑围护结构热工标准的逐步提升，对该类建筑材料的需求将会大大增加。

1. 无机散粒绝热材料

常用的无机散粒绝热材料有膨胀珍珠岩和膨胀蛭石等。

(1)膨胀珍珠岩及其制品。膨胀珍珠岩是由天然珍珠岩煅烧而成，为蜂窝泡沫状的白色或灰白色颗粒，是一种高效能的绝热材料。其堆积密度为 $40\sim500$ kg/m³，导热系数为 $0.047\sim0.070$ W/(m·K)，最高使用温度可达 800 ℃，最低使用温度为 -200 ℃，具有吸湿小、无毒、不燃、抗菌、耐腐和施工方便等特点；建筑上广泛用于围护结构、低温及超低温保冷设备、热工设备等处的隔热保温材料，也可用于制作吸声制品。

膨胀珍珠岩制品是以膨胀珍珠岩为主，配合适量胶凝材料(水泥、水玻璃、磷酸盐、沥青等)，经拌和、成型、养护(或干燥，或固化)后制成的具有一定形状的板、块、管壳等制品。

(2)膨胀蛭石及其制品。蛭石是一种天然矿物，在 850 ℃～1 000 ℃ 的温度下煅烧时，体积急剧膨胀，单个颗粒体积能膨胀约 20 倍。膨胀蛭石的主要特点：表观密度为 $80\sim900$ kg/m³，导热系数为 $0.046\sim0.070$ W/(m·K)，可在 1 000 ℃～1 100 ℃ 温度下使用，不蛀、不腐，但吸水性较大。膨胀蛭石可以呈松散状铺设于墙壁、楼板、屋面等夹层中，起绝热之用。使用时应注意防潮，以免吸水后影响绝热效果。

膨胀蛭石也可与水泥、水玻璃等胶凝材料配合，浇制成板，用于墙、楼板和屋面板等构件的绝热。其水泥制品通常用 10%～15% 体积的水泥，85%～90% 的膨胀蛭石及适量的水经拌和、成型、养护而成。其制品的表观密度为 $300 \sim 550$ kg/m³，相应的导热系数为 $0.08 \sim 0.10$ W/(m·K)，抗压强度为 $0.2 \sim 1.0$ MPa，耐热温度为 600 ℃。水玻璃膨胀蛭石制品是以膨胀蛭石、水玻璃和适量氟硅酸钠（NaSiF₆）配制而成，其表观密度为 $300 \sim 550$ kg/m³，相应的导热系数为 $0.079 \sim 0.084$ W/(m·K)，抗压强度为 $0.35 \sim 0.65$ MPa，最高耐热温度为 900 ℃。

2. 无机纤维状绝热材料

常用的无机纤维有矿棉、玻璃棉等，可制成板或筒状制品。由于其不燃、吸声、耐久、价格便宜、施工简便，而被广泛用于住宅建筑和热工设备的表面。

（1）玻璃棉及制品。玻璃棉是用玻璃原料或碎玻璃经熔融后制成的一种纤维状材料。它一般的堆积密度为 $40 \sim 150$ kg/m³，导热系数小，价格与矿棉制品相近，可制成沥青玻璃棉毡、板及酚醛玻璃棉毡和板，使用方便，是广泛用在温度较低的热力设备和房屋建筑中的保温隔热材料，也是优质的吸声材料。

（2）矿棉和矿棉制品。矿棉一般包括矿渣棉和岩石棉。矿渣棉所用原料有高炉硬矿渣、铜矿渣和其他矿渣等，另加一些调整原料（含氧化钙、氧化硅的原料）。岩石棉的主要原料是天然岩石，经熔融后吹制而成的纤维状（棉状）产品。矿棉具有轻质、不燃、绝热和电绝缘等性能，且原料来源丰富，成本较低，可制成矿棉板、矿棉防水毡及管套等，可用作建筑物的墙壁、屋顶、顶棚等处的保温隔热和吸声。

3. 无机多孔类绝热材料

多孔类材料是指体积内含有大量均匀分布的气孔（开口气孔、封闭气孔或二者皆有）的材料，主要有泡沫类和发气类产品。

（1）泡沫混凝土。泡沫混凝土是由水泥、水、松香泡沫剂混合后经搅拌、成型、养护而成的一种多孔、轻质、保温、隔热、吸声材料。也可用粉煤灰、石灰、石膏和泡沫剂制成粉煤灰泡沫混凝土。泡沫混凝土的表观密度为 $300 \sim 500$ kg/m³，导热系数为 $0.082 \sim 0.186$ W/(m·K)。

（2）加气混凝土。加气混凝土是由水泥、石灰、粉煤灰和发气剂（铝粉）配制而成的一种保温隔热性能良好的轻质材料。由于加气混凝土的表观密度小（$500 \sim 700$ kg/m³），导热系数值[$0.093 \sim 0.164$ W/(m·K)]比烧结普通砖小，因而 240 mm 厚的加气混凝土墙体，其保温隔热效果优于 370 mm 厚的砖墙。此外，加气混凝土的耐火性能良好。

（3）泡沫玻璃。泡沫玻璃由玻璃粉和发泡剂等经配料、烧制而成。气孔率达 80% ~ 95%，气孔直径为 $0.1 \sim 5.0$ mm，且大量为封闭而孤立的小气泡。其表观密度为 $150 \sim 600$ kg/m³，导热系数为 $0.058 \sim 0.128$ W/(m·K)，抗压强度为 $0.8 \sim 15.0$ MPa。采用普通玻璃粉制成的泡沫玻璃最高使用温度为 300 ℃ ~ 400 ℃，若用无碱玻璃粉生产时，最高使用温度可达 800 ℃ ~ 1 000 ℃。耐久性好，易加工，可满足多种绝热需要。

（4）硅藻土。由水生硅藻类生物的残骸堆积而成。其孔隙率为 50% ~ 80%，导热系数约为 0.060 W/(m·K)，因此具有很好的绝热性能。最高使用温度可达 900 ℃。可用作填充料或制成制品。

4. 有机绝热材料

（1）泡沫塑料。泡沫塑料是以各种树脂为基料，加入一定剂量的发泡剂、催化剂和稳定剂等辅助材料，经加热发泡而制成的一种具有轻质、耐热、吸声和防震性能的材料。目前我国生产的有：聚苯乙烯泡沫塑料，其表观密度为 $20 \sim 50$ kg/m³，导热系数为 $0.038 \sim 0.047$ W/(m·K)，最高使用温度约 70 ℃；聚氯乙烯泡沫塑料，其表观密度为 $12 \sim 75$ kg/m³，导热系数为 $0.031 \sim 0.045$ W/(m·K)，最高使用温度为 70 ℃，遇火能自行熄灭；聚氨酯泡沫塑料，其表观密度为 $30 \sim 65$ kg/m³，导热系数为 $0.035 \sim 0.042$ W/(m·K)，最高使用温度可达 120 ℃，最低使用温度为 -60 ℃。此外，还有脲醛泡沫塑料及制品等。该类绝热材料可用作复合墙板及屋面板的夹芯层及有冷藏和包装等绝热需要的情况。

（2）窗用绝热薄膜。这种薄膜用于建筑物窗户的绝热，可以遮蔽阳光，防止室内陈设物退色，降低冬季热量损失，节约能源，增加美感。其厚度为 $12 \sim 50$ μm，使用时将特制的防热片（薄膜）贴在玻璃上，其功能是将透过玻璃的阳光反射出去，反射率高达 80%。防热片能够减少紫外线的透过率，减轻紫外线对室内家具和织物的有害作用，减弱室内温度变化程度，也可以避免玻璃碎片伤人。

（3）植物纤维类绝热板。该类绝热材料可用稻草、木质纤维、麦秸、甘蔗渣等原料加工而成。其表观密度为 $200 \sim 1\,200$ kg/m³，导热系数为 $0.058 \sim 0.307$ W/(m·k)，可用于墙体、地板、顶棚等，也可以用于冷藏库、包装箱等。

四、常用绝热材料的技术性能

常用绝热材料的技术性能见表 12-1。

表 12-1　常用绝热材料的技术性能及用途

材料名称	表观密度/ (kg·m⁻³)	强度/ MPa	导热系数/ [W·(m·K)⁻¹]	最高使用 温度/℃	用途
超细玻璃棉毡 沥青玻纤制品	30～50 100～150		0.035 0.041	300～400 250～300	墙体、屋面、冷藏库等
岩棉纤维	80～150	＞0.012	0.044	250～600	填充墙体、屋面、
岩棉制品	80～160		0.040～0.052	≤600	热力管道等
膨胀珍珠岩	40～300		常温 0.020～0.044 高温 0.060～0.170 低温 0.020～0.038	≤800	高效能保温保冷 填充材料
水泥膨胀珍珠 岩制品	300～400	0.5～1.0	常温 0.050～0.081 低温 0.081～0.120	≤600	保温隔热用
水玻璃膨胀珍 珠岩制品	200～300	0.6～1.7	常温 0.056～0.093	≤650	保温隔热用
沥青膨胀珍 珠岩制品	200～500	0.2～1.2	0.093～0.120		用于常温及负温 部位的绝热
膨胀蛭石	80～900	0.2～1.0	0.046～0.070	1 000～1 100	填充材料
水泥膨胀蛭石制品	300～350	0.50～1.15	0.076～0.105	≤600	保温隔热用
微孔硅酸钙制品	250	＞0.3	0.041～0.056	≤650	围护结构及管道保温
轻质钙塑板	100～150	0.1～0.3 0.11～0.70	0.047	650	保温隔热兼防水性能， 并具有装饰性能
泡沫玻璃	150～600	0.55～15.00	0.058～0.128	300～400	砌筑墙体及冷藏库绝热

材料名称	表观密度/ (kg·m⁻³)	强度/ MPa	导热系数/ [W·(m·K)⁻¹]	最高使用 温度/℃	用途
泡沫混凝土	300~500	≥0.4	0.081~0.019		围护结构
加气混凝土	400~700	≥0.4	0.093~0.016		围护结构
木丝板	300~600	0.4~0.5	0.110~0.260		顶棚、隔墙板、护墙板
软质纤维板	150~400		0.047~0.093		同上，表面较光洁
软木板	105~437	0.15~2.50	0.044~0.079	≤130	吸水率小，不霉腐、不燃 烧，用于绝热隔热
聚苯乙烯泡沫塑料	20~50	0.15	0.031~0.047	70	屋面、墙体保温， 冷藏库隔热
硬质聚氨 酯泡沫塑料	30~40	0.25~0.50	0.022~0.055	−60~120	屋面、墙体保温， 冷藏库隔热
聚氯乙烯泡沫塑料	12~27	0.31~1.20	0.022~0.035	−196~70	屋面、墙体保温、 冷藏库隔热

【知识链接】

保温砂浆

保温砂浆是以各种轻质材料为集料，以水泥为胶凝料，掺入一些改性添加剂，经生产企业搅拌混合制成的一种预拌干粉砂浆，主要用于建筑外墙保温施工，具有施工方便、耐久性好等优点。目前常用的保温砂浆主要为无机玻化微珠保温砂浆和胶粉聚苯颗粒保温砂浆两种。保温砂浆具有节能利废、保温隔热、防火防冻、耐老化的优异性能以及低廉的价格等特点。它由保温层、抗裂防护层和防水饰面层组成。保温层采用胶粉聚苯颗粒保温砂浆，抗裂防护层是在抗裂砂浆中加入涂塑抗碱玻纤网格布，防水层是将弹性底漆涂在防护层表面，饰面为涂料或面砖。

EPS 板

EPS 板又称聚苯板、泡沫板，是可发性聚苯乙烯板的简称，它是由可发性聚苯乙烯原料经过预发、熟化、成型、烘干和切割等工艺制成的。它既可制成不同密度、不同形状的泡沫塑料制品，又可以生产出各种不同厚度的泡沫板材。EPS 泡沫是一种热塑性材料，每立方米体积内含有 300~600 万个独立密闭气泡，内含空气的体积为 98% 以上，由于空气的热传导性很小，且又被封闭于泡沫塑料中而不能对流，所以 EPS 是一种隔热保温性能非常优良的材料。EPS 板保温体系由特种聚合胶泥、EPS 板、耐碱玻璃纤维网格布和饰面材料组成。

XPS 板

XPS 板是挤塑式聚苯乙烯隔热保温板的简称，是以聚苯乙烯树脂为原料加上其他的辅料与聚合物，通过加热混合同时注入催化剂，然后挤塑压出成型而制造的硬质泡沫塑料板。XPS 板具有完美的闭孔蜂窝结构，这种结构让 XPS 板有极低的吸水性(几乎不吸水)、低导热系数、高抗压性和抗老化性(正常使用几乎无老化分解现象)。

【知识链接】

近年来，多起建筑保温材料引起的火灾事件的发生，引发了社会各界对建筑保温材料保温防火性能的思考和重视。火灾事故原因表明，很多保温材料起火都是在施工过程中产生的，如电焊、明火、不良的施工习惯等。这些材料在燃烧过程中不断产生的熔滴物和毒烟，同时释放出的氯氟烃、氢氟碳化物、氟利昂等气体对环境的危害也不可忽视。为此，住房和城乡建设部与公安部于 2009 年 9 月 25 日联合发布了《民用建筑外保温系统及外墙装饰防火暂行规定》，将民用建筑外保温材料纳入建设工程消防设计审核、消防验收和备案抽查范围，民用建筑外保温材料应选择燃烧性能为 A 级的材料。

建筑材料及其制品按燃烧性能分为 A_1、A_2、B、C、D、E、F 级；或 A_{1fl}、A_{2fl}、B_{fl}、C_{fl}、D_{fl}、E_{fl}、F_{fl}(fl——铺地材料)，其中 A_1 或 A_{1fl} 的防火性能是最好的。

绝热材料应按以下条件选择：

(1)绝热性能好(热导率要小)，蓄热损失小(比热容小)，具有一定的强度，通常抗压强度要求大于 0.4 MPa。

(2)热稳定性能和化学稳定性能好，使用温度范围宽，在使用温度范围内不会发生分解、挥发和其他化学反应并耐化学腐蚀。

(3)吸湿、吸水率小，因水的导热能力比空气大 24 倍，且吸水后强度降低。

(4)安全性和耐久性好，无毒、有耐燃和阻燃能力，耐老化时间一般不少于 7 年。

(5)经济性好，能耗少，价格便宜。

第二节　节能材料

建筑节能是缓解能源紧张、解决社会经济发展与能源供应之间矛盾的有效措施之一，合理选择节能材料是建筑节能的关键工作。建筑节能材料主要包括墙体保温材料、节能门窗材料等。下面从墙体保温、门窗节能和新能源新技术三个方面介绍目前我国节能材料的主要品种。

一、墙体保温

新型墙体材料的品种主要包括砖、块、板等，如烧结空心砖、粉煤灰砖、加气混凝土砌块、轻质板材和复合板材等。墙体保温做法根据保温层位置的不同，可分为外墙外保温、外墙内保温和中空夹心复合墙体保温三种。墙体保温构造中应用的节能绝热材料主要有岩棉、玻璃棉、聚苯乙烯泡沫塑料、水泥聚苯板、硅酸盐复合绝热砂浆。节能建筑设计中规定建筑外墙传热系数 K 值小于 1.5 W/(m^2·K)；K 值越小，围护结构的传热能力越低，其保温隔热性能越好。

例如，180 钢筋混凝土墙的传热系数是 3.26 W/(m^2·K)；普通 240 砖墙的传热系数是 2.10 W/(m^2·K)；190 加气混凝土砌块的传热系数是 1.12 W/(m^2·K)。

可见，190 加气混凝土砌块的隔温性能优于 240 砖墙，更优于 180 厚的钢筋混凝土墙。

二、门窗节能

节能门窗的制造材料已从单一的木、钢、铝合金等发展到了复合材料，如铝合金-木材复合、铝合金-塑料复合和玻璃钢等。目前我国主要应用的节能门窗：PVC 门窗、铝木复合门窗、铝塑复合门窗和玻璃钢门窗等。国内外研究并推广使用的节能玻璃主要有：中空玻璃、真空玻璃和镀膜玻璃等。低反射镀膜(Low-E)玻璃或三玻两中空等形式的节能窗将全面普及。传热系数越小，节能效果越理想（表 12-2）。例如，断桥式铝塑复合窗的保温性良好是因为铝塑复合型材中的塑料传热系数低。

表 12-2 常见玻璃的传热系数

名称	传热系数/$(W \cdot m^{-2} \cdot K^{-1})$
5～6 mm 无色透明玻璃	6.3
6 mm 热反射镀膜玻璃	6.2
无色透明中空玻璃	3.5
热反射镀膜中空玻璃	3.4
Low-E 中空玻璃	2.5

三、新能源新技术

太阳能是人类可以利用的洁净理想能源，随着太阳能光电转换技术的不断突破，在建筑中利用太阳能成为可能。太阳能的利用有被动式利用（光热转换）和光电转换两种方式。晶体硅材料（包括多晶硅和单晶硅）是最主要的光伏材料，其市场占有率在 90% 以上，是太阳能电池的重要组成材料。采用光能转换技术与建筑的屋顶、外墙、窗户等结合集结成复合产品，将会成为 21 世纪重要的新型建材制品之一，既可作为建筑的制品或部品，又可以进行太阳能发电，将有极为广阔的发展前景（图 12-2）。除了充分利用太阳能外，节能建筑中还采用风力发电、地源热泵等新技术来降低建筑的整体能耗。

（a）

（b）

图 12-2 太阳能技术应用
（a）波浪形太阳能集热器屋顶飘板；（b）具有遮阳功能电池板阵列

第三节 吸声、隔声材料

一、吸声、隔声材料的特点

吸声材料在建筑中的作用主要是用以改善室内收听声音的条件和控制噪声。保温绝热材料因其轻质及结构上的多孔特征，具有良好的吸声性能。除了对声音有特殊要求的建筑物如音乐厅、影剧院、大会堂和播音室等场所外，对于一般的工业与民用建筑物来说，均无须单独使用吸声材料，其吸声功能的提高主要通过与保温绝热及装饰等其他新型建材相结合来实现。因此，建筑绝热材料也是改善建筑物吸声功能的不可或缺的物质基础。

对于多孔吸声材料，其吸声效果受以下因素制约：

(1)材料的表观密度。同种多孔材料，随表观密度增大，其低频吸声效果提高，高频吸声效果降低。

(2)材料的厚度。厚度增加，低频吸声效果提高，而对高频影响不大。

(3)孔隙的特征。孔隙越多，越均匀细小，吸声效果越好；即使材质相同，且均属多孔结构，其对气孔特征的要求也不同。绝热材料要求气孔封闭，不相连通，可以有效地阻止热对流的进行；这种气孔越多，绝热性能越好。而吸声材料则要求气孔开放，互相连通，可通过摩擦使声能大量衰减；这种气孔越多，吸声性能越好。这些材质相同而气孔结构不同的多孔材料的制得，主要取决于原料组分的某些差别以及生产工艺中的热工制度和加压大小等。

隔声材料是能较大程度隔绝声波传播的材料。

二、材料的吸声原理和性能

物体振动时，迫使邻近空气随着振动而形成声波，当声波接触到材料表面时，一部分被反射，一部分穿透材料，而其余部分则在材料内部的孔隙中引起空气分子与孔壁的摩擦和黏滞阻力，使相当一部分声能转化为热能而被吸收。被材料吸收的声能(包括穿透材料的声能在内)与原先传递给材料的全部声能之比，是评定材料吸声性能好坏的主要指标，称为吸声系数，用下式表示：

$$\alpha = \frac{E}{E_0} \times 100\% \tag{12-1}$$

式中　α——材料的吸声系数；

　　　E_0——传递给材料的全部入射声能；

　　　E——被材料吸收(包括穿透)的声能。

假如入射声能的 70% 被吸收(包括穿透材料的声能在内)，30% 被反射，则该材料的吸声系数 α 就等于 0.7。当入射声能 100% 被吸收而无反射时，吸收系数等于 1。当门窗开启时，吸收系数相当于 1。一般材料的吸声系数在 0~1 范围内。

材料的吸声特性，除与材料本身性质、厚度及材料表面的条件有关外，还与声波的入射角及频率有关。一般而言，材料内部开放连通的气孔越多，吸声性能越好。同一材料，对于高、中、低不同频率的吸声系数不同。为了全面反映材料的吸声性能，规定取 125 Hz、250 Hz、500 Hz、1 000 Hz、2 000 Hz、4 000 Hz 六个频率的吸声系数来表示材料吸声的频率特性。吸声材料在上述六个规定频率的平均吸声系数应大于 0.2。

【小提示】　为了改善声波在室内传播的质量，保持良好的音响效果和减少噪声的危害，在音乐厅、电影院、大会堂、播音室及噪声大的工厂车间等内部的墙面、地面、顶棚等部位，应选用适当的吸声材料。

三、常用材料的吸声系数

常用的吸声材料及其吸声系数见表 12-3，供选用时参考。

表 12-3　建筑上常用的吸声材料及其吸声系数

分类及名称		厚度/cm	表观密度/(kg·m⁻³)	频率/Hz						装置情况
				125	250	500	1 000	2 000	4 000	
无机材料	石膏板（有花纹）	—	—	0.03	0.05	0.06	0.09	0.04	0.06	贴实
	水泥蛭石板	4.0	—	—	0.14	0.46	0.78	0.50	0.60	
	石膏砂浆（掺水泥、玻璃纤维）	2.2	—	0.24	0.12	0.09	0.30	0.32	0.83	粉刷在墙上
	水泥膨胀珍珠岩板	5	350	0.16	0.46	0.64	0.48	0.56	0.56	贴实
	水泥砂浆	1.7	—	0.21	0.16	0.25	0.40	0.42	0.48	粉刷在墙上
	砖（清水墙面）	—	—	0.02	0.03	0.04	0.04	0.05	0.05	贴实
木质材料	软木板	2.5	260	0.05	0.11	0.25	0.63	0.70	0.70	贴实
	木丝板	3.0	—	0.10	0.36	0.62	0.53	0.71	0.90	钉在木龙骨上，后面留10 cm空气层和留5 cm空气层两种
	三夹板	0.3	—	0.21	0.73	0.21	0.19	0.08	0.12	
	穿孔五夹板	0.5	—	0.01	0.25	0.55	0.30	0.16	0.19	
	木花板	0.8	—	0.03	0.02	0.03	0.03	0.04	—	
	木质纤维板	1.1	—	0.06	0.15	0.28	0.30	0.33	0.31	
多孔材料	泡沫玻璃	4.4	1 260	0.11	0.32	0.52	0.44	0.52	0.33	贴实
	脲醛泡沫塑料	5.0	20	0.22	0.29	0.40	0.68	0.95	0.94	
	泡沫水泥（外粉刷）	2.0	—	0.18	0.05	0.22	0.48	0.22	0.32	紧靠粉刷
	吸声蜂窝板	—	—	0.27	0.12	0.42	0.86	0.48	0.30	贴实
	泡沫塑料	1.0	—	0.03	0.06	0.12	0.41	0.85	0.67	
纤维材料	矿渣棉	3.13	210	0.01	0.21	0.60	0.95	0.85	0.72	贴实
	玻璃棉	5.0	80	0.06	0.08	0.18	0.44	0.72	0.82	
	酚醛玻璃纤维板	8.0	100	0.25	0.55	0.80	0.92	0.98	0.95	

四、隔声材料

能减弱或隔断声波传递的材料为隔声材料。人们要隔绝的声音，按其传播途径有空气声（通过空气的振动传播的声音）和固体声（通过固体的撞击或振动传播的声音）两种，两者隔声的原理不同。

隔绝空气声主要是遵循声学中的"质量定律"，即材料的密度越大，越不易受声波作用而产生振动，其隔声效果越好。所以应选用密实的材料（如钢筋混凝土、钢板、实心砖等）作为隔绝空气声的材料；而吸声性能好的材料一般为轻质、疏松、多孔材料。隔声效果不一定好。

隔绝固体声的最有效方法是断绝其声波继续传递的途径，即在产生和传递固体声波的结构(如梁、框架与楼板、隔墙，以及它们的交接处等)层中加入具有一定弹性的衬垫材料，如地毯、毛毡、橡胶或设置空气隔离层等，以阻止或减弱固体声波的继续传播。

➤ 本章小结

(1)绝热材料按材质可分为无机绝热材料、有机绝热材料和金属绝热材料三大类。按形态可分为纤维状、多孔(微孔、气泡)状、层状等。

(2)目前聚苯乙烯泡沫塑料和聚氨酯泡沫塑料在保温墙体和保温屋面中得到了普遍应用。

(3)吸声材料在建筑中的作用主要是改善室内收听声音的条件和控制噪声。

(4)材料的吸声特性，除与材料的性质、厚度有关外，还与声波的入射角及频率有关。

(5)吸声材料是指在规定频率下平均吸声系数大于0.2的材料，而隔声材料是能较大程度隔绝声波传播的材料。

➤ 思考与练习

1. 何谓绝热材料？在建筑中使用绝热材料有何优越性？
2. 影响材料绝热性能的主要因素有哪些？评定材料绝热性能好坏的技术指标有哪些？
3. 工程中常用的绝热保温材料有哪几种？
4. 何谓吸声材料？材料的吸声性能用什么指标表示？
5. 影响吸声材料吸声性能的因素有哪些？
6. 工程中常用的吸声材料有哪几种？
7. 绝热材料和吸声材料的基本原理分别是什么？

第十三章　建筑装饰材料

学习目标

　　通过本章的学习，了解建筑装饰材料的分类、选择原则，建筑陶瓷的种类，釉面内墙砖和陶瓷墙地砖的应用，壁纸与墙布的种类、特性与应用；掌握建筑涂料的分类及常用建筑涂料的品种，建筑装饰用板材的种类、天然板材及人造板材的特点及应用，建筑玻璃的种类、性质及常用的建筑玻璃品种。

能力目标

　　能够根据不同的装饰要求，选择合理的建筑装饰材料。

第一节　建筑装饰材料概述

一、建筑装饰材料的分类

　　(1)按化学成分分类。按化学成分的不同，建筑装饰材料可分为金属材料(如不锈钢、铝合金、铜等)、非金属材料(如天然饰面石材、陶瓷、木材等)和复合材料(如装饰砂浆、胶合板、塑钢复合门窗等)三大类。

　　(2)按装饰部位分类。按装饰部位的不同，建筑装饰材料可分为外墙装饰材料、内墙装饰材料、地面装饰材料和顶棚装饰材料四大类。

　　建筑装饰材料的分类及说明见表 13-1。

表 13-1　建筑装饰材料的分类及说明

分类	名称	举例说明
按化学成分分类	金属材料	如不锈钢、铝合金、铜等
	非金属材料	如天然饰面石材、陶瓷、木材、塑料等
	复合材料	如装饰砂浆、胶合板、铝塑板、塑钢复合门窗等
按装饰部位分类	外墙装饰材料	如天然石材、人造石材、建筑陶瓷、玻璃制品、水泥、装饰混凝土、外墙涂料、铝合金蜂窝板、铝塑板等
	内墙装饰材料	如石材、内墙涂料、墙纸、墙布、玻璃制品、木制品等
	地面装饰材料	如地毯、塑料地板、陶瓷地砖、石材、木地板等
	顶棚装饰材料	如石膏板、纸面石膏板、矿棉吸声板、铝合金板、玻璃等

二、建筑装饰材料的功能

(1)室外装饰材料的功能。室外装饰的目的主要是美化建筑物和环境并起到保护建筑物的作用。外墙结构材料直接受到风吹、日晒、雨淋、霜雪和冰雹的袭击，以及腐蚀性气体和微生物的作用，其耐久性将受到影响。因此，选用合适的外墙装饰材料可以有效地提高建筑物的耐久性。建筑物的外观效果主要通过建筑物的总体设计造型、比例、虚实对比、线条等平面和立面的设计手法体现，而外墙装饰效果则是通过装饰材料的质感、线条和色彩来表现的。选用外墙装饰材料除考虑其装饰性和保护作用外，有时还应考虑兼具其他特殊功能。如在外墙或窗户上安装吸热玻璃或热反射玻璃，可以吸收或反射太阳辐射热能的50%～70%，从而大大节约了能源。

(2)室内装饰材料的功能。内墙装饰的目的是保护墙体材料，保护室内使用条件，创造一个舒适、美观而整洁的生活环境。室内装饰材料主要有内墙装饰材料、地面装饰材料和顶棚装饰材料。

一般情况下内墙饰面具有：承担一部分墙体的热工功能；调节室内空气的相对湿度，净化室内空气的功能；辅助墙体起到声学功能，如反射声波、吸声降噪、隔声等。

内墙装饰效果同样也是由质感、线条和色彩三个因素构成的。不同的是，人们距饰面的距离比外墙近得多，所以质感要细腻逼真。线条可以是细致的，也可以是粗犷有力的。色彩则根据个人爱好及房间的内在性质决定。

(3)地面装饰材料的功能。地面装饰的目的同样也是保护基底材料，同时还兼有保温、隔声和增强弹性的功能。采用水磨石、大理石或各种彩色地砖不但美观大方，便于清洗，而且会给人一种凉爽的感觉。铺设塑料地板、地毯、木地板及复合地板则使人有一种舒适、温暖和富有弹性的感觉。

三、建筑装饰材料的选择

建筑物的种类繁多，不同功能的建筑物对装饰的要求不同。即使同一类建筑物，也因设计标准不同而对装饰的要求不同。在建筑装饰工程中，应根据不同的装饰档次、使用环境及要求，正确、合理地选择建筑装饰材料。

(1)安全与健康性选择。现代建筑装饰材料中，绝大多数装饰材料对人体是无害的，但是也有少数装饰材料含有对人体有害的物质，如有的石材中含有对人体有害的放射性元素，油漆、涂料中所含有的苯、二甲苯、甲醛等挥发性物质均会对人体健康造成危害。因此，在选用时一定要选择不超过国家标准的建筑装饰材料。同时，也可借助有关环境监测和质量检测部门，对将要选用的装饰材料进行检验，以便放心使用。另外，在装饰工程结束后，不宜马上使用，应打开窗户通风一段时间，待室内建筑装饰材料中的挥发性物质基本挥发尽后才可入住。

(2)色彩选择。建筑装饰效果最突出的一点就是材料的色彩，它是构成人造环境的重要内容。建筑物外部色彩的选择要根据建筑物的规模、环境及功能等因素决定。合理而艺术地运用色彩选择装饰材料，可把建筑物点缀得丰富多彩、情趣盎然。

(3)耐久性选择。建筑物外部装饰材料要经受日晒、雨淋、霜雪、冰冻、风化、介质侵蚀，而内部装饰材料则要经受摩擦、潮湿、洗刷等作用。因此，在选择装饰材料时，既要美观，也要耐久，主要应注意以下几个方面：

1)力学性能包括强度(抗压、抗拉、抗弯、耐冲击性等)、变形性、黏结性、耐磨性以及可加工性等。

2)物理性能包括密度、吸水性、耐水性、抗渗性、抗冻性、耐热性、吸声隔声性、光泽度、光吸收及光反射性等。

3)化学性能包括耐酸碱性、耐大气侵蚀性、耐污染性、抗风化性及阻燃性等。

在选用装饰材料时应根据建筑物不同的部位、不同的使用条件,对装饰材料性能提出相应的要求。

(4)经济性选择。选购装饰材料时,还必须考虑装饰工程的造价问题,既要体现建筑装饰的功能性和艺术效果,又要做到经济合理。因此,在建筑装饰工程的设计、材料的选择上一定要精心选择。根据工程的装饰要求、装饰档次,合理选择装饰材料。

第二节　建筑涂料

涂敷于物体表面能与基体材料很好黏结并形成完整而坚韧保护膜的材料称为涂料。建筑涂料是专指用于建筑物内、外表面装饰的涂料,其同时还可对建筑物起到一定的保护作用和某些特殊功能作用。

一、涂料的组成

涂料由主要成膜物质、次要成膜物质、辅助成膜物质构成。

(1)主要成膜物质。涂料所用的主要成膜物质有树脂和油料两类。

树脂有天然树脂(虫胶、松香、大漆等)、人造树脂(甘油酯、硝化纤维等)和合成树脂(醇酸树脂、聚丙烯酸酯、环氧树脂、聚氨酯、聚磺化聚乙烯、聚乙烯醇缩聚物、聚醋酸乙烯及其共聚物等)。

油料有桐油、亚麻子油等植物油及鱼油等动物油。

为满足涂料的各种性能要求,可以在一种涂料中采用多种树脂配合,或与油料配合,共同作为主要成膜物质。

(2)次要成膜物质。次要成膜物质是各种颜料,包括着色颜料、体质颜料和防锈颜料三类,是构成涂膜的组分之一。其主要作用是使涂膜着色并赋予涂膜遮盖力,增加涂膜质感,改善涂膜性能,增加涂料品种,降低涂料成本等。

(3)辅助成膜物质。辅助成膜物质主要是指各种溶剂(稀释剂)和各种助剂。涂料所用溶剂有两大类:一类是有机溶剂,如松香水、酒精、汽油、苯、二甲苯、丙酮等;另一类是水。助剂是为改善涂料的性能、提高涂膜的质量而加入的辅助材料,如催干剂、增塑剂、固化剂、流变剂、分散剂、增稠剂、消泡剂、防冻剂、紫外线吸收剂、抗氧化剂、防老化剂、防霉剂等。

二、建筑涂料的分类

建筑材料可按部位、特性、形态不同进行分类。

(1)按使用部位不同,建筑涂料可分为木器涂料、内墙涂料、外墙涂料和地面涂料。

(2)按溶剂特性不同,建筑涂料可分为溶剂型涂料、水溶性涂料和乳液型涂料。

(3)按涂膜形态不同，建筑涂料可分为薄质涂料、厚质涂料、复层涂料和砂壁状涂料。

三、常用建筑涂料的品种

1. 内墙涂料

内墙涂料可分为乳液型内墙涂料、水溶性内墙涂料和其他类型内墙涂料。

乳液型内墙涂料包括丙烯酸酯乳胶漆、苯-丙乳胶漆、乙烯-乙酸乙烯乳胶漆。

其他类型内墙涂料包括复层内墙涂料、纤维质内墙涂料、绒面内墙涂料等。

(1)丙烯酸酯乳胶漆。丙烯酸酯乳胶漆具有涂膜光泽柔和、耐候性好、保光保色性优良、遮盖力强、附着力高、易于清洗、施工方便、价格较高等优点，属于高档建筑装饰内墙涂料。

(2)苯-丙乳胶漆。苯-丙乳胶漆具有良好的耐候性、耐水性、抗粉化性，色泽鲜艳，质感好，由于聚合物粒度细，可制成有光型乳胶漆，属于中高档建筑内墙涂料。其与水泥基层附着力强，耐洗刷性好，可以用于潮气较大的部位。

(3)乙烯-乙酸乙烯乳胶漆。乙烯-乙酸乙烯乳胶漆是在乙酸乙烯共聚物中引入乙烯基团形成的乙烯-乙酸乙烯(VAE)乳液中，加入填料、助剂、水等调配而成的。其具有成膜性好、耐水性和耐候性较好、价格较低等优点，属于中低档建筑装饰内墙涂料。

(4)复层涂料。复层涂料由基层封闭涂料、主层涂料、罩面涂料三部分构成。复层涂料按主层涂料的黏结料的不同，可分为聚合物水泥系(CE)、硅酸盐系(S1)、合成树脂乳液系(E)和反应固化型合成树脂乳液系(RE)复层外墙涂料。

复层涂料具有黏结强度高及良好的耐退色性、耐久性、耐污染性、耐高低温性。其外观可呈凹凸花状、环状等立体装饰效果，故也称为浮感涂料或凹凸花纹涂料，适用于水泥砂浆、混凝土、水泥石棉板等多种基层的中高档建筑装饰饰面。

复层涂料可用于无机板材、内外墙、顶棚的饰面。

2. 外墙涂料

外墙涂料有溶剂型外墙涂料、乳液型外墙涂料、水溶性外墙涂料和其他类型外墙涂料。

溶剂型外墙涂料包括过氯乙烯、苯乙烯焦油、聚乙烯醇缩丁醛、丙烯酸酯、丙烯酸酯复合型、聚氨酯系外墙涂料。

乳液型外墙涂料包括薄质涂料纯丙乳胶漆、苯-丙乳胶漆、乙-丙乳胶漆和乙-丙乳液厚涂料、氯-偏共聚乳液厚涂料。

水溶性外墙涂料以硅溶胶外墙涂料为代表。

其他类型外墙涂料包括复层外墙涂料和砂壁状涂料。

(1)过氯乙烯外墙涂料。过氯乙烯外墙涂料是以过氯乙烯树脂为主要成膜物质，掺入增塑剂、稳定剂、颜料和填充料等，经混炼、切片后溶于有机溶剂中制得。这种涂料具有良好的耐腐蚀性、耐水性和抗大气性。涂料层干燥后柔韧富有弹性，不透水，能适应建筑物因温度变化而引起的伸缩。这种涂料与抹灰面、石膏板、纤维板、混凝土和砖墙黏结良好，可连续喷涂，用于外墙，美观耐久、防水、耐污染，便于刷洗。

(2)丙烯酸酯外墙涂料。丙烯酸酯外墙涂料具有良好的抗老化性、保光性、保色性，不粉化，附着力强，施工温度范围广(0 ℃以下仍可干燥成膜)，但该种涂料耐沾污性较差，因此常利用其与其他树脂能良好相混溶的特点，用聚氨酯、聚酯或有机硅对其改性制得丙烯酸酯复合型耐沾污性外墙涂料，综合性能大大改善，使其得到广泛应用。施工时基体含水率不应超过 8%，可以直接在水泥砂浆和混凝土基层上进行涂饰。

（3）聚氨酯系外墙涂料。聚氨酯系外墙涂料是以聚氨酯树脂或聚氨酯与其他树脂的复合物为主要成膜物质，加入溶剂、颜料、填料和助剂等，经研磨而成的。它的品种有聚氨酯-丙烯酸酯外墙涂料和聚氨酯高弹性外墙防水涂料。

聚氨酯系外墙涂料的膜层弹性强，具有很好的耐水性、耐酸碱腐蚀性、耐候性和耐污性。聚氨酯系外墙涂料中以聚氨酯-丙烯酸酯外墙涂料用得较多，这种涂料的固体含量较高，膜层的柔软性好，有很高的光泽度，表面呈瓷状质感，与基层的黏结力强，可直接涂刷在水泥砂浆、混凝土基层的表面，但基层的含水率应低于 8%，施工时应将甲组分和乙组分按要求称量，搅拌均匀后使用，做到随配随用，并应注意防火。

3. 地面涂料（水泥砂浆基层地面涂料）

地面涂料包括溶剂型地面涂料、乳液型地面涂料和合成树脂厚质地面涂料。

溶剂型地面涂料包括过氯乙烯地面涂料、丙烯酸-硅树脂地面涂料、聚氨酯-丙烯酸酯地面涂料。其为薄质涂料，涂覆在水泥砂浆地面的抹面层上，起装饰和保护作用。

乳液型地面涂料有聚醋酸乙烯地面涂料等。

合成树脂厚质地面涂料包括环氧树脂厚质地面涂料、聚氨酯弹性地面涂料、不饱和聚酯地面涂料等，该类涂料常采用刮涂方法施工，涂层较厚，可与塑料地板媲美。

（1）过氯乙烯地面涂料。过氯乙烯地面涂料具有干燥快、与水泥地面结合好、耐水、耐磨、耐化学药品腐蚀等优点。施工时有大量有机溶剂挥发、易燃，要注意防火、通风。

（2）聚氨酯-丙烯酸酯地面涂料。聚氨酯-丙烯酸酯地面涂料具有涂膜外观光亮平滑，有瓷质感，良好的装饰性、耐磨性、耐水性及耐酸碱、耐化学药品腐蚀等优点。

其适用于图书馆、健身房、舞厅、影剧院、办公室、会议室、厂房、车间、机房、地下室、卫生间等水泥地面的装饰。

（3）环氧树脂厚质地面涂料。环氧树脂厚质地面涂料是以黏度较小、可在室温固化的环氧树脂（如 E-44、E-42 等牌号）为主要成膜物质，加入固化剂、增塑剂、稀释剂、填料、颜料等配制而成的双组分固化型地面涂料。

环氧树脂厚质地面涂料黏结力强，膜层坚硬耐磨且有一定的韧性，耐久、耐酸、耐碱、耐有机溶剂、耐火、防尘，可涂饰各种图案，但施工操作比较复杂。其适用于机场、车库、实验室、化工车间等室内外水泥地面的装饰。

4. 木器涂料

木器涂料用于家具饰面或室内木装修，又常称为油漆。传统的木器涂料品种有清油、清漆、调和漆、磁漆等，新型木器涂料有聚酯树脂漆、聚氨酯漆等。

（1）传统的油漆品种。

1）清油。清油又称为熟油，是由干性油、半干性油或将干性油与半干性油加热，熬炼并加少量催干剂而成的浅黄至棕黄色黏稠液体。

2）清漆。清漆为不含颜料的透明漆。其主要成分是树脂和溶剂或树脂、油料和溶剂，为人造漆的一种。清漆一般不加入颜料，涂刷于材料表面。溶剂挥发后干结成光亮的透明薄膜，能显示出材料表面原有的花纹。清漆易干、耐用，并能耐酸、耐油，可刷、可喷、可烤。

3）调和漆。调和漆是以干性油和颜料为主要成分制成的油性不透明漆。其稀稠适度时，可直接使用。油性调和漆中加入清漆，则得磁性调和漆。

4)磁漆。磁漆是以清漆为基础加入颜料等研磨而制得的黏稠状不透明漆,漆膜光亮、坚硬。磁漆色泽丰富、附着力强,适用于室内装修和家具,也可用作室外的钢铁和木材表面。常用的有醇酸磁漆、酚醛磁漆等品种。

(2)聚酯树脂漆。聚酯树脂漆是以不饱和聚酯和苯乙烯为主要成膜物质的无溶剂型漆。

其特性是:可高温固化,也可常温固化(施工温度不小于 15 ℃),干燥速度快。漆膜丰满厚实,有较好的光泽度、保光性及透明度,漆膜硬度高、耐磨、耐热、耐寒、耐水、耐多种化学药品的作用。聚酯树脂漆含固量高,涂饰一次漆膜厚可达 $200 \sim 300 \ \mu m$。固化时溶剂挥发少,污染小。

其缺点是:漆膜附着力差,稳定性差,不耐冲击。聚酯树脂漆为双组分固化型,施工配制较麻烦,涂膜破损不易修补。涂膜干性不易掌握,表面易受氧阻聚。

聚酯树脂漆主要用于高级地板涂饰和家具涂饰。施工时应注意不能用虫胶漆或虫胶腻子打底,否则会降低黏附力。施工温度不小于 15 ℃,否则固化困难。

(3)聚氨酯漆。聚氨酯漆是以聚氨酯为主要成膜物质的木器涂料。

其特性是:可高温固化,也可常温或低温(0 ℃以下)固化,故可现场施工也可工厂化涂饰。聚氨酯漆装饰效果好,漆膜坚硬,韧性高,附着力强,涂膜强度高,高度耐磨,具有优良的耐溶性和耐腐蚀性。其缺点是含有游离异氰酸酯(TDl),污染环境,遇水或潮气时易胶凝起泡,保色性差,遇紫外线照射易分解,漆膜泛黄。

聚氨酯漆广泛用于竹地板、木地板、船甲板的涂饰。

第三节　建筑装饰用板材

板材通常是指做成标准大小的扁平矩形建筑材料板(如木板、胶合板、金属板、混凝土板、塑料板),作墙壁、天花板或地板的构件。

板材按材质可分为天然板材、金属板材、人造板材三大类;按成型可分为实心板、夹板、纤维板、装饰面板、防火板等。

一、天然板材

1. 实木板

顾名思义,实木板就是采用完整的木材制成的木板材。这些板材坚固耐用、纹路自然,是装修中的优中之选。但由于此类板材造价高,而且施工工艺要求高,在装修中使用反而并不多。实木板一般按照板材实质名称分类,没有统一的标准规格。目前除了地板和门扇会使用实木板外,一般所使用的板材都是人工加工出来的人造板。

2. 天然大理石板

建筑装饰工程上所指的大理石是广义的,除指大理岩外,还泛指具有装饰功能,可以磨平、抛光的各种碳酸盐岩和与其有关的变质岩,如石灰岩、白云岩、钙质砂岩等。其主要成分为碳酸盐矿物。大理石质地较密实、抗压强度较高、吸水率低、质地较软,属碱性中硬石材。天然大理石易加工、开光性好,常被制成抛光板材,其色调丰富、材质细腻,极富装饰性。

天然大理石板材是装饰工程的常用饰面材料，一般用于宾馆、展览馆、剧院、商场、图书馆、机场、车站等工程的室内墙面、柱面、服务台、栏板、电梯间门口等部位。由于其耐磨性相对较差，虽也可用于室内地面，但不宜用于人流较多场所的地面。大理石由于耐酸腐蚀能力较差，除个别品种外，一般只适用于室内。

3. 天然花岗石板材

建筑用天然花岗石板材是由天然花岗岩加工成板材、块材用于建筑装饰工程中。花岗岩是典型的火成岩，是全晶质岩石，其主要成分是石英、长石和少量的暗色矿物和云母。按结晶颗粒大小，分为细粒、中粒和斑状等。颜色呈灰色、黄色、蔷薇色等。优质花岗岩石英含量多（20％～40％），云母含量少，晶粒细而匀，结构紧密，不含其他杂质，抛光后光泽明亮，不易风化，色调鲜明，花色丰富，庄重大方。

花岗岩比大理石密度大，孔隙率、吸水率极低，材质硬度高，其耐磨、耐久、耐腐蚀性能均优于其他石材。经抛光后，花岗石可作为室内外地面、墙面、踏步、柱石、勒脚等处首选装饰材料。

二、人造板材

1. 人造饰面石材

人造饰面石材是采用无机或有机胶凝材料作为胶粘剂，以天然砂、碎石、石粉或工业渣等为粗、细填充料，经成型、固化、表面处理而成的一种人造材料。它一般具有质量小、强度大、厚度小、色泽鲜艳、花色繁多、装饰性好、耐腐蚀、耐污染、便于施工、价格较低的特点。按照所用材料和制造工艺的不同，可把人造饰面石材分为水泥型人造石材、聚酯型人造石材、复合型人造石材、烧结型人造石材和微晶玻璃型人造石材几类。其中，聚酯型人造石材和微晶玻璃型人造石材是目前应用较多的品种。

（1）聚酯型人造石材。聚酯型人造石材是以不饱和聚酯为胶凝材料，配以天然大理石、花岗石、石英砂或氢氧化铝等无机粉状、粒状填料，经配料、搅拌、浇筑成型的块材。在固化剂、催化剂作用下发生固化，再经脱模、抛光等工序制成的人造石材。

聚酯型人造石材的特性是光泽度好、质地高雅、强度较高、耐水、耐污染、花色可设计性强。其缺点是耐刻划性较差，且填料级配若不合理，则产品易翘曲变形。聚酯型人造石材可用于室内外墙面、柱面、楼梯面板、服务台面等部位的装饰装修。

（2）微晶玻璃型人造石材。微晶玻璃型人造石材又称微晶板、微晶石，是由矿物粉料高温熔烧而成的，是由玻璃相和结晶相构成的复相人造石材。

微晶玻璃型人造石材具有大理石的柔和光泽、色差小、颜色多、装饰效果好、强度高、硬度高、吸水率极低、耐磨、抗冻、耐污、耐风化、耐酸碱、耐腐蚀、热稳定性好。其可分为优等品（A）、合格品（B）两个等级。其适用于室内外墙面、地面、柱面、台面。

（3）水泥型人造石材。以各种水泥为胶结料，与砂和大理石或花岗岩碎粒等集料经过配料、搅拌、成型、养护、磨光、抛光等工序制成。水泥胶结剂除硅酸盐水泥外，也有用铝酸盐水泥，如果采用铝酸盐水泥和表面光洁的模板，则制成的人造石材表面无须抛光即可有较高的光泽度，这是由于铝酸盐水泥的主要矿物 CA（CaO·Al$_2$O$_3$）水化后生成大量的氢氧化铝凝胶，与光滑的模板相接触，形成致密结构而具有光泽。

这类人造石材的耐腐蚀性较差，且表面容易出现微小龟裂和泛霜，不宜用作卫生洁具，也不宜用于外墙装饰。

(4)复合型人造石材。这类人造石材所用的胶结料中,既有有机聚合物树脂,又有无机水泥,其制作工艺可以采用浸渍法,即将无机材料(如水泥砂浆)成型的坯体浸渍在有机单体中,然后使单体聚合。对于板材,基层一般用性能稳定的水泥砂浆,面层用树脂和大理石碎粒或粉末调制的浆体制成。

(5)烧结型人造石材。烧结型人造石材的生产工艺类似于陶瓷,是把高岭土、石英斜长石等混合配料制成泥浆,成型后经 1 000 ℃左右的高温焙烧而成的。

2. 夹板

夹板也称为胶合板,行内俗称为细芯板。

胶合板是由木段旋切成单板或由木方刨切成薄木,再用胶粘剂胶合而成的三层或多层的板状材料。胶合板以木材为主要原料生产的,由于其结构的合理性和生产过程中的精细加工,可大体上克服木材的缺陷,大大改善和提高木材的物理力学性能,胶合板生产是充分合理地利用木材、改善木材性能的一个重要方法。

3. 细木工板

细木工板俗称为大芯板。大芯板是由两片单板中间粘压拼接木板而成的。大芯板的价格比细芯板便宜,其竖向(以芯材走向区分)抗弯压强度差,但横向抗弯压强度较高。

4. 刨花板

刨花板是以木材碎料为主要原料,再渗加胶水、添加剂经压制而成的薄型板材。此类板材的主要优点是价格极其便宜。其缺点也很明显,如强度极差。一般不适宜制作较大型或者有力学要求的家私。

5. 密度板

密度板也称为纤维板,其是以木质纤维或其他植物纤维为原料,施加脲醛树脂或其他适用的胶粘剂制成的人造板材,按其密度的不同,分为高密度板、中密度板、低密度板。密度板由于质软耐冲击,也容易再加工。在国外,密度板是制作家私的一种良好材料,但由于国家关于密度板的标准比国际的标准低数倍,所以,密度板在我国的使用质量还有待提高。

6. 防火板

防火板是采用硅质材料或钙质材料为主要原料,与一定比例的纤维材料、轻质集料、黏合剂和化学添加剂混合,经蒸压技术制成的装饰板材,是目前越来越多使用的一种新型材料,其使用不仅仅是因为防火的因素。防火板的施工对于粘贴胶水的要求比较高,质量较好的防火板价格比装饰面板要贵。防火板的厚度一般为 0.8 mm、1.0 mm 和 1.2 mm。

7. 三聚氰胺板

三聚氰胺板全称是三聚氰胺浸渍胶膜纸饰面人造板,是一种墙面装饰材料。其制造过程是将带有不同颜色或纹理的纸放入三聚氰胺树脂胶粘剂中浸泡,然后干燥到一定固化程度,将其铺装在刨花板、中密度纤维板或硬质纤维板表面,经热压而成的装饰板。

8. 铝塑板

铝塑板由面板、核心、底板三部分组成。面板 0.2 mm 铝片上,以聚酯作双重涂层结构经烤铜程序而成;核心是 2.6 mm 无毒、低密度聚乙烯材料;底板同样是涂透明保护光漆的 0.2 mm 铝片。金属材料与高分子材料的热压复合,使铝塑板具有高强度、隔声、隔热、易成型、豪华美观等诸多特性,因此它也成为装饰建材的新潮流。

第四节　建筑玻璃

建筑玻璃是以石英砂、纯碱、石灰石、长石等为主要原料，经 1 550 ℃~1 600 ℃高温熔融、成型、冷却并裁割而得到的有透光性的固体材料，其主要成分是二氧化硅(含量72％左右)和钙、钠、钾、镁的氧化物。其成型方法有引上法和浮法。引上法成型是通过引上设备使熔融的玻璃液被垂直向上提拉，经急冷后切割而成。它的优点是工艺比较简单，缺点是玻璃厚度不易控制，并易产生玻筋、玻纹等，使透过的影像产生歪曲变形。浮法成型是将熔融的玻璃液流入盛有熔锡的锡槽炉，使其在干净的锡液表面自由摊平，逐渐降温、退火而成。浮法生产的玻璃表面十分平整、光洁，且无玻璃玻纹，光学性能优良。

浮法已成为当今社会衡量一个国家生产平板玻璃技术水平高低的重要标志。现在国内普遍流行浮法生产玻璃。浮法玻璃的生产过程如图 13-1 所示。

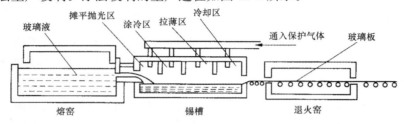

图 13-1　浮法玻璃的生产过程

玻璃的种类很多，建筑中常用的玻璃有平板玻璃、浮法玻璃、磨光玻璃、磨砂玻璃、压花玻璃、彩色玻璃、钢化玻璃等。

一、玻璃的技术性质

(1)透明性好。普通清洁玻璃的透光率达82％以上。

(2)热稳定性差。玻璃受急冷、急热时易破裂。

(3)脆性大。玻璃为典型的脆性材料，在冲击力作用下易破碎。

(4)化学稳定性好。其抗盐和酸侵蚀的能力强。

(5)表观密度较大，为 2 450~2 550 kg/m³。

(6)导热系数较大，为 0.75 W/(m・K)。

二、常用的建筑玻璃

1. 普通平板玻璃

国家标准规定，引拉法玻璃按厚度分为 2 mm、3 mm、4 mm、5 mm 四类；浮法玻璃按厚度分为 3 mm、4 mm、5 mm、6 mm、8 mm、10 mm、12 mm 七类，并要求单片玻璃的厚度差不大于 0.3 mm。标准规定，普通平板玻璃的尺寸不小于 600 mm×400 mm；浮法玻璃尺寸不小于 1 000 mm×1 200 mm 且不大于 2 500 mm×3 000 mm。目前，我国生产的浮法玻璃原板宽度可达 2.4~4.6 m，可以满足特殊使用要求。由引拉法生产的平板玻璃分为特等品、一等品和二等品三个等级，浮法玻璃分为优等品、一级品与合格品三个等级。平板玻璃的用途有两个方面：3～5 mm 的平板玻璃一般直接用于门窗的采光，8～12 mm 的平板玻璃可用于隔断。平板玻璃另外的一个重要用途是作为钢化、夹层、镀膜、中空等深加工玻璃的原片。

2. 特种玻璃

(1)磨光玻璃。磨光玻璃是把平板玻璃经表面磨平抛光而成，分单面磨光和双面磨光两种，厚度一般为 5 mm 和 6 mm。其特点是表面非常平整，物像透过后不变形，且透光率高（大于 84%），用于高级建筑物的门窗或橱窗。

(2)钢化玻璃。钢化玻璃是将平板玻璃加热到一定温度后迅速冷却(淬火)而制成的。其特点是机械强度比平板玻璃高 4～6 倍，6 mm 厚的钢化玻璃抗弯强度达 125 MPa，且耐冲击、安全、破碎时碎片小且无锐角，不易伤人，故又名安全玻璃，能耐急热急冷，耐一般酸碱，透光率大于 82%。其主要用于高层建筑门窗、车间天窗及高温车间等处。

(3)压花玻璃。压花玻璃是将熔融的玻璃液在快冷中通过带图案花纹的辊轴辊压而成的制品，又称为花纹玻璃，一般规格为 800 mm×700 mm×3 mm。

压花玻璃具有透光不透视的特点，这是由于其表面凹凸不平，当光线通过时即产生漫射，因此从玻璃的一面看另一面的物体时，物像显得模糊不清。另外，压花玻璃因其表面有各种图案花纹，所以又具有一定的艺术装饰效果。

(4)磨砂玻璃。磨砂玻璃又称为毛玻璃，它是将平板玻璃经氢氟酸溶蚀等方法处理成均匀毛面而成。其特点是透光不透视，光线不刺目且呈漫反射，常用于无须透视的门窗，如卫生间、浴厕、走廊等，也可用作黑板的板面。

(5)有色玻璃。有色玻璃是在原料中加入各种金属氧化物作为着色剂而制得带有红、绿、黄、蓝、紫等颜色的透明玻璃。将各色玻璃按设计的图案划分后，用铅条或黄铜条拼装成瑰丽的橱窗，装饰效果很好，宾馆、剧院、厅堂等经常采用。

有时在玻璃原料中加入乳浊剂(萤石等)可制得乳浊有色玻璃，白色的称为乳白玻璃，这类玻璃透光而不透视，具有独特的装饰效果。

(6)热反射玻璃。热反射玻璃又叫作镀膜玻璃，分复合和普通透明两种，具有良好的遮光性和隔热性能。由于这种玻璃表面涂敷金属或金属氧化物薄膜，有的透光率是 45%～65%(对于可见光)，有的甚至可在 20%～80% 变动，透光率低，可以达到遮光及降低室内温度的目的，但这种玻璃和普通玻璃一样是透明的。

(7)防火玻璃。防火玻璃是由两层或两层以上的平板玻璃间含有透明不燃胶粘层而制成的一种夹层玻璃。在火灾发生初期，防火玻璃仍是透明的，人们可以通过玻璃看到火焰，判断起火部位和火灾危险程度。随着火势的蔓延扩大，室内温度增高，夹层受热膨胀发泡，逐渐由透明物质转变为不透明的多孔物质，形成很厚的防火隔热层，起到防火隔热保护作用。这种玻璃具有优良防火隔热性能，有一定的抗冲击强度。

(8)釉面玻璃。釉面玻璃是在玻璃表面涂敷一层易熔性色釉，然后加热到彩釉的熔融温度，使釉层与玻璃牢固地结合在一起，经过热处理制成的装饰材料。所采用的玻璃基体可以是普通平板玻璃，也可以是磨光玻璃或玻璃砖等。如果用上述方法制成的釉面玻璃再经过退火处理，则可进行加工，如同普通玻璃一样，具有可切裁的可加工性。

釉面玻璃的特点是：图案精美，不退色，不掉色，易于清洗，可按用户的要求或艺术设计图案制作。釉面玻璃具有良好的化学稳定性和装饰性，广泛用于室内饰面层、一般建筑物门厅和楼梯间的饰面层及建筑物外饰面层。

(9)水晶玻璃。水晶玻璃也称为石英玻璃。这种玻璃制品是高级立面装饰材料。水晶玻璃中的玻璃珠是在耐火模具中制成的。其主要增强剂是二氧化硅,具有很高的强度,表面光滑,耐腐蚀,化学稳定性好。水晶玻璃饰面板具有许多花色品种,其装饰性和耐久性均能令人满意。水晶玻璃的一个表面可以是粗糙的,这样更便于与水泥等黏结材料结合,其镶贴工艺性较好。

(10)玻璃空心砖。玻璃空心砖一般是由两块压铸成的凹形玻璃经熔接或胶结成整块的空心砖。砖面可为光平,也可在内、外面压铸各种花纹。砖的腔内可为空气,也可填充玻璃棉等。砖形有方形、长方形、圆形等。玻璃砖具有一系列优良性能,绝热、隔声,透光率达80%,光线柔和优美。砌筑方法基本上与普通砖相同。

(11)玻璃锦砖。玻璃锦砖也叫作玻璃马赛克。它与陶瓷锦砖在外形和使用方法上有相似之处,但它是乳浊状半透明玻璃质材料,大小一般为 20 mm×20 mm×4 mm,背面略凹,四周侧边呈斜面,有利于与基面黏结牢固。玻璃锦砖颜色绚丽、色泽众多、历久常新,是一种很好的外墙装饰材料。

三、玻璃的标志、包装、运输、储存

玻璃应用木箱或集装箱(架)包装,箱(架)应便于装卸、运输。每箱(架)的包装数量应与箱(架)的强度相适应。一箱(架)应装同一厚度、尺寸、级别的玻璃,玻璃之间应采用防护措施。包装箱(架)应附有合格证,标明生产厂家或商标、玻璃级别、尺寸、厚度、数量、生产日期、本标准号和轻搬正放、易碎、防雨怕湿的标志或字样。

运输时应防止箱(架)倾倒滑动。在运输和装卸时需有防雨措施。玻璃应按品种、规格、等级分别储存于通风、干燥的仓库内。不应露天堆放,以免受潮发霉,也不能与潮湿物料或石灰、水泥、酸、碱、盐、酒精、油脂等挥发性物品放在一起。玻璃淋雨后应立即擦干,否则受日光直接暴晒易引起破碎。

玻璃堆放时应将箱盖向上立放,不能斜放或平放,不得受重压和碰撞。堆放不宜过高,2~3 mm 厚的玻璃可堆 2~4 层,大尺寸和厚玻璃只能堆 1 或 2 层,堆垛下需要垫木,使箱底高于地面 10~30 cm 以便通风。堆垛间要留通道,以便查点和搬运。堆垛木箱需要木条连接钉牢,以防倾斜。

玻璃在储存中应定期检查,如发现发霉、破损等情况,应及时处理。如发现玻璃已发霉,可用盐酸、酒精或煤油涂抹有霉部位,停放约 10 h 后用干布擦拭,即可恢复明亮。发霉严重的地方如用丙酮擦拭,则效果更好。发霉的玻璃有时会粘在一起,置于温水中即可分开,再擦拭存放。

第五节　建筑陶瓷

建筑陶瓷通常是指以黏土为主要原料,经原料处理、成型、焙烧制得的成品,统称为陶瓷制品,属于无机非金属材料。陶瓷可分为陶和瓷两大部分,介于陶和瓷之间的一类产品称为炻,也称为半瓷或石胎瓷。瓷、陶和炻通常又按其细密性、均匀性各分为精、粗两类。建筑陶瓷主要是指用于建筑内外饰面的干压陶瓷砖和陶瓷卫生洁具,其按材质主要属于陶和炻。

干压陶瓷砖按材质可分为瓷质砖(吸水率≤0.5%)、炻瓷砖(0.5%<吸水率≤3%)、细

炻砖(3%＜吸水率≤6%)、炻质砖(6%＜吸水率≤10%)、陶质砖(吸水率＞10%)。按应用特性可分为釉面内墙砖、陶瓷墙地砖和陶瓷锦砖。

一、釉面内墙砖

陶质砖可分为有釉陶质砖(釉面内墙砖)和无釉陶质砖两种。其中，以有釉陶质砖应用最为普遍，过去也称为瓷片，属于薄形陶质制品(吸水率＞10%，但不大于21%)。釉面内墙砖采用瓷土或耐火黏土低温烧成，坯体是白色或浅褐色，表面施透明釉、乳浊釉或各种色彩釉及装饰釉。

釉面内墙砖按形状可分为通用砖(正方形、矩形)和配件砖，如图13-2和图13-3所示。

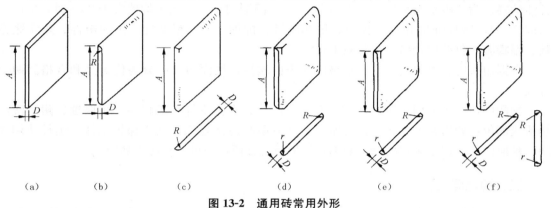

图 13-2　通用砖常用外形

(a)平边；(b)平边一边圆；(c)平边二边圆；(d)小圆边；(e)小圆边一边圆；(f)小圆边二边圆

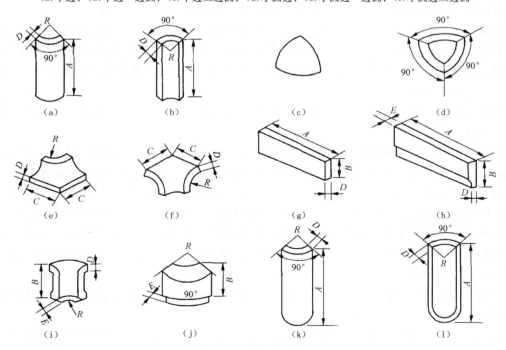

图 13-3　常用釉面砖异形配件砖

(a)阳角条；(b)阴角条；(c)阳三角；(d)阴三角；(e)阳角座；(f)阴角座；(g)腰线砖；
(h)压顶条；(i)压顶阴角；(j)压顶阳角；(k)阳角条(端圆)；(l)阴角条(端圆)

釉面内墙砖按图案和施釉特点，可分为白色釉面砖、彩色釉面砖、图案砖、色釉砖等。

釉面内墙砖具有强度高、表面光亮、防潮、易清洗、耐腐蚀、变形小、抗急冷急热、表面细腻、色彩和图案丰富、风格典雅、极富装饰性等特点。

【小提示】 釉面内墙砖是多孔陶质坯体，在长期与空气接触的过程中，特别是在潮湿的环境中使用，坯体会吸收水分，产生吸湿膨胀现象，但其表面釉层的吸湿膨胀性很小，与坯体结合得很牢固，所以当坯体吸湿膨胀时会使釉面处于张拉应力状态，超过其抗拉强度时，釉面就会发生开裂，尤其是用于室外，经长期冻融，会出现表面分层脱落、掉皮现象。所以，釉面内墙砖只能用于室内，不能用于室外。

釉面内墙砖的技术要求包括尺寸偏差、表面质量、物理性能、化学性能。其中，物理性能的要求为：吸水率平均值大于 10%（单个值不小于 9%，当平均值大于 20% 时，生产厂家应说明），破坏强度和断裂模数、抗热震性、抗釉裂性、耐磨性、抗冲击性、热膨胀系数、湿膨胀、色差应合格或检验后报告结果。

根据边直度、直角度、表面平整度和表面质量，釉面内墙砖分为优等品和合格品两个等级。

釉面内墙砖主要用于民用住宅、宾馆、医院、实验室等要求耐污、耐腐蚀、耐清洗的场所或部位，如浴室、厕所、盥洗室等，既有明亮清洁之感，又可保护基体，延长使用年限。釉面内墙砖用于厨房的墙面装饰，不但清洗方便，还可兼有防火功能。

二、陶瓷墙地砖

陶瓷墙地砖为陶瓷外墙面砖和室内外陶瓷铺地砖的统称。由于目前陶瓷生产原料和工艺的不断改进，这类砖在材质上可满足墙地两用，故统称为陶瓷墙地砖。

陶瓷墙地砖以陶土质黏土为原料，经压制成型再高温（1 100 ℃左右）焙烧而成，坯体带色。根据表面施釉与否，分为彩色釉面陶瓷墙地砖、无釉陶瓷墙地砖和无釉陶瓷地砖，前两类属于炻质砖，后一类属于细炻类陶瓷砖。炻质砖的平面形状分正方形和长方形两种，其中长宽比大于 3 的通常称为条砖。

陶瓷墙地砖具有强度高、致密坚实、耐磨、吸水率小（<10%）、抗冻、耐污染、易清洗、耐腐蚀、耐急冷急热、经久耐用等特点。

炻质砖的技术要求包括尺寸偏差、表面质量、物理性能与化学性能。其中，物理性能与化学性能的要求为：吸水率的平均值大于 6% 且不大于 21%，破坏强度和断裂模数、抗热震性、抗釉裂性、抗冻性、耐磨性、抗冲击性、线性热膨胀系数、湿膨胀、小色差、地砖的摩擦系数、耐化学腐蚀性、耐污染性、铅和镉的溶出应合格或检验后报告结果。

无釉细炻砖的技术性能包括尺寸偏差、表面质量、物理性能、化学性能。其中，物理性能中的吸水率平均值为大于 3% 且不大于 6%，单个值不大于 6.5%；其他物理和化学性能技术要求项目同炻质砖。

炻质砖和无釉细炻砖按产品的边直度、直角度、表面平整度和表面质量分为优等品和合格品两个等级。

炻质砖广泛应用于各类建筑物的外墙和柱的饰面及地面装饰，一般用于装饰等级要求较高的工程。用于不同部位的墙地砖应考虑其特殊的要求，如用于铺地时应考虑彩色釉面墙地砖的耐磨类别，用于寒冷地区的应选用吸水率尽可能小、抗冻性能好的墙地砖。无釉细炻砖适用于商场、宾馆、饭店、游乐场、会议厅、展览馆的室内外地面。各种防滑无釉细炻砖也广泛用于民用住宅的室外平台、浴厕等地面装饰。

【小提示】 墙地砖的品种创新很快，劈离砖、麻面砖、渗花砖、玻化砖、大幅面幕墙瓷板等都是常见的陶瓷墙地砖的新品种。

三、陶瓷锦砖

陶瓷锦砖俗称马赛克，是以优质瓷土为主要原料，经压制烧成的小瓷砖，表面一般不上釉。通常将不同颜色和形状的小块瓷片铺贴在牛皮纸上形成色彩丰富、图案繁多的装饰砖成联使用。马赛克主要分为玻璃马赛克（原材料为玻璃）和陶瓷马赛克两种，主要用于装饰墙面。

陶瓷锦砖质地坚实、经久耐用，色彩图案多样，耐酸、耐碱、耐火、耐磨、吸水率小，不渗水、易清洗、热稳定性好。

第六节　壁纸与墙布

壁纸、墙布以其独特的质地和装饰效果，成为墙面装饰的重要方法。

一、塑料壁纸

塑料壁纸是以一定的材料为基材，表面进行涂塑后，再经过压延、涂布以及印刷、轧花、发泡等工艺而制成的一种墙面装饰材料。塑料壁纸是目前国内外使用广泛的一种室内墙面装饰材料，也可用于顶棚、梁柱等处的贴面装饰。

1. 塑料壁纸的特点

塑料壁纸与传统的织物纤维壁纸相比，具有以下优点：

（1）装饰效果好。由于塑料壁纸表面可进行印花、压花发泡处理，能仿天然石材、木纹及锦缎，可印制适合各种环境的花纹图案，色彩也可任意调配，做到自然流畅、清淡高雅。

（2）性能优越。根据需要可加工成具有难燃、隔热、吸声、防霉性且不易结露、不怕水洗、不易受机械损伤的产品。

（3）粘贴方便。塑料壁纸的湿纸状态强度仍较好，耐拉耐拽，易于粘贴，且透气性能好，可在尚未完全干燥的墙面上粘贴，而不致起鼓、剥落，施工简单，陈旧后易于更换。

（4）使用寿命长，易维修保养。表面可清洗，对酸碱有较强的抵抗能力，易于保持墙面的清洁。

2. 常用塑料壁纸的种类

塑料壁纸大致可分为三大类：普通塑料壁纸、发泡塑料壁纸和特种塑料壁纸。每种塑料壁纸又有 3 个或 4 个品种，有几十种乃至上百种花色。

（1）普通塑料壁纸。普通塑料壁纸是以 80 g/cm² 的纸作基材，涂以 100 g/cm² 左右的聚氯乙烯糊状树脂，经印花、压花等工序制成的。它又包括以下几种：

1）单色压花墙纸。这种墙纸是经凸版轮转热轧花机加工而成的，可制成仿丝绸、织锦缎等多种花色。

2）印花、压花墙纸。这种墙纸是经多套色凹版轮转印刷机印花后再轧花而成的，可印有各种色彩图案并压有布纹、隐条凹凸花纹等双重花纹，故又称为艺术装饰墙纸。

3)有光印花墙纸和平光印花墙纸。有光印花墙纸是在抛光辊轧的面上印花，其表面光洁明亮；平光印花墙纸是在消光辊轧平的面上印花，表面平整柔和，以满足用户的不同需求。

（2）发泡塑料壁纸。发泡塑料壁纸是以 $100 \ g/cm^2$ 纸为基材，涂塑上 $300\sim400 \ g/cm^2$ 掺有发泡剂的聚氯乙烯糊状料，经印花后，再加热发泡而成的。这类墙纸有高发泡印花、低发泡印花、低发泡印花压花等品种。高发泡印花墙纸发泡较大，表面富有弹性的凹凸花纹，是一种装饰、吸声多功能墙纸，常用于影剧院和住房天花板等装饰。低发泡印花墙纸是在发泡平面印有图案的品种。低发泡印花压花墙纸采用化学压花的方法，即用有不同抑制发泡作用的油墨印花后再发泡，使表面形成具有不同色彩的凹凸花纹图案，所以也叫作化学浮雕。该品种还有仿木纹、拼花、仿瓷砖等花色，图样逼真，立体感强，装饰效果好，并有弹性，适用于室内墙裙、客厅和内走廊的装饰。

（3）特种塑料壁纸。特种墙纸品种也很多，常用的有耐水墙纸、防火墙纸、彩色砂粒墙纸、风景壁画墙纸等。耐水墙纸是用玻璃纤维毡为基材，以适应卫生间、浴室等墙面的装饰。防火墙纸是用 $100\sim200 \ g/cm^2$ 的石棉纸为基材，并在聚氯乙烯涂塑材料中掺加阻燃剂，使其具有一定的阻燃、防火性能，适用于防火要求较高的建筑和木板面装饰。表面彩色砂粒墙纸是在基材上撒布彩色砂粒，再喷涂黏结剂，使表面具有砂粒毛面，一般用作门厅、柱头、走廊等局部装饰。

3. 塑料壁纸的规格及技术要求

（1）塑料壁纸的规格。目前，塑料壁纸的规格有以下几种：

1)窄幅小卷：幅宽 $530\sim600 \ mm$，长 $10\sim12 \ m$，每卷 $5\sim6 \ m^2$。

2)中幅中卷：幅宽 $760\sim900 \ mm$，长 $25\sim50 \ m$，每卷 $25\sim45 \ m^2$。

3)宽幅大卷：幅宽 $920\sim1\ 200 \ mm$，长 $50 \ m$，每卷 $46\sim50 \ m^2$。

小卷墙用壁纸施工方便，选购数量和花色都比较灵活，最适合民用，家庭可自行粘贴。中卷、大卷墙用壁纸粘贴时施工效率高，接缝少，适合专业人员施工。

（2）塑料壁纸的技术要求。塑料壁纸的技术要求按我国企业标准主要有以下几个方面：

1)外观。塑料壁纸的外观是影响装饰效果的主要项目，一般不允许有色差、折印和明显的污点，不允许有漏印，压花墙纸压花应达到规定深度，不允许有光面。

2)退色性试验。将壁纸试样在老化试验机内经碳棒光照 $20 \ h$ 后不应有退色和变色现象。

3)耐摩擦性。将壁纸用干的白布在摩擦机上干磨 25 次，用湿的白布湿磨 2 次后不应有明显的掉色，即白色布上不应沾色。

4)湿强度。将壁纸放入水中浸泡 $5 \ min$ 后即取出用滤纸吸干，测定其抗拉强度应大于 $2.0 \ N/15 \ mm$。

5)可擦性。可擦性指粘贴壁纸的黏合剂可用湿布或海绵擦去而不留下明显痕迹的性能。

6)施工性。将壁纸按要求用聚醋酸乙烯乳液和淀粉混合(7：3)的胶粘剂贴在硬木板上，经过 $2 \ h$、$4 \ h$、$24 \ h$ 后观察不应有剥落现象。

二、织物壁纸

织物壁纸主要有纸基织物壁纸和麻草壁纸两种。

1. 纸基织物壁纸

纸基织物壁纸是以棉、麻、毛等天然纤维制成各种色泽、花色和粗细不一的纺线，经特殊工艺处理和巧妙的艺术编排，黏合于纸基上而制成的。这种壁纸面层的艺术效果主要是通过各色纺线的排列来达到，有的用纺线排出各种花纹，有的有荧光，有的线中央有金、银丝，使壁纸呈现金光点点，同时还可压制成浮雕绒面图案。

纸基织物壁纸的特点是色彩柔和幽雅，墙面立体感强，吸声效果好，耐日晒，不退色，无毒无害，无静电，不反光，且具有透气性，能调节室内湿度。其适用于宾馆、饭店、办公楼、会议室、接待室、疗养院、计算机房、广播室及家庭卧室等室内墙面装饰。

2. 麻草壁纸

麻草壁纸是以纸为基底，以编织的麻草为面层，经复合加工而制成的墙画装饰材料。麻草壁纸具有吸声、阻燃、散潮气、不吸尘、不变形等特点，并具有自然、古朴、粗犷的大自然之美。其适用于会议室、接待室、影剧院、酒吧、舞厅以及饭店、宾馆的客房等的墙壁贴面装饰，也可用于商店的橱窗设计。

三、玻璃纤维印花贴墙布

玻璃纤维印花贴墙布是以中碱玻璃纤维布为基料，表面涂以耐磨树脂，印上彩色图案而成的。其特点是：玻璃布本身具有布纹质感，经套色印花后，装饰效果好，且色彩鲜艳，花色多样，室内使用不退色、不老化，防水、耐湿性强，便于清洗，价格低廉，施工简单，粘贴方便。玻璃纤维印花贴墙布适用于宾馆、饭店、工厂净化车间、民用住宅等室内墙面装饰，尤其适用于室内卫生间、浴室等墙面的装贴。

玻璃纤维印花贴墙布在使用中应防止硬物与墙面发生摩擦，否则，表面树脂涂层磨损后会散落出玻璃纤维，损坏墙布。另外，在运输和储存过程中应横向放置、放平，切勿立放，以免损伤两侧布边。当墙布有污染和油迹时，可用肥皂水清洗，切勿用碱水清洗。

四、无纺贴墙布

无纺贴墙布是采用棉、麻等天然纤维或涤、腈等合成纤维，经过无纺成型、上树脂、印刷彩色花纹等工序而制成的。

无纺贴墙布的特点是：挺括，富有弹性、不易折断，纤维不老化、不散失，对皮肤无刺激作用，墙布色彩鲜艳、图案雅致，具有一定的透气性和防潮性，可擦洗而不褪色，粘贴施工方便。无纺贴墙布适用于各种建筑物的室内墙面装饰，尤其是涤纶无纺贴墙布，除具有麻质无纺贴墙布的所有性能外，还具有质地细洁、光滑等特点，特别适用于高级宾馆、住宅。

五、化纤装饰贴墙布

化纤装饰贴墙布是以化学纤维织成的布（单纶或多纶）为基材，经一定处理后印花而成的。所谓多纶，是指多种化纤与棉纱混纺织成的贴墙布。常用的化学纤维有黏胶纤维、醋酸纤维、丙纶、腈纶、锦纶、涤纶等。

化纤装饰贴墙布具有无毒、无味、透气、防潮、耐磨、不分层等特点，适用于宾馆、饭店、办公室、会议室及民用住宅的内墙面装饰。

六、棉纺装饰墙布

棉纺装饰墙布是以纯棉平布为基材经过处理、印花、涂布耐磨树脂等工序制作而成的。这种墙布的特点是：强度大，静电小，蠕变性小，无光，吸声，无毒，无味，对施工人员和用户均无害，花形色泽美观大方。棉纺装饰墙布适用于宾馆、饭店及其他公共建筑、高级的民用住宅建筑中的内墙装饰，适用于水泥砂浆墙面、混凝土墙面、白灰墙面以及石膏板、纤维板、石棉水泥板等墙面基层的粘贴或浮挂。

七、高级墙面装饰织物

高级墙面装饰织物是指锦缎、丝绒、呢料等织物，这些织物由于纤维材料、制造方法以及处理工艺不同，所产生的质感和装饰效果也就不同，但均能给人们以极美的感受。

锦缎也称织锦缎，由于丝织品的质感与丝光效应，其显得绚丽多彩、高雅华贵，具有很好的装饰效果，常被用于高档室内墙面的浮挂装饰，也可用于室内高级墙面的裱糊。但其价格昂贵、柔软易变形、施工难度大、不能擦洗、不耐脏、不耐光、易留下水渍的痕迹、易发霉，故其应用受到了很大的限制。

丝绒色彩华丽，质感厚实温暖，格调高雅，主要用于高级建筑室内窗帘、柔隔断或浮挂，可营造出富贵、豪华的氛围。

粗毛呢料、纺毛化纤织物、麻类织物质感粗实厚重，具有温暖感，吸声性能好，还能从纹理上显示出厚实、古朴等特色，适用于高级宾馆等公共厅堂柱面的裱糊装饰。

📁➤ 本章小结

(1)按化学成分的不同，建筑装饰材料可分为金属材料(如不锈钢、铝合金、铜等)、非金属材料(如天然饰面石材、陶瓷、木材等)和复合材料(如装饰砂浆、胶合板、塑钢复合门窗等)三大类。按装饰部位的不同，建筑装饰材料可分为外墙装饰材料、内墙装饰材料、地面装饰材料和顶棚装饰材料四大类。

(2)涂敷于物体表面能与基体材料很好黏结并形成完整而坚韧保护膜的材料称为涂料。建筑涂料是专指用于建筑物内、外表装饰的涂料，其同时还可对建筑物起到一定的保护作用和某些特殊功能作用。涂料由主要成膜物质、次要成膜物质、辅助成膜物质构成。

(3)内墙涂料可分为乳液型内墙涂料、水溶性内墙涂料和其他类型内墙涂料。外墙涂料有溶剂型外墙涂料、乳液型外墙涂料、水溶性外墙涂料和其他类型外墙涂料。地面涂料包括溶剂型地面涂料、乳液型地面涂料和合成树脂厚质地面涂料。传统的木器涂料品种有清油、清漆、调和漆、磁漆等，新型木器涂料有聚酯树脂漆、聚氨酯漆等。

(4)板材按材质可分为天然板材、金属板材、人造板材三大类；按成型可分为实心板、夹板、纤维板、装饰面板、防火板等。

(5)建筑玻璃是以石英砂、纯碱、石灰石、长石等为主要原料，经 1 550 ℃～1 600 ℃高温熔融、成型、冷却并裁割而得到的有透光性的固体材料，其主要成分是二氧化硅(含量72%左右)和钙、钠、钾、镁的氧化物。其成型方法有引上法和浮法。

(6)建筑陶瓷通常是指以黏土为主要原料，经原料处理、成型、焙烧制得的成品，统称为陶瓷制品,属于无机非金属材料。陶瓷可分为陶和瓷两大部分,介于陶和瓷之间的一类产品称为炻,也称为半瓷或石胎瓷。

(7)壁纸、墙布以其独特的质地和装饰效果,成为墙面装饰的重要方法。

思考与练习

1. 叙述建筑装饰材料的分类。
2. 室内外建筑装饰材料的功能主要表现在哪些方面?选用时要考虑哪些因素?
3. 常用的板材有哪些?它们的主要用途是什么?
4. 何谓花岗石?有何特点?有何主要用途?
5. 何谓大理石?有何特点?为什么大理石饰面板不宜用于室外?
6. 何谓建筑陶瓷?建筑陶瓷常用的品种有哪些?
7. 釉面内墙砖为什么不能用于室外?
8. 玻璃在建筑工程中有何用途?有哪些类别?
9. 普通平板玻璃的厚度有哪几种?
10. 何谓装饰玻璃?主要有哪些种类?
11. 壁纸的种类有哪些?
12. 塑料壁纸与塑料墙布有何区别?
13. 建筑装饰涂料有哪些组成成分?如何分类?
14. 常用的内墙装饰涂料有哪些?
15. 常用的外墙涂料有哪些?

参 考 文 献

[1] 王立久. 建筑材料学[M]. 2 版. 北京：中国水利水电出版社，2008.

[2] 高琼英. 建筑材料[M]. 武汉：武汉理工大学出版社，2006.

[3] 蔡丽朋. 建筑材料[M]. 2 版. 北京：化学工业出版社，2010.

[4] 林祖宏. 建筑材料[M]. 北京：北京大学出版社，2008.

[5] 黄伟典. 建筑材料[M]. 北京：中国电力出版社，2007.

[6] 谭平. 建筑材料[M]. 2 版. 北京：北京理工大学出版社，2013.

[7] 孙家国. 建筑材料与检测[M]. 郑州：黄河水利出版社，2010.

[8] 董晓英，朱文平，朱建军，等. 建筑材料[M]. 武汉：中国地质大学出版社，2011.

[9] 中华人民共和国住房和城乡建设部. JGJ 55—2011 普通混凝土配合比设计规程[S]. 北京：中国建筑工业出版社，2011.